Drôle

de chimie !

Préparation de copie : Gérard Tassi
Relecture : Valérie Poge
Mise en pages : Marina Smid

Cet ouvrage est paru aux Éditions Le Pommier en 2011
sous l'ISBN 97892-7465-0513-1.

Édition mise à jour, en version poche.

ISBN : 978-2-7465-0882-8

8, rue Férou – 75006 Paris
www.editions-lepommier.fr

Pierre Laszlo

Drôle de chimie !

POCHE-LE POMMIER !]

Du même auteur

Citrus : A History, Chicago, University of Chicago Press, 2007.

Copal, benjoin, colophane…, Paris, Le Pommier, 2007.

Communicating Science, Heidelberg, Springer, 2006.

Le Phénix et la Salamandre, Paris, Le Pommier, 2004.

NO, pièce de théâtre pédagogique écrite avec Carl Djerassi, Weinheim, Deutscher Theaterverlag, 2003.

Qu'est-ce que l'alchimie ?, Paris, Hachette Littératures, coll. « Pluriel », 2003.

L'Architecture du vivant, Paris, Flammarion, coll. « Nouvelle bibliothèque scientifique », 2002 et coll. « Champs », 2004.

Pourquoi la mer est-elle bleue ?, Paris, Le Pommier, 2002.

Salt, Grain of Life, New York, Columbia University Press, 2001.

Miroir de la chimie, Paris, Le Seuil, 2000.

Le Savoir des plantes, Paris, Ellipses, 2000.

Terre & eau, air & feu, Paris, Le Pommier, 2000, nouvelle édition augmentée 2009.

La Découverte scientifique, Paris, PUF, coll. « Que sais-je ? », 1999.

Organic Reactions, Simplicity and Logic, Chichester ; New York, Wiley, 1995.

La Leçon de choses, Paris, Austral, 1995.

La Parole des choses ou le Langage de la chimie, Paris, Hermann, 1993.

Leçons de chimie, illustré par Savignac, 4 vol., Paris, Hermann, 1974 et 1984.

Organic Spectroscopy. Principles and Applications, avec Peter Stang, New York, Harper & Row, 1971.

à Louise, Sacha, Agathe, Vicki et Thomas,
avec toute mon affection.

Sommaire

Avant-propos

Un livre est le fruit d'une expérience, d'une occasion et d'une volonté. Celui-ci ne fait pas exception.

Cette expérience est la mienne. Chimiste depuis un demi-siècle, j'ai vécu bien des innovations dans ma discipline. J'ai dû réapprendre mon métier d'enseignant-chercheur à peu près entièrement tous les cinq ans environ, soit une demi-douzaine de fois. C'est dire la rapidité et le rythme soutenu, harcelant même, du changement.

La parution de ce livre correspond à un événement un peu solennel, sans qu'il s'agisse d'une commémoration : les Nations unies ont proclamé 2011 Année internationale de la chimie.

J'ai ressenti le besoin d'écrire ce livre, qui n'est pas le premier que je consacre à la chimie[1], pour témoigner de son profond renouvellement. En ce début des années 2010, elle diffère considérablement de ce qu'elle fut seulement vingt ou trente ans auparavant. En outre, il n'y a aucune continuité entre la science chimique d'aujourd'hui et celle de l'époque de la première ou de la seconde révolution chimique (respectivement avec Lavoisier en 1789, et vers 1950).

---

1. Mes autres ouvrages consacrés à la chimie sont : *Miroir de la chimie* (Paris, Le Seuil, coll. « Science ouverte », 2000) et *La Chimie nouvelle* (Paris, Flammarion, coll. « Dominos », 1995).

J'ai en outre choisi de me situer à l'interface entre chimie et société, tant cette science et ses applications affectent le quotidien de chacun d'entre nous.

Ce livre veut à la fois informer et narrer quelques histoires de sciences. Son propos n'est pas didactique, je tiens à le dire d'emblée : il y aurait fallu un bien plus gros volume (d'au moins 1 500 pages) pour expliquer chacune des notions abordées ou seulement effleurées. Ne vous effarouchez donc pas devant certains termes techniques, inévitables, je n'en ai conservé qu'un minimum. En fin de livre, un glossaire définit les principaux d'entre eux.

Oserai-je cette comparaison ? Dans un livre sur la musique symphonique où figureraient des noms d'instruments tels que la clarinette, le hautbois ou les timbales, on ne s'attendrait pas à ce que soient détaillées les différences de conception entre la clarinette et le hautbois – tuyau sonore cylindrique ou conique, nombre et configuration des anches… Lorsque nous écoutons l'admirable solo de l'ouverture de *Rhapsody in Blue*, peu nous chaut qu'il soit joué par une clarinette sopranino, une petite clarinette, une clarinette soprano ou encore une clarinette de basset, turque, contralto ou contrebasse.

Chacun des chapitres se termine par une bibliographie, en deux parties : les sources de mon information, d'une part, et des articles généraux, d'autre part, proposant des prolongements au thème du chapitre. De manière générale, je me suis informé dans la littérature primaire, celle qui rassemble les publications savantes des chercheurs dans des domaines spécialisés. Cette littérature n'est plus rédigée en langue française depuis le XVIIIe siècle – et elle ne l'est pas encore en mandarin. Elle est actuellement quasi intégralement en langue anglaise, comme on le sait. C'est pourquoi j'ai tenu à ce que la seconde partie de chacune de ces bibliographies (intitulée « Réflexions & Débats ») soit quant à elle composée presque exclusivement d'ouvrages et de publications en français. Ces références apparaissent dans l'ordre chronologique, exception faite du chapitre 3 où elles apparaissent dans l'ordre de leur entrée en scène dans le texte du chapitre.

Je vous propose de vous laisser entraîner, comme au spectacle, dans le riche univers de la chimie, coulisses peu explorées d'une scène sur laquelle se jouent tant notre existence présente que notre avenir collectif.

Chapitre 1

Nourrir l'humanité

Ce premier chapitre prend le contrepied d'un certain nombre d'idées reçues, qui sont des erreurs pures et simples. Il serait hors de propos de traiter du rôle que jouent de tels stéréotypes ; je me contenterai de les dénoncer, en espérant convaincre certains des mérites d'une réflexion critique.

Le XXe siècle vit Prométhée se substituer à Gaïa : la Terre nourricière n'a plus sa fonction traditionnelle, qu'elle exerça durant des millénaires ; ce sont désormais les ingénieurs, qu'ils soient agronomes ou chimistes, qui règnent sur les cultures. Ce basculement fut graduel, il intervint tout au long du XXe siècle. Les pays riches furent les premiers à industrialiser et à tayloriser leurs agricultures, qui n'emploient plus qu'une fraction infime de la population, alors que les agriculteurs prédominaient jusque-là. Aujourd'hui, même l'Inde – pourtant grande nation agricole dans l'imaginaire médiatique, donc dans la perception commune, si facilement abusée – a grandement réduit son agriculture : en 1990, la production agricole de l'Inde équivalait au tiers de son PIB (30 %) ; vingt ans plus tard, elle n'en représente plus que le sixième (17,5 %).

Cela est pour le moins paradoxal. L'augmentation rapide de la démographie – que ce soit celle d'un pays comme l'Inde, dont la population avoisine à présent le milliard, ou celle de la planète –, préoccupante à maints égards, semblerait dicter le contraire. Comment l'humanité parvient-elle à se nourrir, certes pas toujours à sa faim ? En quoi la chimie lui vient-elle en aide ? Son intervention représente-t-elle une nuisance pour les consommateurs ?

Après avoir répondu à l'immense question préalable « Comment écarter la famine ? », j'en viendrai à ces deux volets majeurs de la nutrition que sont le sel et le sucre ; je dénoncerai ensuite le mythe du cholestérol ; et je terminerai par le rôle des antioxydants.

Les engrais chimiques nous préservent de la famine

Ma réponse à la première question n'est pas politiquement correcte. En effet, un état d'esprit déplorable – ce n'est pas le lieu ici d'en retracer les origines – sévit chez les consommateurs, hostiles, par principe, aux engrais chimiques et aux OGM. Passons outre cette phobie (car c'est bien de phobie qu'il s'agit) pour adopter une vision plus ancrée dans la réalité.

Des usines fabriquent du nitrate d'ammonium, un composé qui s'obtient surtout à partir du procédé Haber-Bosch, inventé au tout début du XXe siècle. Il permet de synthétiser de l'ammoniac NH_3 à partir du diazote N_2 de l'atmosphère. Sans l'azote contenu dans les engrais (100 millions de tonnes par an), la production agricole mondiale serait réduite de moitié. Et le procédé Haber-Bosch, qui consomme à lui seul entre 1 et 2 % de toute l'énergie produite sur Terre, fournit une bonne moitié de cet azote. Si nous ne disposions pas de cette fabrication industrielle d'ammoniac,

40 % de la population humaine (2,5 milliards d'habitants) seraient condamnés à la famine, faute de protéines, et disparaîtraient en quelques mois. Chaque fois que je cite ce chiffre, je me heurte au scepticisme et à l'incrédulité. Tentons de les dissiper en complétant ce qui vient d'être dit par quelques indications sur les engrais.

Les principaux engrais répondent au sigle NPK. N est le symbole chimique de l'azote, P celui du phosphore et K celui du potassium. La formule très généralement appliquée, notée 5-3-3, signifie que l'engrais se compose, en masse, de 5 % d'azote, de 3 % de phosphore et de 3 % de potassium ; le restant comporte, entre autres, de l'oxygène, de l'hydrogène, du carbone... Assurément, avant tout épandage d'engrais, les sols contiennent déjà de l'azote. Cette fixation naturelle de l'azote de l'atmosphère dans les sols exige la présence d'une enzyme, la nitrogénase, que l'on trouve dans les bactéries qui vivent en symbiose dans les racines des légumineuses. Cette substance naturelle est d'une extraordinaire efficacité : quelques kilogrammes seulement de cette enzyme permettent la transformation d'azote en ammoniac à l'échelle planétaire ! Mais cela ne suffit pas, d'où le procédé Haber-Bosch et toutes les usines de fabrication d'engrais qui le mettent en œuvre.

Tout comme dans le processus naturel, la présence d'un catalyseur est nécessaire dans le processus industriel. Mais il ne s'agit pas du même catalyseur dans les deux cas : dans le processus naturel, c'est la nitrogénase qui joue ce rôle, avec un centre actif comportant sept atomes de fer et un atome de molybdène (un élément assez rare) reliés par des atomes de soufre ; alors que, dans le processus industriel, le catalyseur est tout simplement du fer métallique. Il assure le clivage, *a priori* ardu et presque héroïque, de la molécule de diazote N_2, dans laquelle les deux atomes d'azote N sont maintenus assemblés, comme des frères siamois, par l'une des plus fortes liaisons chimiques connues. Une fois l'ammoniac NH_3 formé, il suffit de lui additionner de l'acide nitrique pour fabriquer du nitrate d'ammonium, qui sert de source d'azote dans les engrais – et, accessoirement, d'explosif à des groupes terroristes.

Le potassium des engrais provient de la potasse. C'est la principale ressource minière de la Jordanie. Le phosphore est fourni par les phosphates, dont le Maroc est l'un des principaux producteurs.

Le sel, essentiel lui aussi

J'en viens au sel. Comme un autre de mes livres[2] en traite déjà, je serai bref à son sujet. Le sel n'est pas seulement un condiment apprécié pour la saveur qu'il donne aux aliments. C'est aussi une denrée essentielle : un adulte a besoin d'ingérer de 3 à 5 g de sel chaque jour, ce qui est considérable. Heureusement, la plupart des aliments en contiennent.

Il s'agit, comme on sait, de chlorure de sodium (NaCl). Lorsque ce composé est d'origine marine, il s'accompagne de diverses impuretés, dont des oligoéléments. L'un d'entre eux, l'iode, est indispensable à la nutrition, bien qu'en très petites quantités. Chez certaines populations éloignées des mers et des océans, la déficience en iode produit crétinisme et goitres, qui sévissent encore dans divers pays de la planète ayant en commun pauvreté et enclavement géographique.

2. Il s'agit de *Chemins et savoirs du sel* (Paris, Hachette littératures, 1998).

Les enfants souffrant de carence en iode se développent mal, deviennent apathiques, sont incapables de se mouvoir normalement, ont des problèmes d'audition et d'élocution, et souffrent d'un retard intellectuel. Tel est souvent le cas en Afghanistan : dans la province de Paktika, 46 % des enfants de cinq à six ans ont un goitre. Là, ainsi que dans d'autres pays défavorisés comme le Cambodge, des divisions spécialisées des Nations unies (World Food Program) distribuent du sel iodé aux enfants, remédiant ainsi à une tare de l'état sanitaire de toute une population pour un coût minime.

Un mot à présent du régime sans sel. Les médecins le prescrivent à des patients souffrant d'hypertension. Mais ce régime s'est généralisé, une partie de la population souffrant d'une irrationnelle phobie du sel. Or cette dernière est dangereuse en pays chauds, où l'ingestion quotidienne de sel s'impose pour éviter la déshydratation.

Au sens propre, un « régime sans sel » n'existe pas, puisque tous les aliments, répétons-le, contiennent du sel en plus ou moins grande quantité. Des magazines féminins et des journalistes irresponsables ont incité à l'adoption de ce « régime » il y a déjà quelques décennies, en entérinant ce qui n'était au départ qu'une rumeur sectaire. Cela leur fut d'autant plus facile que l'expression « régime sans sel » était porteuse d'un effet de mode : à y réfléchir, le mot « régime », en soi, est déjà prescriptif et normatif.

L'abus de sel par l'industrie alimentaire est déplorable. Il s'explique par un souci de conservation en rayon, de la part des grandes surfaces. Je reviendrai plus loin sur cette véritable tare du consumérisme (voir le chapitre 9, « Omniprésence des formulations »).

Faut-il bannir les sucres ?

L'énergie solaire capturée par les plantes vertes lors de la photosynthèse est stockée ensuite sous forme de sucres. Les feuilles des plantes absorbent ainsi de l'énergie qu'elles combinent avec du dioxyde de carbone (CO_2) et de l'eau atmosphérique pour en faire des hydrates de carbone, c'est-à-dire des sucres, dont la composition est, par exemple, pour l'un des plus simples d'entre eux, $C_6H_{12}O_6$ (C désigne le carbone, H l'hydrogène et O l'oxygène).

Nous sommes tellement enclins à croire naïvement en la perfection de Dame Nature dans tout ce qu'elle fait que nous sommes surpris lorsque nous constatons combien la photosynthèse est inefficace. Son rendement énergétique n'est que de 0,5 % : lorsque 1 m^2 de vignoble au soleil reçoit 1 W (watt) de puissance, il n'en capture que 5 mW (milliwatts), soit 0,005 W. Même la canne à sucre, qui possède l'un des meilleurs rendements, ne fournit que 0,6 W/m^2.

À quoi les sucres sont-ils bons ? Ceux qu'élabore la photosynthèse sont des molécules riches en énergie grâce aux nombreuses liaisons entre les atomes qui les constituent. Si l'on rompt toutes les liaisons dans une molécule de glucose, par exemple lors de sa combustion, qui libère de l'eau (H_2O) et du dioxyde de carbone (CO_2), son contenu énergétique atteint presque 500 kcal (kilocalories) par mole, soit 4 kcal par gramme. C'est pourquoi les sucres en général et le glucose en particulier sont des carburants cellulaires. À l'instar des plantes stockant les sucres que leur apporte la photosynthèse sous forme de divers polymères (cellulose, amidon…), les animaux mettent en réserve les sucres de leur alimentation après les avoir polymérisés à l'aide de diverses enzymes. Chez l'homme, ils sont ainsi stockés dans le foie sous forme de glycogène. Claude Bernard doit sa célébrité à sa découverte de cette fonction glycogénique du foie.

Le fructose, qui, comme son nom le dit bien, est le sucre contenu dans les fruits, est, comme le glucose, un sucre simple. Sénèque mentionna l'un et l'autre, ainsi que le sucrose (dont sont faits les morceaux de sucre ou le sucre en poudre), en 65 av. J.-C. Lorsqu'on hydrolyse une molécule de sucrose (par addition d'une molécule d'eau et rupture d'un pont oxygène), elle fournit une molécule de glucose et une molécule de fructose. On parle alors de « sucre inverti » : en traversant une solution aqueuse de ces molécules, la lumière polarisée passe d'une valeur positive (sucrose) à une valeur négative (glucose + fructose). Le miel est un cas concret de sucre inverti.

Un aspect remarquable du sucrose, ou sucre ordinaire, est son aptitude exceptionnelle à fournir des sirops. On peut dissoudre jusqu'à 1 kg de sucre dans seulement 0,2 l (un cinquième de litre) d'eau bouillante, ce qui correspond à un pouvoir de dissolution extrêmement élevé.

Cette donnée brute qu'est l'apport calorique d'un sucre doit être complétée par sa vitesse d'assimilation, qui mesure le temps séparant son ingestion de l'arrivée du glucose dans le sang. Cette durée recouvre au moins trois processus distincts et successifs : la fragmentation au moyen d'enzymes (ou clivage enzymatique) des sucres complexes (comme l'amidon) en sucres simples (comme le glucose ou le fructose) ; la vidange de l'estomac, où commence la digestion, vers l'intestin grêle, où elle aboutit ; la traversée de la paroi de l'intestin par les produits de la digestion – en particulier le glucose – vers les capillaires sanguins avoisinants.

Cette vitesse d'assimilation s'évalue à l'aide de l'indice glycémique, déterminé par l'augmentation de la teneur en glucose du sang (ou glycémie) consécutive à l'absorption d'un sucre, cette teneur étant comparée à celle d'une eau sucrée au glucose. Par définition, l'indice glycémique du glucose a la valeur 100. Le fructose, par exemple, a un indice bas : 23 seulement – manger des fruits n'augmente la glycémie que lentement. Les trois étapes successives – clivage enzymatique, vidange de l'estomac, assimilation intestinale – y concourent.

C'est pourquoi l'on parle de « sucres rapides » et de « sucres lents », la limite entre les deux étant placée à 55. On ne doit pas les opposer de façon manichéenne comme des « bons » et des « mauvais » sucres : ils ont tous leur utilité, selon les circonstances. Après avoir bien joué et s'être beaucoup dépensés, des enfants peuvent devenir querelleurs, irritables, indociles : ils se trouvent en fait en hypoglycémie, ce que l'on corrigera en leur donnant des sucres rapides, comme des tartines de confiture ou, mieux encore, de miel. Le miel étant un sucre inverti, comme on l'a vu, donc riche en glucose, il a un indice glycémique élevé : 73. C'est un sucre hyper-rapide. Pour vous préparer à un effort physique prolongé tel qu'une grosse marche en montagne durant des heures, faites comme les coureurs cyclistes : mangez des sucres lents, un plat de pâtes par exemple. Cela est tout aussi vrai pour un effort intellectuel, puisque le cerveau accapare 20 % de la ration calorique totale, mais de façon très sélective, sous forme de glucose seulement, ce qui équivaut à une consommation de 40 % des glucides alimentaires lorsqu'il « carbure ».

Puisqu'il est question du cerveau, sachez aussi que la perception de satiété est proportionnelle à l'inverse de l'indice glycémique d'un aliment : plus un sucre est lent, plus il coupe la faim.

Voici les indices glycémiques de quelques sucres. Celui du sucrose, un sucre rapide, on s'en doute, est 75. En revanche, celui du chocolat en tablettes est environ 49, ce qui en fait un sucre lent. Cela s'explique par la présence de graisses. En effet, les graisses et les protéines ralentissent la digestion, aussi leur adjonction à un sucre en diminue-t-elle l'indice glycémique. Par exemple, alors que le lait écrémé a pour indice 32, celui du lait entier est seulement de 27 : le premier a conservé des protéines, le second a conservé à la fois des protéines et des lipides.

Le sucre présent dans le lait est le lactose. De même que le sucrose est l'union de deux sucres simples (le glucose et le fructose), le lactose est la réunion du glucose et du galactose. Pour être assimilé, le lactose exige la présence d'une enzyme particulière, la lactase. Les personnes dépourvues de cette enzyme font une intolérance aux produits laitiers. Ce défaut génétique touche seulement 3 % des Scandinaves, mais il affecte de 80 à 100 % des Asiatiques, 4 milliards d'humains au total, ce qui n'est pas une bagatelle.

Si la nature est très inefficace à produire les sucres, encore faut-il qu'elle y trouve son compte. Leur contenu énergétique, on vient de le voir, nous fournit une première réponse. Leur contenu informationnel en constitue une seconde : il a pu jouer en faveur des sucres et leur a valu d'être sélectionnés dans l'évolution moléculaire darwinienne. Si, en une métaphore tout à fait justifiée, une molécule équivaut à un mot, les phrases que l'on peut écrire à l'aide des molécules de sucres sont innombrables. Nombre d'entre elles sont des supports pour de l'information biologique.

Une comparaison s'impose entre les sucres et les acides aminés, qui sont les constituants des protéines. Lorsqu'un acide aminé, l'alanine par exemple (Ala), subit une duplication, le dimère ainsi obtenu, Ala-Ala, dans lequel les deux alanines sont liées, peut exister sous les formes distinctes de deux molécules différentes – on parle alors d'« isomères ». Or, lorsqu'un sucre, le glucose par exemple (Glu), subit une duplication, les couples Glu-Glu sont d'une bien plus grande diversité : il n'existe pas moins de cent molécules Glu-Glu différentes (elles diffèrent par leur géométrie, c'est-à-dire par la manière dont les atomes sont disposés dans l'espace). C'est du grand art combinatoire !

Il n'est pas surprenant que la nature ait mis à profit cette aptitude sémantique des sucres, qui leur donne une grande aptitude à la communication chimique. Un exemple connu de tous, dans lequel les sucres ont une fonction aussi fondamentale que discrète, est celui des groupes sanguins. Ces derniers jouent le rôle d'un étiquetage des cellules biologiques, assurant la distinction entre le soi et le non-soi. Les globules rouges (hématies) font ainsi partie de quatre classes, dénommées A, B, AB et O. Lors d'une transfusion, si les deux classes sont incompatibles, celle du donneur et celle du receveur, les globules s'agglutinent ; le système immunitaire a identifié des cellules étrangères et formé des anticorps garantissant leur rejet. Les globules sanguins portent des fanions aux « couleurs » des sucres, qui les différencient les uns des autres : ces fanions sont des glycoprotéines, c'est-à-dire des sucres portés par des protéines situées sur la membrane des globules rouges et assemblés en chaînes courtes (oligomères) formant des mots.

Les globules blancs du sang, ou leucocytes, sont eux aussi porteurs d'étendards qui les identifient et les distinguent. En immunologie, le complexe majeur d'histocompatibilité (CMH) désigne un système de reconnaissance du soi présent chez la plupart des vertébrés. Chez l'être humain, on parle de système HLA, découvert par Jean Dausset en 1958, ce qui lui valut le prix Nobel de médecine. Les globules blancs ont un rôle d'épuration du sang, qu'ils effectuent dès qu'ils ont détecté la présence de cellules étrangères.

La cellulose est un sucre complexe, une macromolécule formée d'environ 500 à 5 000 unités monomères de glucose reliées les unes aux autres par des liaisons, formant ainsi un enchaînement linéaire comparable à un collier de perles. Les différentes chaînes placées côte à côte s'associent par de nombreuses liaisons hydrogène, qui compensent leur faiblesse individuelle par leur grand nombre. C'est ce qui donne à ce matériau une très grande rigidité et ce qui explique qu'il constitue les parois et donc la substance de soutien des cellules jeunes des végétaux (la cellulose n'est pas seulement présente dans le bois). Faute d'enzymes adéquates, notre organisme est incapable d'assimiler la cellulose de notre alimentation, qui doit néanmoins en être suffisamment pourvue, les fibres jouant un rôle mécanique de stimulation du tube digestif.

Les termites, en revanche, sont capables de se nourrir exclusivement de cellulose. Or la digestion de cette dernière s'accompagne d'un dégagement de méthane (CH_4), un gaz à effet de serre. Les termites étant extrêmement nombreux – on évalue leur masse à environ 350 kg pour chaque personne vivante –, ils contribuent de façon significative au réchauffement climatique à raison d'un demi-microgramme de méthane par termite et par jour, soit 20 mégatonnes de méthane par an à l'échelle de la planète. À titre de comparaison, les vaches présentes sur le territoire américain émettent seulement (!) 5,5 mégatonnes de méthane par an ; et sur l'ensemble de la planète elles en émettent moitié moins que les termites.

Venons-en au goût sucré. Si, bien entendu, glucose, fructose et sucrose possèdent ce goût, c'est paradoxalement le cas de peu d'espèces moléculaires appartenant à la famille des sucres.

Ce goût nous attire, peut-être même trop – je fais allusion à la gourmandise envers sucreries et pâtisseries, ainsi qu'à l'épidémie d'obésité qui sévit actuellement –, tout bonnement parce que nous faisons partie des formes vivantes qui, dans leur grande majorité, partagent ce goût pour le sucré.

On appelle « chimiotaxisme bactérien » le déplacement des bactéries dans le milieu aqueux, la rotation d'un ou de plusieurs flagelles assurant leur propulsion. Les bactéries nagent dans la direction du goût sucré qui leur parvient, remontant le gradient de concentration pour s'alimenter là où l'eau est la plus sucrée. Elles ont donc des récepteurs pour des molécules de sucres. La raison de ce comportement est, comme nous l'avons déjà indiqué, l'apport énergétique des sucres.

Insectes et oiseaux butinent les fleurs et s'alimentent de leur nectar. Cela fait bien l'affaire des plantes, puisque leur pollinisation s'accomplit ainsi. Les oiseaux-mouches ont des récepteurs des sucres, tout comme ceux que nous avons sur la langue. Il s'agit d'une exception dans le monde aviaire : les poulets sont insensibles au goût sucré (il leur manque le gène T1R2). Chez les mammifères, seuls quelques carnivores – les chats et les tigres, à en croire certains – souffrent de la même lacune. Les primates, dont nous sommes, peuvent satisfaire leur goût pour les douceurs en mangeant des fruits. Or, dans ce cas, comme pour la pollinisation, la sélection darwinienne joue. Il est en effet avantageux pour la reproduction d'une plante que ses graines soient disséminées à la suite de la consommation de ses fruits, pour autant que ceux-ci soient mûrs. Et, effectivement, pour de nombreux fruits, on constate une augmentation du contenu en sucres au fur et à mesure de leur mûrissement. Les fruits mûrs sont donc choisis prioritairement par leurs consommateurs. Outre 75 % d'eau, une banane verte contient surtout de l'amidon, un sucre lent comme on l'a vu, tandis qu'une banane bien mûre offre des sucres rapides, glucose et fructose, à hauteur de 25 %.

Non seulement les sucres ne sont pas tous sucrés, mais il existe aussi de multiples édulcorants qui ne sont pas des sucres. Parmi les sucres, si le pouvoir sucrant attribué au sucrose est de 100, celui du glucose est de 74, celui du fructose de 173, tandis que celui du lactose est de 16. Vers 1878, le grand chimiste américain Ira Remsen (1846-1927), de l'université Johns-Hopkins à Baltimore, découvrit la saccharine, un édulcorant artificiel dont le pouvoir sucrant est de 50 000. Hélas, elle est cancérigène. Il en va de même des cyclamates, autres composés de synthèse, dont le pouvoir sucrant est de 300. L'aspartame, qui appartient à la famille des peptides et dont le caractère édulcorant fut découvert fortuitement en 1965, a un pouvoir sucrant de 16 000. Il existe bien d'autres édulcorants artificiels hors de la famille chimique des sucres, dont l'industrie alimentaire use pour ses produits hypocaloriques ; et quelques autres édulcorants naturels, dont la plante stévia.

Attirance pour le sucré et traite des Noirs

En Europe, durant l'Antiquité et le Moyen Âge, les aliments étaient relativement peu sucrés ; et c'est le miel qui était alors généralement utilisé (hormis parmi la classe des chevaliers entre 1 300 et 1 400). Originaire de Mélanésie, la canne à sucre migra progressivement vers l'Ouest au cours des siècles. Elle n'atteignit Saint-Domingue que lors du deuxième voyage de Christophe Colomb, en 1493. Sa culture s'accompagna de l'esclavage et de la traite des Noirs africains. S'il fallait une plante pour symboliser l'inhumanité dont l'homme est capable envers ses congénères, la canne à sucre serait en bonne place.

Faut-il vraiment combattre le cholestérol ?

J'annonce la couleur d'entrée de jeu : la campagne qui entoure le cholestérol constitue une énorme escroquerie, puisque, à l'échelle mondiale, les médicaments hypocholestérolémiants constituent un marché de 40 milliards de dollars. Un autre chiffre : en 2006, l'édition française proposait 323 livres sur le sujet, dont 300 traitaient des régimes anti-cholestérol. Comme toute escroquerie, celle-ci s'enracine donc dans une entourloupe intellectuelle.

Mais qu'est-ce que le cholestérol, en tant qu'espèce chimique ? C'est une molécule-Janus. Elle ressemble à un cerf-volant, avec son corps et sa queue : elle comprend une partie à peu près plane (le corps), formée de quatre cycles hydrocarbonés (trois hexagonaux et un pentagonal), porteurs d'une chaîne latérale hydrocarbonée (la queue). Le cerf-volant arbore un groupement alcool OH, ce qui permet à la molécule de s'insérer très aisément dans les membranes cellulaires, dont elle est un constituant important, sinon majeur. En effet, le groupement OH a une affinité particulière avec l'eau et donc avec le milieu aqueux, tant intra- qu'extra-cellulaire ; et le corps hydrocarboné de la molécule de cholestérol se couche aisément contre les chaînes, elles aussi hydrocarbonées, des phospholipides qui sont le constituant principal de ces parois cellulaires.

Le cholestérol est omniprésent dans l'organisme. Les membranes de toutes les cellules en contiennent. Son rôle est de donner à ces membranes une assise mécanique mi-souple mi-rigide. Il est ce qui donne forme, tout en autorisant des mouvements moléculaires essentiels à la perméabilité membranaire. Une personne de 75 kg contient environ 40 g de cholestérol, ce qui est considérable. Son organisme en fabrique environ 1 g par jour, l'alimentation en apportant 200 à 300 mg seulement. Ces chiffres montrent l'absurdité des régimes anti-cholestérol.

Quel est le sort de ce gramme de cholestérol détruit chaque jour et que l'organisme remplace illico ? Il est en partie réabsorbé et en partie éliminé. Après l'avoir oxydé pour le solubiliser dans l'eau grâce au système enzymatique du cytochrome P-450 qui le transforme en acides biliaires – le cholestérol a aussi une fonction digestive –, le foie l'excrète dans la bile. Ce cholestérol et ses produits de dégradation hépatique se retrouvent alors dans le tube digestif. La moitié environ est réabsorbée dans le sang au niveau de l'intestin grêle, le reste étant éliminé dans les excréments. Le rôle premier des 200 à 300 mg apportés par l'alimentation est le remplacement du demi-gramme éliminé ; mais ils ne représentent que 25 % du cholestérol produit sur place.

Les mammifères et certains vertébrés supérieurs n'ont pas le monopole du cholestérol. Des molécules apparentées, de la famille du hopane (on doit cette grande découverte à Guy Ourisson), se trouvaient déjà dans les parois des premiers organismes unicellulaires, les cyanobactéries, qui prospéraient sur Terre il y a 2,7 milliards d'années, avant que l'atmosphère ne s'enrichisse en oxygène avec la photosynthèse, et n'en devienne oxydante.

La fonction membranaire du cholestérol n'est pas, et de loin, son seul rôle physiologique. Le cholestérol est aussi le précurseur de toutes les molécules de stéroïdes (une famille de molécules aux structures similaires, faites de quatre cycles carbonés et de trois chaînes latérales, elles aussi carbonées), à commencer par les hormones sexuelles – progestérone, œstrone, testostérone, androstérone –, d'une extrême importance, ainsi que la cortisone, produite par les glandes surrénales. « Précurseur » signifie que le cholestérol constitue la matière première de toutes ces molécules stéroïdiennes fabriquées par l'organisme. C'est aussi le cas de plusieurs vitamines liposolubles : les vitamines A, D, E et K.

Et d'où provient cette matière première ? Les microsomes – des cellules spécialisées du foie – l'élaborent, au cours d'un processus d'une admirable élégance, à partir d'acide acétique, c'est-à-dire d'un composé à deux atomes de carbone, sous la forme de l'acétyl-coenzyme A (en fait, de l'acide acétique fixé à un porteur biochimique). Dans un premier stade, cela aboutit à du squalène, un hydrocarbure à 30 atomes de carbone, ainsi nommé car on le trouve dans l'huile de foie de requin. Des enzymes transforment alors le squalène en lanostérol – présent dans le suint de la laine de mouton, d'où son nom –, que d'autres enzymes modifient enfin (assez peu) en cholestérol. Les médicaments anti-cholestérol de la famille des statines interfèrent avec ce métabolisme à différentes étapes.

Pourquoi lutter contre le cholestérol ? J'y viendrai. Mais observons déjà la vanité des efforts de réduction du cholestérol alimentaire. L'hypothèse faite est que, si l'on diminue la quantité de graisses animales absorbées dans l'alimentation, cela réduira *ipso facto* la quantité de cholestérol circulant dans le sang et, par voie de conséquence, l'athérosclérose, c'est-à-dire l'obstruction graduelle des artères par des dépôts à base de cholestérol. Cette vue est simpliste, puisque le foie a le rôle opposé, celui de maintien du taux sanguin de cholestérol lorsque celui-ci diminue ou augmente. Une autre constatation, elle aussi infirmant l'hypothèse anti-cholestérol, est que les plaques athéromateuses obstruant les artères se constituent bien davantage à partir des protéines alimentaires qu'à partir des graisses et du cholestérol ingérés.

Je ne nie pas le rôle néfaste, bien établi, du cholestérol sanguin, lorsque les quantités de « mauvais » cholestérol ou LDL (*low density lipoprotein*) sont élevées (supérieures à 100 mg/dl) dans les maladies cardio-vasculaires. Ce facteur de risque est étroitement lié à une mentalité qui, dans nos pays riches, nous vient tout droit des compagnies d'assurances. Nombre d'études épidémiologiques font ressortir, en effet, des corrélations inverses entre la mortalité et l'hypercholestérolémie : parmi les sujets ayant des problèmes de coronaires, la mortalité est plus faible chez ceux dont le cholestérol est élevé ; parmi les gens à faible cholestérol, la probabilité de mourir d'un cancer, de maladies du foie ou de maladies dégénératives, telles qu'Alzheimer ou Parkinson, est plus grande. L'utilisation de statines a une motivation épidémiologique seulement chez les patients à haut risque cardiovasculaire.

Les firmes pharmaceutiques ont surfé sur la vague anti-cholestérol. Un exemple ? Au début de ce siècle, la firme Pfizer avait introduit un nouveau médicament, baptisé torcetrapib, servant à augmenter le « bon » cholestérol. Initialement, Pfizer avait prévu de le commercialiser dans des comprimés le combinant à du lipitor, qui diminue le « mauvais » cholestérol. Mais les protestations des cardiologues américains contraignirent Pfizer à mettre sur le marché du torcetrapib : ils préféraient, de façon peut-être naïve, disposer de médicaments séparés. Plus de 1 milliard d'euros sont d'ailleurs dépensés chaque année dans l'Hexagone pour l'achat de médicaments anti-cholestérol.

Les médias diffusent à l'envi des stéréotypes tels que « le cholestérol est mauvais pour la santé », qui pèchent par une simplification outrancière et, partant, par un dogmatisme allant à l'encontre du vrai savoir. La répétition lassante de ces stéréotypes journalistiques finit par nous saturer et nous ennuyer profondément.

Nous laisserons-nous régir par les compagnies d'assurances et leurs diktats ? Ces pouvoirs économiques se prennent pour des pouvoirs tout court. Ils prétendent nous régir hors de tout contrôle démocratique. C'est là que le bât blesse.

Les antioxydants

J'en viens aux additifs alimentaires, que les consommateurs craignent, à juste titre : non qu'ils soient dangereux, mais en raison du manque d'information les concernant. Je me contenterai de mentionner les antioxydants. Leur raison d'être est l'extrême réactivité de l'oxygène, qui provoque des oxydations pouvant altérer de très nombreuses denrées, surtout sous l'action conjuguée de l'air et de la lumière. L'oxygène est si réactif que même des aliments surgelés pourraient être oxydés. C'est ce qui explique pourquoi, par exemple, les concombres sont fréquemment protégés par une pellicule de cire ou de polyéthylène. En règle générale, on ne peut se contenter d'utiliser des récipients hermétiques pour conserver les aliments, car ces derniers subiraient des décolorations et des changements de goût. Les plantes ont comme nous besoin d'oxygène pour respirer. La conserve idéale est une boîte dont l'atmosphère est appauvrie en oxygène, à environ 8 % (l'air en contient 21 % en volume).

L'oxydation affecte surtout les lipides, les acides gras insaturés étant des cibles de choix pour l'oxydation, qui les fait rancir. Nos récepteurs gustatifs nous avertissent alors de cette transformation, et nous détournent de leur consommation. De plus, les oxydations des matières grasses sont en règle générale catalysées par des métaux : n'enveloppez pas votre beurre ou votre camembert dans de la feuille d'aluminium !

Heureusement, certains aliments sont naturellement riches en antioxydants, comme les fruits et les légumes, ce qui constitue une bonne raison de les consommer frais plutôt que surgelés ou réfrigérés. Sans compter les autres avantages des produits frais pour la santé.

Les additifs chimiques utilisés pour lutter contre l'oxydation sont soit naturels, soit artificiels. Citons au nombre des premiers la vitamine C (E300) – mais vous avez constaté, d'expérience, la rapidité de l'altération du goût d'un verre de jus d'orange laissé à l'air – ainsi que les tocophérols (E306). Parmi les seconds, parfaitement inoffensifs aux très faibles doses utilisées, la tertiobutylhydroquinone (TBHQ), l'hydroxyanisole butylé (E320) et le gallate de propyle (E310).

Quid des polyphénols et du plus célèbre d'entre eux, le resvératrol (une substance naturelle, antioxydante, présente dans les vins rouges, surtout dans certains cépages comme le pinot noir), responsable – la question reste ouverte – du paradoxe français (nous mangeons lourd et gras sans dégâts cardiovasculaires évidents) ? J'en dirai seulement, car les études scientifiques n'ont pas encore convergé sur une réponse claire et nette, qu'un verre d'un bon bordeaux en accompagnement du dîner n'a jamais fait de mal à personne ! De plus, et là se trouve une clé précieuse, la sagesse du corps, cela existe. Essayons d'être davantage à son écoute…

Vous le constatez, je n'ai pas soufflé mot des acides gras oméga-quelque chose, des régimes préconisés par tel ou tel diététicien, des légumes étiquetés biologiques, de l'agriculture organique – la litanie serait longue. Pourquoi ?

Ma position est de laisser aux médecins ce qui relève de leur domaine. Si vous souffrez de telle ou telle affection, c'est à eux de s'en occuper.

Néanmoins, je me permettrai d'affirmer que la notion d'aliment sain est un miroir aux alouettes. Elle relève d'une croyance magique : « Mon corps est sensible à ce que je mange. Si je me contente de ce qui m'est recommandé, je m'en porterai mieux. » Cette croyance est infondée. Elle procède d'une logique fallacieuse. Assurément, si vous vous nourrissez d'amanites phalloïdes, cela vous fera du tort. Mais cela ne justifie aucunement la proposition inverse, selon laquelle, parmi des nourritures inoffensives, certaines seraient préférables à d'autres. Contentons-nous de diminuer l'apport calorique et de faire davantage d'exercice !

Sur tous les autres points (graisses animales ou huiles végétales, acides gras oméga-3, 6 ou 9, minimiser l'apport en cholestérol, manger végétarien, etc.), les avis restent divisés et l'on n'a pas encore abouti à un consensus scientifique.

Ce chapitre a, trop rapidement sans doute, présenté l'apport de la chimie à la nutrition au sens large. J'ai rompu quelques lances à l'encontre de divers mythes, que les médias propagent à l'envi.

Alors que l'on s'interroge sur l'avenir du livre, ce chapitre s'inscrit dans l'une de ses dimensions foncières, la réflexion intellectuelle. L'écrivain se donne le temps de la réflexion, une ressource que n'a pas le journaliste. Qu'on ne s'y trompe pas, si j'ai dénoncé quelques idées reçues en matière de nutrition, ce n'est pas là simple opinion de ma part, une opinion à verser au débat tout comme celles que je combats. J'ai la double arrogance d'affirmer, d'une part, la rationalité de mon propos et, d'autre part, son manque d'originalité : la communauté scientifique, dans son ensemble, partage les critiques formulées ici.

La chimie aide à nourrir une population plus nombreuse que jamais, mais peut-elle les vêtir aussi convenablement ? Les fibres synthétiques, devenues omniprésentes, sont-elles une bonne chose ? En se substituant aux fibres naturelles, laine et coton, constituent-elles réellement un bienfait ? Nous examinerons ces questions et des points connexes, tout aussi importants, dans le chapitre qui suit.

Une alimentation saine

Ce souhait n'est-il qu'un vœu pieux ? Lorsqu'il exprime une inquiétude sur l'innocuité des additifs – colorants, conservateurs, émulsifiants, sel et sucre –, il n'est que malaisément compatible avec notre société de consommation. Il traduit une nostalgie passéiste – elle va du jardin ouvrier aux marchands de fruits et légumes du quartier, sans oublier les marchés en plein air d'antan –, qui elle-même trahit une angoisse diffuse quant au changement, dans nos sociétés anciennement industrialisées, et son implacable accélération depuis la Seconde Guerre mondiale.

De quel côté se tourner ? « Manger bio » et augmenter encore les bénéfices d'un géant de l'agro-alimentaire, habile à pavoiser ce slogan ? Faire confiance aux organismes de contrôle, nationaux et fédéraux ? S'en remettre à la sagesse du corps, venant corriger les excès et neutraliser les toxines ?

Ma recommandation, pour éviter les produits chimiques ajoutés aux aliments, est de commencer par vivre sainement. Passer moins d'une heure par semaine devant la télévision vous dispensera des grosses et grasses pizzas et vous évitera les aflatoxines buissonnières (cancers du foie) des cacahuètes vieillies. Consommer un peu moins de tasses de café quotidiennes vous protégera des hydrocarbures polycycliques cancérigènes, dus à la torréfaction.

À cet égard, vous avez banni la cigarette, je l'espère ? N'oubliez surtout pas que de tous les produits chimiques, ingérés plus ou moins à notre insu, l'alcool est le plus redoutable.

Indications bibliographiques

Sources

PANDAV C. S., *International Council for Control of Iodine Deficiency Disorders (ICCIDD), Report of the Regional Co-ordinator, South Asia Region, 2006.* Ce document est disponible à l'adresse :
www.iqplusin.org/.../ICCIDD % 20Annual % 20Report % 20- % 202006.pdf

WORLD HEALTH ORGANIZATION (OMS), *Vitamin and Mineral Nutrition Information System (VMNIS)*, WHO Global Database on Iodine Deficiency, Afghanistan, dernière mise à jour : 26-10-2007. Ce document est disponible à l'adresse : www.who.int/vmnis/iodine/data/database/countries/afg_idd.pdf

KUMAR E., SINGH S. et SINGH O. V., « Bioconversion of lignocellulosic biomass : biochemical and molecular perspectives », *Journal of Industrial Microbiology & Biotechnology*, vol. 35, n° 5, 2008, p. 377-391.

MORRIS J. M., NA E. S. et JOHNSON A. K., « Salt craving : the psychobiology of pathogenic sodium intake », *Physiology & Behavior*, vol. 94, n° 5, 2008, p. 709-721.

BAGORDA A. et PARENT C. A., « Eukaryotic chemotaxis at a glance », *Journal of Cell Science*, vol. 121, Pt 16, 2008, p. 2621-2624.

PEREZ M., « Les crises du médicament », *Les Tribunes de la santé*, vol. 3, n° 20, 2008, p. 57-66.

PERRIER J.-J., « À quoi sert le mauvais cholestérol ? », *Pour la science*, n° 375, 2009.

BINDER J. B. et RAINES K. F., « Fermentable sugars by chemical hydrolysis of biomass », *Proceedings of the National Academy of Sciences of the United States of America*, vol. 10, n° 10, 2010, p. 4516-4521.

BJORK R. E. (éd.), *The Oxford Dictionary of the Middle Ages*, quatre volumes, Oxford University Press, 2010.

STANTON R., *La Cuisine saine, plus de 200 recettes et de nombreux conseils pour une alimentation équilibrée*, Ullmann, Potsdam, 1993.

Réflexions & Débats

GEORGE S., *Famine et pouvoir dans le monde*, Paris, PUF, 1989.

MEYER J., *Histoire du sucre*, Paris, Desjonquères, 1989.

OCQUETEAU F., « État, compagnies d'assurances et marché de la protection des biens », *Déviance et société*, vol. 19, n° 2, 1995, p. 151-158.

PERETZ P., « La grande famine ukrainienne de 1932-1933 : essai d'interprétation », *Revue d'études comparatives Est-Ouest*, vol. 30, n° 1, 1999, p. 31-52.

HUGON P., « L'économie de la famine, inefficience du marché, inéquité des droits ou risque systémique ? », *Revue économique*, vol. 51, n° 3, 2000, p. 635-648.

POKORNY J., YANISHLIEVA N. et GORDON M. (éd.), *Antioxidants in Food : Practical Applications*, Boca

Raton, Floride, CRC Press, Woodhead Publishing, 2001.

Smil V., *Enriching the Earth: Fritz Haber, Carl Bosch, and the Transformation of World Food Production*, Cambridge, Mass., MIT Press, 2001.

Lane N., *Oxygen: the Molecule That Made the World*, Oxford University Press, 2002.

Cooper F. A., *Cholesterol and The French Paradox*, Queensland, Australia, Zeus Publications, 2006.

Shi P. et Zhang J., « Contrasting modes of evolution between vertebrate sweet/umami receptor genes and bitter receptor genes », *Molecular Biology and Evolution*, vol. 23, n° 2, 2006, p. 292-300.

Halliwell B. et Gutteridge J. M. C., *Free Radicals in Biology and Medicine*, Oxford University Press, 2007.

Klingler C., « L'industrie manipule nos sens », *La Recherche*, n° 443, 2010.

Chapitre 2

Vêtir l'humanité

Voilà trente ans, lorsque l'avion en provenance d'Alger dans lequel se trouvait notre petit groupe de touristes se posa à Tamanrasset, au cœur du Hoggar, nous fûmes accueillis par un drôle de personnage. C'était notre accompagnateur français, Albert Coccoz. Guide de haute montagne, ce jeune et brillant alpiniste avait déjà accompli un peu partout dans le monde des prouesses d'escalades à mains nues. Sa dégaine était peu habituelle, et il portait en outre un vêtement insolite à mes yeux : une veste rouge de grimpeur, de la marque Patagonia, en polaire. Il nous la présenta, non sans fierté, à notre premier campement. Quelques mois plus tard, je profitai d'un voyage en Californie pour m'offrir à mon tour une veste semblable, d'un très beau bleu.

Au-delà de ce récit personnel, on peut s'interroger sur ce qui motive l'innovation vestimentaire. Le secteur est-il seulement dominé par des modes, plus ou moins cycliques et donc non innovantes ? Pourquoi l'équipement sportif est-il devenu, depuis un demi-siècle environ, l'avant-garde de la mode, tant masculine que féminine ? Quelle est la part de la chimie dans ces nouveaux atours ? Où les fabrique-t-on ? Qui les dessine ? Autant de questions fascinantes, comme tout ce qui touche à l'innovation.

Textiles nouveaux

Jusqu'à la fin du XIXe siècle, on s'est vêtu de tissus en fibres naturelles – laine, coton, lin, chanvre... Mais, en 1884, Hilaire de Chardonnet inventa la soie artificielle (appelée aussi « rayonne »), dérivée de la cellulose, qui connut sa première production industrielle en 1892.

Aujourd'hui, des fibres synthétiques font concurrence aux fibres naturelles, mais elles ne les ont pas remplacées. En 2010, la production mondiale se partage en deux moitiés sensiblement égales, entre le naturel (coton surtout) et le synthétique (polyester surtout). Chaque habitant de la planète possède en moyenne environ 10 kg de vêtements, bien évidemment moins au Burkina Faso et davantage aux États-Unis ou en Suisse.

Il y a seulement deux ou trois générations, lors de la première et de la seconde industrialisation, leur fabrication se faisait principalement dans des pays industrialisés : Angleterre, France, Allemagne, États-Unis (dans des États de Nouvelle-Angleterre et dans les deux Carolines). L'Europe et l'Amérique du Nord ont à présent perdu leurs industries textiles. Elles ont migré, sans doute durablement, en Asie, qui représentait 83 % de la production mondiale en 2009. Ce qui m'inspire une seconde anecdote, que j'ai vécue il y a quelques années.

Elle débute à nouveau dans un avion, plus précisément dans le salon supérieur d'un Boeing 747, durant le trajet de Hong-Kong à Paris. Mon voisin était italien. Nous avons lié conversation. Il rentrait de Chine, où il avait séjourné pour des raisons professionnelles : il y faisait fabriquer par un sous-traitant chinois des chemises, contrefaçons de grandes marques réputées

– j'appris plus tard qu'il s'agissait de l'une des spécialités de la Camorra napolitaine. Il les payait 1 dollar pièce, et sa société familiale les revendait 10 dollars chacune, au prix de gros. Ce fut l'une de mes premières rencontres avec deux réalités du temps présent : la Chine, atelier de la planète, et les mafias.

Mais qu'est-ce qui fait l'agrément d'un tissu ? Bien sûr, le plaisir qu'on a à le porter, M. de La Palisse en conviendrait, mais pas seulement : interviennent aussi sa légèreté ; son aptitude à servir d'isolant thermique, à donner une sensation de chaleur lorsqu'il fait froid ; sa texture ; son imperméabilité, accompagnée, dans l'idéal, d'une porosité à la transpiration ; sa résistance mécanique (il ne se déchire pas) ; sa résistance au froissement et sa docilité au repassage ; son aptitude au lavage en machine.

Un peu de chimie pour comprendre

Les fibres artificielles sont toutes des polymères. Si, à leurs débuts, elles eurent une origine naturelle, puisqu'elles dérivaient de la cellulose (comme la rayonne, la fibranne…), elles proviennent aujourd'hui en majeure partie du pétrole. Les principales d'entre elles, par ordre d'importance décroissante, sont à présent les polyesters (80 % du total), les polyamides (nylon et kevlar sont parmi les plus connus), le polypropylène et les acryliques. Souvent, les fabricants de textiles associent fibres naturelles (coton ou laine) et fibres synthétiques.

Mais comment passe-t-on du pétrole à un chandail ? Je vous convie à effectuer ce parcours en le simplifiant autant que faire se peut. Je ne peux néanmoins supprimer toutes les références techniques. Aussi, je vous propose de passer directement à la suite si cette présentation vous semble indigeste.

Une raffinerie de pétrole traite le brut. Par craquage des molécules d'hydrocarbures à haute température puis par distillation, on obtient ces molécules simples que sont l'éthylène, à deux atomes de carbone, et le propylène, à trois atomes de carbone. Elles ont une même propriété, l'insaturation : il s'agit d'un défaut de structure permettant de leur attacher toutes sortes d'autres molécules. Ainsi, on peut « accrocher » deux groupements -OH (issus de l'eau H_2O) à l'éthylène C_2H_4 pour former de l'éthylène glycol, de formule $HOCH_2CH_2OH$, mieux connu sous le nom d'« antigel ».

Une raffinerie de pétrole obtient aussi, par craquage suivi de distillation, du para-xylène. Il s'agit d'une molécule de benzène C_6H_6, au cycle hexagonal, porteuse de deux groupements méthyles CH_3 diamétralement opposés. La formule en est $H_3C\text{-}C_6H_4\text{-}CH_3$. L'oxydation par l'air du para-xylène transforme chacun des groupes méthyles en un groupement acide COOH. Le produit de cette oxydation, qui s'effectue avec un rendement de 100 %, se nomme « acide téréphtalique », avec pour formule $HOOC\text{-}C_6H_4\text{-}COOH$.

Désignons par R^1, R^2 des groupements alkyle, de la même famille que le groupement méthyle CH_3. Toute molécule d'un acide organique de formule R^1COOH est apte à s'accoupler avec une molécule d'un alcool R^2OH, cette union donnant de l'eau H_2O et une molécule de formule R^1COOR^2, ce qui est la formule générale des esters. Il s'agit d'une condensation, puisque deux molécules se sont réunies, au prix seulement de la formation concomitante et de l'expulsion d'une petite molécule, H_2O.

Donc, si on met en présence de l'acide téréphtalique avec ses deux bras COOH, gauche et droit, et de l'éthylèneglycol avec ses deux bras OH, gauche et droit, ils se donneront la main et l'on pourra assister à une condensation maintes fois répétée (ou polycondensation) aboutissant à la formation d'eau et d'un polymère de formule $-(CH_2CH_2-OOC-C_6H_4-COO-)_n$, où *n* est en pratique un nombre très grand. Ce polyester se dénomme « térylène » lorsqu'il s'agit de fibres et « PET » (abréviation de polyéthylène téréphtalate) lorsqu'il s'agit d'une matière thermoplastique, dont on fait surtout des bouteilles et des emballages.

On me demande souvent si les transformations chimiques ne se font pas seulement de leurs réactants vers leurs produits, mais aussi dans le sens inverse. Qu'est-ce qui empêcherait, par exemple, un polyester de s'associer avec l'eau et, ce faisant, de se débobiner, de subir ce qu'on appelle une « hydrolyse » ? Rien ne l'empêche, en principe. Pourtant, une telle réaction ne s'effectue de façon visible et tangible qu'en présence d'un catalyseur – un acide ou une base. Les acides dilués, vinaigre ou jus de citron, n'affectent pas un polyester. En revanche, des solutions aqueuses basiques (une solution de soude par exemple) peuvent l'attaquer : si l'on met une goutte de soude ou d'ammoniaque sur un tissu en térylène, on le troue.

Néanmoins, du fait de leur construction, les polyesters de type téréphtalate de polyéthylène résistent bien à l'hydrolyse. En effet, les deux groupements esters COO portés par le cycle benzénique $-C_6H_4-$ forment, conjointement avec lui, une entité extrêmement stable, qui ne réagira donc que malaisément avec l'eau.

La fileuse

Mais comment passe-t-on du polyester brut, sortant du réacteur de fabrication, au fil de polyester prêt à être tissé, seul ou en association avec du coton ou de la laine? À la sortie du réacteur se déroulent de longs rubans du polymère fondu. On les laisse alors refroidir jusqu'à ce qu'ils deviennent cassants. C'est alors qu'intervient le filage: le polymère est placé, à l'état liquide (soit fondu, soit dissous dans un solvant), dans une filière où on le force, sous pression, à traverser des trous minuscules. Lorsqu'il émerge de la filière, il se présente donc déjà sous forme de fils. Encore mou, il peut s'allonger aisément, par étirement, jusqu'à atteindre cinq fois sa longueur. L'étirement est déterminant: il a pour résultat, à l'échelle microscopique, d'aligner les fibres de polyester parallèlement les unes aux autres; et, de ce fait, il a pour vertu d'augmenter l'élasticité et la résistance du fil, qui n'est plus cassant.

Quels sont les avantages et les inconvénients de telles fibres? Les polyesters sont très bon marché, c'est là leur principal atout. En revanche, ils ne supportent pas la comparaison avec des fibres naturelles comme le coton ou la laine en ce qui concerne la respirabilité (la perméabilité d'un tissu à l'air et à l'humidité sous-jacente), la capacité d'absorption de l'humidité et l'aptitude à diminuer les variations de température. Ajoutons que les polyesters sont difficiles à teindre. N'auraient-ils pour avantage que leur moindre coût? Confirmeraient-ils, une fois de plus, l'adage selon lequel la mauvaise monnaie chasse la bonne?

Naissance des polyesters

Les polyesters ont une assez longue histoire. Ils naquirent dans le cerveau du génial chimiste américain Wallace Carothers, l'inventeur du nylon : Carothers les inscrivit dès 1929 dans son cahier de laboratoire, et il y travailla à partir de 1930, au sein de la société DuPont de Nemours, à Wilmington, dans le Delaware. Mais la famille des polyamides, dont le nylon fait partie, s'est révélée plus prometteuse que celle des polyesters… Son histoire est donc bien mieux connue, et je n'y reviendrai pas.

Et le térylène ? En 1941, les Britanniques John Rex Whinfield et James Tennant Dickson, employés dans la firme Calico Printer's Association de Manchester, brevetèrent un polymère, le polyéthylène téréphtalate (PET). Toujours en 1941, et conjointement avec les inventeurs W. K. Birtwhistle et C. G. Ritchie, ils mirent au point la première fibre de polyester, dénommée térylène, que commercialisa la société, elle aussi britannique, ICI (Imperial Chemical Industries). En 1945, DuPont de Nemours acheta les droits américains, ce qui lui permit de renouer avec cette classe de polymères et de mettre au point, en 1952, le Mylar, un film de polyester exceptionnellement résistant.

En France, les polyesters commencèrent à être commercialisés en 1954, sous la marque Tergal, créée par la firme Rhodiaceta, une filiale que Rhône-Poulenc avait créée en 1922 et réintégrée en son sein après la Seconde Guerre mondiale. Le mot « tergal », formé de « ter » (pour polyester) et « gal » (pour *gallicus*), désigne donc le polyester gaulois.

Discrédit et renaissance des polyesters

Je me focaliserai à présent sur une seule application du polyester en tant que fibre : le térylène. Il s'agit du tissu déjà évoqué et universellement connu sous le nom de « polaire » (*polar fleece* en anglais). Il eut une bien belle histoire industrielle, car d'une grande et surprenante humanité. Elle se déroula presque entièrement dans l'État américain du Massachusetts.

Un Juif hongrois du nom de Henry Feuerstein immigra à Ellis Island, à New York, dans les années 1890. Il s'y installa et y trouva un premier emploi : il s'agissait de coudre des corsages. En homme d'affaires avisé, il sous-traita très rapidement, fonda une entreprise lucrative, fit fortune et put emménager dans les quartiers chics. Mais ses investissements dans l'immobilier périclitèrent. En 1906, il utilisa ce qu'il lui restait de sa fortune, soit 50 000 dollars, dans l'achat d'une filature à Malden, dans le Massachusetts. Cette filature, qui prit le nom de Malden Mills, prospéra, s'agrandit, devint d'abord une fabrique de chandails tricotés, puis de tissus. L'un de ses débouchés les plus rémunérateurs lui vint de contrats passés avec l'armée américaine pour la fourniture d'uniformes, durant la Première et la Seconde Guerre mondiale. Pendant l'après-guerre, Samuel Feuerstein succéda à son père à la tête de la filature de Malden.

Sous sa direction, la filature acquit de nouvelles fonctions : teinture, impression et finition. L'entreprise familiale fit l'acquisition d'autres filatures de la région, à Lawrence et à Arlington, toujours dans le Massachusetts. Plus tard, elle s'installa sur d'autres sites à Bridgton, dans le Maine, pour le tricotage ; et elle commença à travailler les fibres synthétiques pour des tissus d'ameublement.

Le petit-fils de Henry, Aaron Feuerstein, fit ses études à l'université Yeshiva de New York, une institution alors aussi réputée chez les Juifs américains que ne l'étaient les universités Georgetown et Notre-Dame pour les catholiques américains. À sa sortie de l'université, en 1947, Aaron entra comme contremaître dans l'entreprise familiale.

Lorsqu'il prit les commandes de Malden Mills, vers la fin des années 1960, il misa sur les fourrures artificielles et donc sur l'imitation de produits naturels, et en particulier des exceptionnelles propriétés d'isolation thermique des fourrures. De tout temps, l'homme s'est vêtu de peaux de bêtes. Mais, dans les années 1960, les fourrures étaient devenues des symboles d'une richesse arrogante, et leur port avait été rendu politiquement incorrect par les amis des animaux : elles provenaient d'espèces animales menacées – ours, tigres, jeunes phoques, voire visons ou zibelines.

Une fourrure a de longs poils suffisamment drus pour emprisonner l'air, elle est imperméable et résistante. Aaron Feuerstein ouvrit de nouvelles fabriques de Malden Mills à Hudson, dans le New Hampshire, et à Barre, dans le Vermont, pour y produire ses fourrures artificielles. Il tablait, à bon escient, sur l'activisme anti-fourrures des gauchistes et des écologistes pour lancer sa production. C'était bien vu. Malden Mills conquit 25 %, puis 50 % des parts du marché des fausses fourrures et ouvrit encore une nouvelle fabrique en 1976, toujours dans le nord-est des États-Unis, à Berwick, dans le Maine. Néanmoins, la demande des consommateurs ne décolla pas comme escompté.

Les fausses fourrures étaient une fausse bonne idée. C'était une bonne idée, certes, mais également une fausse piste : porter des fausses fourrures était mal vu dans les années 1970, car elles étaient prises pour des vraies !

Que se passait-il alors sur le front des polyesters et de leurs utilisations vestimentaires ?

Ils étaient très mal vus. Le costume en polyester, considéré comme l'uniforme des représentants de commerce, avait acquis une image caricaturale. Les ventes chutaient. Les stylistes des maisons de mode du monde entier se détournaient de ces tissus avec mépris. En 1981, la société Celanese battit en retraite et interrompit même la fabrication de cette fibre. La même année, Monsanto, dont les ventes de fils de polyester déclinaient depuis cinq ans et qui y avait déjà perdu plus de 200 millions de dollars, décida aussi d'abandonner. D'autres industriels de la chimie les suivirent. Ces tissus en polyester manquaient de légèreté, de texture, de moelleux. Leur discrédit atteignit alors son summum.

Le « tout beau, tout nouveau » dont avaient joui les fibres synthétiques ne dura que quelques années. La lassitude, l'absence d'innovation renvoyèrent les acheteurs vers les fibres traditionnelles – coton, laine ou lin. Leur coût plus important que celui des synthétiques joua paradoxalement en leur faveur, selon la croyance élitiste qui veut que le plus cher soit le meilleur.

C'est le moment que choisit Feuerstein pour faire de cette déroute une grande victoire, en mettant sur le marché les premiers tissus en polyester polaire. Les ingénieurs de Malden Mills avaient mis au point ce nouveau matériau lors de leurs recherches technologiques sur les fausses fourrures. La technologie consistait en un tricotage *shearling*, qui imitait la texture d'une laine de mouton venant d'être tondue. Ce tissu novateur était léger, isolant, imperméable. Encore fallait-il qu'il soit à la mode. Car, dans le secteur de la confection, toute réussite commerciale exige la rencontre entre un matériau et un styliste. Aaron Feuerstein en était conscient.

Son attention fut sans doute attirée par un article du physicien Jeremy Bernstein, un excellent vulgarisateur scientifique, dans le *New Yorker* du 31 janvier 1977. Il y faisait le portrait d'Yvon Chouinard, le fondateur de la société Patagonia, qu'il présentait comme un personnage attachant et un PDG à la pointe du progrès. À ses débuts, Patagonia était spécialisée dans la fourniture de matériel pour alpinistes – pitons, crampons, cordes d'escalade… Encore aujourd'hui, l'image de marque de Patagonia peut être comparée à celle d'Apple : toutes deux offrent des produits innovants, originaux et attrayants, dessinés par des stylistes, mais plutôt chers. Feuerstein entra en contact avec Chouinard. On connaît la suite : les tissus en polaire introduits en 1979, dont Patagonia devint l'un des tout premiers utilisateurs, connurent un très grand succès commercial.

Toute mode vestimentaire s'inscrit dans un contexte sociologique. Elle s'amorce dans une classe sociale dont la visibilité compense la faible importance numérique – célébrités, prostituées, artistes… – avant de diffuser vers le reste de la société. C'est ce qui se passa vers le début des années 1980 : les polyesters furent d'abord adoptés par les alpinistes avant de diffuser vers les sportifs, puis vers les acheteurs sur catalogues, puis vers l'ensemble des étudiants américains, puis vers la classe d'âge des 18-25 ans des pays industrialisés : c'était gagné, commercialement parlant. Cet élargissement de la sphère d'origine (les grimpeurs) ne procède pas du bouche à oreille, mais, comme dans mon cas personnel, d'une envie d'être au courant, de participer à une mode qui trouve à se satisfaire par un achat.

Le succès des polyesters de type polaire bénéficia d'une synergie avec un autre matériau textile contemporain qui, lui aussi, trouva ses premiers clients chez les alpinistes et, plus généralement, chez les sportifs : le Gore-Tex. Au début des années 1980, ces deux matériaux sont souvent cités côte à côte dans les articles des journaux. Aujourd'hui, les noms « Gore-Tex » et « polaire » sont entrés dans le vocabulaire courant.

C'est Bill Gore – à ne pas confondre avec Al Gore, ancien vice-président des États-Unis –, un employé de DuPont de Nemours, qui inventa le Gore-Tex à la fin des années 1970. Ce nouveau tissu est obtenu à partir du téflon, un polymère du tétrafluoroéthylène. Sa caractéristique majeure est de laisser passer la transpiration, mais pas la pluie. N'ayant pas réussi à y intéresser les gestionnaires de DuPont, Bill Gore se mit à son compte et, avec l'aide de son fils Bob, lança ce tout nouveau tissu, qui fit florès.

Mais revenons à Aaron Feuerstein : profondément religieux, il représenta ce paradoxe, peu usuel, d'un homme d'affaires ayant une haute exigence morale. Il fut un homme de bien, plutôt que de biens. Il décida donc de ne pas breveter le *polar fleece* que ses Malden Mills venaient de mettre sur le marché.

Une bonne action est toujours punie

Feuerstein eut d'autres occasions publiques de témoigner de son intégrité. Après son introduction en

1979, le polaire connut un gros succès commercial. Ses ventes (5 millions de dollars de chiffre d'affaires par an) aidèrent Malden Mills, victimes du déclin de l'industrie textile en Europe et aux États-Unis, à éviter la faillite en 1983. Dès 1986, les ventes annuelles du nouveau tissu atteignirent 150 millions de dollars de chiffre d'affaires et elles dépassèrent les 200 millions de dollars en 1989. Feuerstein décida d'investir 10 millions de dollars par an dans la recherche et le développement, afin que sa société ne s'endorme pas sur ses lauriers.

En conséquence, en 1991, elle proposait une centaine d'applications diverses des produits en polaire déclinés sous trois épaisseurs (du linge de corps aux vestes), sous pas moins de 5 000 couleurs différentes et un bon millier de patrons. En 1995, Malden Mills commença à fabriquer ce tissu à partir de polyester recyclé provenant des bouteilles en PET. Rapidement, de 80 à 100 % du *polar fleece* commercialisé fut obtenu par récupération, conformément aux vœux des écologistes.

Peu de temps après survint un désastre. Alors que Feuerstein fêtait en famille son soixante-dixième anniversaire, le soir du 11 décembre 1995, une explosion suivie d'un incendie détruisit trois des neuf bâtiments de Malden Mills, faisant 500 millions de dollars de dégâts. Cela condamnait au chômage les 3 000 employés de la société, ce que Feuerstein trouva et déclara inadmissible : il n'arrêta pas de payer leurs salaires et les cotisations de soins santé. Il le fit six mois durant, le temps que prit la reconstruction, ce qui coûta 25 millions de dollars à sa société. Ce comportement, paternaliste au meilleur sens du terme, se démarquait totalement de la pratique usuelle du capitalisme américain. Lorsque les journalistes vinrent interroger Feuerstein, il leur répondit en citant le Talmud…

Le véritable pied de nez à l'idéologie capitaliste que représente une telle action était impardonnable pour le grand patronat américain, qui attendit Feuerstein au tournant. Malden Mills fit faillite en 2002, les banques évitèrent soigneusement de venir à son secours et Aaron Feuerstein fut écarté.

Microfibres

Quant au Gore-Tex, il avait été breveté par les Gore père et fils en 1969. C'est un tissu couvert d'une multitude de micropores de 0,2 micromètre de diamètre, trop petits pour laisser passer l'eau liquide mais suffisamment grands pour que l'eau de la transpiration, qui se trouve à l'état gazeux, les traverse en s'évaporant.

L'industrie de la confection chercha comment contourner le brevet de Bill Gore. Elle put y parvenir, toujours pour ce qui touche aux polyesters, grâce à l'invention des tissus faits de microfibres, c'est-à-dire de fibres textiles ayant un diamètre inférieur au denier, celui-ci étant une unité de mesure de la densité linéaire d'un fil : 9 000 m d'une fibre de 1 denier ont, par définition, une masse de 1 g. À la fin des années 1950, on commença à filer des fibres de polyesters inférieures à 0,7 denier.

Durant les années 1960, deux chimistes japonais, Okamoto Miyoshi et Hitoka Toyohito, parvinrent à améliorer encore le procédé et à produire des fils continus. La commercialisation de l'Ultrasuede débuta vers la fin du siècle dernier. Ce nom en forme de slogan signifie « au-delà de la peau de chamois ».

Les vêtements réalisés dans ce matériau ont la même qualité d'imperméabilité à l'eau et de perméabilité à la vapeur d'eau que le Gore-Tex. Les microfibres connurent donc des applications similaires, à commencer par le segment des sportifs en tout genre.

La nature fabrique aussi des plastiques

Je reviens maintenant sur le parallèle entre la nature et la technologie. Nous avons vu comment l'artificiel cherche à imiter le naturel avec les tissus en polaire qui copient les peaux de mouton. Pourrait-on, à l'inverse, observer des polyesters qui seraient naturels ?

Oui. La première observation de ce type a été faite chez les abeilles fouisseuses du genre *Colletes :* elles tapissent leurs cellules d'élevage de secrétions spéciales qui les rendent étanches, avant d'y mettre les provisions. La glande abdominale de Dufour, dont l'orifice se trouve près du dard, secrète des lactones – ce mot désigne des esters cycliques – qui, une fois déposées dans les cellules d'élevage, se transforment en polyester naturel, c'est-à-dire en une membrane qui se comporte comme un petit sac plastique disposé à l'intérieur de chaque cellule.

De très nombreux micro-organismes – naturels dans un premier temps, modifiés plus récemment (comme les colibacilles dont il est question ci-dessous) – fabriquent des polyesters comme les polyhydroxyalcanoates ou le polyhydroxybutyrate (PHB), qui leur servent de réserves de carbone et d'énergie. Les micro-organismes les synthétisent lorsqu'on les prive de certains nutriments. Ils les accumulent alors et les métabolisent lorsque cette contrainte ne joue plus. Soumis à des conditions anaérobies (c'est-à-dire sans apport d'oxygène), ces polyesters sont biodégradables sous forme de gaz carbonique et d'eau. On en fait aisément des élastomères, c'est-à-dire des polymères semblables au caoutchouc, et des matériaux thermoplastiques.

La production à grande échelle a commencé, en particulier avec la bactérie *Alcaligenes eutrophus*: alimentée avec du glucose, elle croît et se multiplie, et elle accumule jusqu'à 80 % de son poids sec sous forme de PHB. On peut aussi insérer les gènes commandant la production de PHB dans *Escherichia coli* qui, dès lors, se met à en fabriquer. Le PHB est supérieur au polypropylène pour l'emballage de l'alimentation. Il est promis à un certain développement, d'autant qu'il est dénué de toute toxicité pour les humains, ses produits de dégradation digestive étant identiques à nos métabolites normaux. Des chimistes du MIT ont récemment mis au point une nouvelle application qui concerne les sutures chirurgicales : celles qu'ils obtiennent ainsi sont plus résistantes de 30 % aux meilleures sutures connues, et se résorbent spontanément – plus de fils à ôter après cicatrisation d'une plaie. Et ce sont des OGM qui les élaborent !

Tout l'art(ifice) réside dans le conditionnement

La chimie des objets de grande consommation tire ses éventuels succès (polaire, Gore-Tex, microfibres) de la fourniture aux consommateurs de produits à la fois bon marché et caractérisés par des qualités irremplaçables ou de haut de gamme.

On constate, sur l'exemple du polyéthylène téréphtalate (PET), qu'un même composé chimique peut être commercialisé sous une multitude de conditionnements, qui en modifient considérablement l'aspect, le prix et les applications. C'est le rôle des ingénieurs chimistes que de mettre au point ces technologies, en aval des usines chimiques où sont produites, en quantités énormes par définition, les matières premières que l'on appelle, dans le jargon des industriels et des économistes, les « commodités » : polyéthylène et acide téréphtalique, par exemple. Pour les différencier, on appelle « spécialités » les productions bien moins volumineuses, par exemple celles du *même* polyester, mais décliné en Gore-Tex, en microfibres ou en polaire.

La production de fibres synthétiques a connu un basculement complet. Dans la première moitié du XXe siècle, dans ce secteur, des produits comme les soies artificielles (rayonne ou fibrane) étaient perçus comme des ersatz, des faux-semblants destinés surtout aux plus démunis. Plus tard, dans les années 1950, les tissus en polyester participèrent rapidement à ce discrédit : ils acquirent une réputation détestable. On les accusait, entre autres, de mal se repasser et de se froisser très rapidement. Tant Gore que Feuerstein réussirent à renverser ces perceptions de la part des acheteurs, mettant sur le marché des produits synthétiques, certes, mais de haut de gamme.

Cela montre bien qu'il y a deux catégories d'innovations en matière de chimie. L'innovation de procédé améliore une production, la rend plus efficace et moins onéreuse. Elle s'applique à la pétrochimie et à la production des commodités. L'innovation de produit consiste à concevoir de nouveaux composés chimiques ou, comme on vient de le voir pour les polyesters, à mettre au point de nouveaux conditionnements, afin de mieux satisfaire les consommateurs. C'est une chimie de spécialités.

Vêtir le corps, oui, mais encore faut-il se sentir bien dans sa peau. Parfois – trop souvent, diront certains – la chimie y aide. Comment ?

Indications bibliographiques

Sources

HEFETZ A., FALES H. M. et BATRA S. W. T., « Natural polyesters : Dufour's gland macrocyclic lactones form brood cell laminesters in colletes bees », *Science*, vol. 204, n° 4391, 1979, p. 415-417.

DIESENHOUSE S., « A textile maker thrives by breaking all the rules », *New York Times*, 24 juillet 1994, p. F5.

LEE M., « Malden looks spiffy in New England textile gloom », *Wall Street Journal*, 10 novembre 1995, p. B4.

WULF S. et WITKOWSKI T., « The glow from a fire », *Time*, 8 janvier 1996.

CURLEY T., « Mill owner's heart is fabric of Mass. Town », *USA Today*, 29 janvier 1996.

JEROME R. et SAWICKI S., « Holding the line », *People Weekly*, 5 février 1996, p. 122 et 123-125.

JIA Y. *et al.*, « Mechanistic studies on class I polyhydroxybutyrate (PHB) synthase from *Ralstonia eutropha :* class I and III synthases share a similar catalytic mechanism », *Biochemistry*, vol. 40, n° 4, 2001, p. 1011-1019.

SANG J. S. *et al.*, « Increased poly-ß-hydroxybutyrate (PHB) chain length by the modulation of PHA synthase activity in recombinant *Escherichia coli* », *Biotechnology Letters*, vol. 23, 2001, p. 2057-2061.

REHM B. H. A., « Polyester synthases : natural catalysts for plastics », *Biochemical Journal*, vol. 376, 2003, p. 15-33.

YORK G. M. *et al.*, « *Ralstonia eutropha* H16 encodes two and possibly three intracellular poly(D-(-)-3-hydroxybutyrate) (PHB) depolymerase genes », *The Journal of Bacteriology*, vol. 185, n° 13, 2003, p. 3788-3794.

PARVEEZ G. K. A. *et al.*, « Transformation of PHB and PHBV genes driven by maize ubiquitin promoter into oil palm for the production of biodegradable plastics », *Journal of Oil Palm Research*, vol. 2, 2008, p. 77-86.

ICON GROUP, *The 2009-2014 World Outlook for Manufacturing Resin, Synthetic Rubber, and Artificial Synthetic Fibers and Filaments Icon Group International*, 2008.

Réflexions & Débats

BOUSSEMART B. et RABIER J.-C., « La restructuration de l'industrie textile française : les problèmes de l'intégration à une filière mondiale », *Revue d'économie industrielle*, vol. 31, 1985, p. 57-67.

LÉVY B., « Hétérogénéité de l'industrie : secteur organisé et secteur inorganisé dans le textile », *Tiers-Monde*, vol. 30, n° 119, 1989, p. 647-672.

BELL Q., *Mode et Société : essai sur la sociologie du vêtement*, Paris, PUF, 1992.

ROTENIER N., « The Golden Fleece », *Forbes*, 24 mai 1993, p. 220.

FORTUNATI L., « Revêtir des technologies », *Réseaux*, vol. 16, n° 90, 1998, p. 85-92.

HOELTGEN D., « La rivalité des deux frères Ambani, moteur de l'économie indienne », *L'Expansion*, 1er février 2008.

MINOUI D., « Le Burqini, maillot islamiquement correct », *L'Expansion*, 1er novembre 2008.

GUILLOT A. et MEYER J.-A., *La Bionique : quand la science imite la nature,* Paris, Dunod, 2008.

ROUX A., « Éco-conception – Logique industrielle et production de masse contre durabilité des produits et développement durable », *Le Nouvel Economiste*, 24 novembre 2010.

BENZ S., « Des jouets sans produits chimiques, c'est possible ? », *L'Expansion*, 16 décembre 2010.

Chapitre 3

Médicament et mental

L'ethnopharmacologie étudie des remèdes traditionnels comme les plantes médicinales. Cette discipline est aujourd'hui pleinement reconnue, ce qui n'est pas le cas (ou pas encore) de l'ethnomédecine, dont l'objet serait le lien entre les pathologies et les remèdes dans les diverses cultures. Pourtant, la croyance générale veut que la médecine soit universelle. Cela va avec une autre croyance selon laquelle la condition humaine et, partant, les maladies seraient les mêmes partout. De toute évidence, cela est sinon une idée fausse, du moins une pétition de principe.

En voici quelques exemples. Les Français se sont approprié la crise de foie et le tour de reins, sans parler du danger, véniel ou mortel, que représentent pour eux les courants d'air ! Certaines cultures revendiquent d'autres formes de mal-être. Un dessin humoristique du *New Yorker*[3] montre un patient et son psychiatre – au pays de Woody Allen, est-il besoin de le rappeler ? La légende dit : *Why should I settle for good self-esteem* [*when, with the right medication* – c'est moi qui souligne], *I could have great self-esteem ?*» Intraduisible en français, cette phrase peut se paraphraser tant bien que mal en : « Pourquoi me contenterais-je d'être fier

3. *The New Yorker*, 7 juin 2010, p. 30.

de moi, alors qu'avec les médicaments convenables, je pourrais être extrêmement fier de moi ? »

Nous abordons là le domaine de la santé mentale. Et nous pouvons constater que, au moins dans les pays riches, cette dernière peut être préservée ou retrouvée à l'aide de médicaments. Quels sont-ils ? Sont-ils efficaces ? Affectent-ils les raisonnements intellectuels ou les états émotionnels ? Présentent-ils des effets secondaires nocifs, comme l'accoutumance ? Sont-ils sur le point d'être remplacés par une nouvelle génération de molécules ?

Naissance des psychotropes

Depuis 1950, la chimiosphère, qui prend une importance croissante, inclut des médicaments psychotropes (étymologiquement, des médicaments « actifs sur l'esprit ») – appelés aussi « neuroleptiques ». Le tout premier d'entre eux, le méprobamate, fut découvert fortuitement lors d'études sur la pénicilline. Des années durant, il servit de tranquillisant. En fait, c'est un sédatif. En dix ans, ses ventes rapportèrent 10 millions de dollars à son fabricant américain.

En 1960, la firme suisse Hoffmann-LaRoche mit sur le marché une benzodiazépine, le Librium, inventée par le pharmacologue américain d'origine croate Leo Sternbach. En 1963, la même multinationale pharmaceutique introduisit le Valium, une autre benzodiazépine mise au point par Sternbach. De 1969 à 1982, le Valium fut, de tous les médicaments, le plus prescrit aux États-Unis. Dans le cerveau, les benzodiazépines inhibent les freins à la production de dopamine, tout comme le font le cannabis ou les opiacés. Le risque d'accoutumance lié à leur prise régulière est connu. L'assuétude, ou addiction, constitue un autre risque ; j'y reviendrai.

Ces médicaments sont moins dangereux que les barbituriques, qui étaient les seuls sédatifs dont disposait la pharmacopée lors de la première moitié du XXe siècle. D'autres molécules efficaces à l'encontre des psychoses virent le jour à la même époque. Les plus importantes furent, par ordre d'efficacité croissante, la chlorpromazine, la perphénazine et l'halopéridol. La chlorpromazine eut un succès tel qu'elle fut très largement imitée ; une vingtaine de médicaments similaires furent alors commercialisés. Ensuite, durant quatorze ans, aucun nouveau psychotrope ne fut lancé.

Une seconde génération vit le jour en 1990 avec l'introduction de la clozapine (Leponex). De la famille chimique des dibenzodiazépines, proches parentes des benzodiazépines, c'est un psychotrope qualifié d'« atypique ». Lui aussi ouvrit la voie à un cortège fourni de somnifères et de tranquillisants parmi les plus utilisés, comme le Temesta, le Dalmadorm ou le Valium. D'autres antipsychotiques actifs contre la schizophrénie ont été introduits à la fin du siècle dernier : la rispéridone (ou Risperdal) par Janssen en 1994, l'olanzapine (ou Zyprexa) par Eli Lilly en 1996 et la quétiapine (ou Seroquel) par AstraZeneca en 1997.

Les antidépresseurs

La dépression touche tant de personnes ! Elle consiste en un changement d'humeur : celui ou celle qui est atteint se sent déprimé la plus grande partie de la journée, à peu près tous les jours, pendant au moins deux ans.

L'appétit décline. Interviennent aussi des phases de suralimentation, de « grandes bouffes » incontrôlables. Les troubles du sommeil oscillent entre l'insomnie et l'hypersomnie. Le patient n'a pas d'énergie, il éprouve de grandes difficultés à se concentrer, il se sent désespéré et perd une bonne part de son amour-propre. Il subit un désinvestissement global et massif. Comment l'aider à le surmonter ?

Le traitement des maladies mentales bute sur un préalable qui, bien qu'évident, est un obstacle majeur à une prise en compte véritablement scientifique : leur diagnostic est ambigu. Or comment peut-on soigner une maladie si l'on est incapable de l'identifier de façon sûre ?

La paire anxiété-dépression se présente comme un véritable cas d'école. Ces deux mots, « anxiété » et « dépression », font suffisamment partie du vocabulaire commun pour être utilisés de manière non scientifique et approximative, en particulier sans faire la distinction entre ces deux pathologies, pourtant bien distinctes. Par exemple, aux États-Unis, durant les décennies 1950 et 1960, on parlait très peu de dépression et beaucoup d'anxiété. Cette dernière se trouvait en première ligne, elle était alors très répandue. Mais son identification par le corps médical fut compromise par son association avec des névroses et avec un état général de tension (ou stress). Le vague et le flou prédominaient, d'où la difficulté d'établir un diagnostic spécifique et assuré. La diffusion générale d'une (trop) influente nomenclature psychiatrique, *Diagnostic and Statistical Manual of Mental Disorders*, vint encore compliquer la situation. On bascula alors plutôt vers un diagnostic de dépression.

Est-ce du fait des campagnes de publicité des firmes pharmaceutiques (le médicament crée la maladie) ? Toujours est-il que, dans l'opinion publique, les antidépresseurs acquirent une image largement plus positive que celle des anxiolytiques. En conséquence, toujours aux États-Unis, le nombre de patients déclarés officiellement comme étant anxieux chuta : ils n'étaient plus que 19 millions en 1990, ce qui représentait seulement 6 % de la population, mais une dépense de 47 milliards de dollars, le tiers du coût total des affections mentales.

La différence d'efficacité entre les antidépresseurs et un placebo augmente avec le degré de sévérité de la dépression, mais cette différence reste faible, même dans les dépressions sévères. Certains auteurs considèrent même que le mode d'action de *tous* les antidépresseurs ne serait qu'un effet placebo. En outre, ils ne deviennent bénéfiques qu'après un temps de latence de quelques semaines. Les plus anciens des antidépresseurs, les tricycliques, agissent en empêchant la recapture par les neurones de la sérotonine ou de la noradrénaline. Ils sont efficaces dans les cas de dépression sévère, mais ils pâtissent de sérieux effets secondaires : effets antihistaminiques (sédation, gain de poids), anticholinergiques (bouche sèche, constipation) et anti-alpha-adrénergiques (hypotension orthostatique). L'imipramine (Tofranil) en est un exemple. Ce sont des médicaments dangereux, dont la morbidité et la mortalité furent abondamment documentées. Les tricycliques secondaires, qui agissent surtout au niveau de la noradrénaline, ont des effets secondaires moins décourageants.

Les IMAO (inhibiteurs de la monoamine oxydase) sont parmi les tout premiers antidépresseurs (années

1960-1970). Ces molécules inhibent la monoamine oxydase des types A et B, augmentant ainsi les niveaux de sérotonine, noradrénaline et dopamine avec une bonne efficacité. Ils présentent de multiples effets secondaires et de dangereuses interactions avec d'autres médicaments et avec les aliments contenant de la tyramine, comme le vin ou les fromages. Un régime sévère s'impose donc pendant le traitement pour éviter l'absorption de tyramine. Les IMAO sont peu utilisés aujourd'hui. Je citerai seulement la moclobémide (Moclamine).

Le rôle des firmes pharmaceutiques

Comment un médicament voit-il le jour ? Je décrirai en détail ce lent processus. En effet, il ne résulte pas – ou pas seulement – d'une idée conduisant à des réalisations, comme il est de règle pour d'autres technologies inventives, mais d'une procédure qui se fait très largement « à l'aveuglette », par « essais et erreurs ». L'humanité se fie au hasard pour découvrir des moyens de lutter contre les maladies, cela reste vrai au début du XXIe siècle ! Décrivons ce parcours du combattant, d'où émerge un nouveau médicament.

Le premier acte appartient aux chimistes. Ils synthétisent des milliers de molécules dans les laboratoires de l'industrie pharmaceutique – en moyenne entre 5 000 et 10 000. Mais pas n'importe lesquelles. Les chimistes partent d'une molécule active connue pour en élaborer d'autres qui lui ressemblent. Ils fabriquent ainsi de multiples variantes de structure. Il leur faut, en moyenne, quelques jours pour obtenir chacune de ces préparations. En fin de compte, au bout d'au moins deux années, un stock de molécules est ainsi mis au point, dont on ignore *a priori* si elles auront une quelconque efficacité thérapeutique.

Chacun de ces produits est immédiatement testé, par des essais biologiques, pour mesurer son activité. Environ une molécule sur vingt franchit ce premier cap. En cas de réponse prometteuse, les chimistes se remettent à la paillasse pour un changement d'échelle : ils produisent alors non plus quelques dizaines ou centaines de milligrammes de cette molécule, mais quelques dizaines ou centaines de grammes. Les molécules ainsi sélectionnées (de l'ordre de deux cent cinquante) sont alors soumises à une batterie de tests biologiques, au moyen de cultures de tissus puis d'animaux de laboratoire (souris, rats, lapins, chats, chiens, cobayes, singes...). Cette phase d'évaluation est la plus longue : elle s'étend sur environ quatre ans.

La sélection résultante est rigoureuse : seules quatre ou cinq molécules y survivent. Chacune est promise à devenir un médicament – peut-être, qui sait, un médicament de grande consommation. Intervient alors l'expérimentation en vraie grandeur, sur l'homme. Quelques dizaines de volontaires s'y prêtent – des prisonniers, des SDF désireux de se faire un peu d'argent ou tout bonnement des bénévoles particulièrement altruistes. C'est une étape clé. Elle se prolonge environ un an.

Il reste encore à choisir la molécule championne. Quelques centaines de volontaires ont accepté d'en subir les éventuels – en fait inévitables – effets secondaires et de tester l'efficacité de la nouvelle drogue. Cette étape dure deux ans.

Et ce n'est pas tout, loin de là ! Vient alors le tour de l'expérimentation clinique, qui se prolonge deux ou trois ans dans des services hospitaliers dirigés par des spécialistes du secteur concerné. Cette dernière phase est assez longue, puisqu'il s'agit d'étudier sur la longue durée les réactions négatives à la prise des nouvelles molécules.

La firme pharmaceutique constitue alors un dossier qu'elle soumet aux instances d'homologation (le ministère de la Santé en France, la FDA aux États-Unis). Cette procédure d'agrément est loin d'être immédiate ou automatique : elle prend encore deux ans en moyenne.

Au total, la recherche et développement d'une nouvelle molécule s'étale sur seize ans environ, et coûte cher (de l'ordre de 1 milliard de dollars). Ne pleurons pas sur l'industrie pharmaceutique : à ces dépenses considérables correspondent des bénéfices énormes. C'est l'un des rares secteurs de l'économie où les investisseurs ont, annuellement, un retour à deux chiffres sur le capital investi.

Les psychotropes

Qu'est-ce qui rend les psychotropes actifs ? Comment fonctionnent-ils ? Pour le comprendre, décrivons, à très grands traits, la chimie du cerveau. Elle est extrêmement complexe. Le système nerveux central est une énorme agglomération de neurones. Pour l'instant, ne parlons pas de sa cartographie, c'est-à-dire de ses zones diversement spécialisées. Les neurones sont séparés les uns des autres par des intervalles que l'on appelle « synapses ». Pour se propager d'un neurone à un autre, l'influx nerveux (un courant électrique) doit les franchir. Des médiateurs chimiques, les neurotransmetteurs, fournissent ces ponts – en fait, ils se comportent plutôt comme des bacs traversant ces cours d'eau microscopiques. On en connaît des dizaines d'espèces différentes. Ce sont soit des petites molécules comme la dopamine, la sérotonine ou la norépinephrine (ou noradrénaline), soit des peptides, c'est-à-dire des enchaînements d'acides aminés (comme les protéines, mais de plus petite taille), comme les encéphalines ou les endorphines.

Les points d'accostage des neurotransmetteurs sur un neurone sont appelés « récepteurs ». Ce sont des protéines. Il existe autant de classes de récepteurs que de types de neurotransmetteurs : il y a des récepteurs à dopamine (D_1, D_2...), des récepteurs à norépinéphrine ($alpha_1$, $alpha_2$), des récepteurs à sérotonine (ils sont de quinze types, $5HT_1$, $5HT_2$, $5HT_3$...). Les psychotropes ciblent ces récepteurs comme autant de pistes d'atterrissage à molécules.

Les maladies mentales expriment des déséquilibres des concentrations locales de divers neurotransmetteurs. Quelles sont les principales caractéristiques de ces derniers ?

La dopamine a un rôle globalement stimulant du système nerveux central. Lorsqu'elle active le circuit cérébral idoine, elle constitue la molécule de la récompense, de la jouissance et du plaisir. La nicotine agit directement sur des neurones dopaminergiques et ouvre les vannes aux molécules du plaisir – la maladie de Parkinson traduit une insuffisance en dopamine. L'excès d'utilisation de la dopamine par le cerveau entraîne la schizophrénie.

La norépinéphrine (ou noradrénaline) joue un rôle dans l'attention, les émotions, le sommeil, le rêve et l'apprentissage.

La sérotonine contrôle la thermorégulation, les comportements alimentaires et sexuels, le cycle veille-sommeil, la douleur, l'anxiété, les muscles moteurs… Elle est impliquée dans la dépression majeure. Un excès de sérotonine, qui peut provenir d'un abus d'antidépresseurs, se manifeste par un syndrome associant rigidité musculaire, agitation, myoclonies (contractions musculaires rapides), hyperéflexie, hyperthermie et divers troubles du comportement.

Tout cela, bien qu'exact, est néanmoins exagérément réducteur et simpliste. En effet, le mental est le carrefour d'une neurochimie, certes, mais aussi d'une psychologie tant cognitive qu'émotionnelle et d'un caractère s'exprimant par le style de vie et divers comportements. Par exemple, pour en rester à la sérotonine, elle reflète l'humeur d'un sujet dans les deux sens : son taux influence l'humeur, le bien-être, les ressentis de la personne ; et les pensées, positives ou négatives, de cette dernière influencent à leur tour le taux de sérotonine.

La multiplicité des neurotransmetteurs se double de la diversité de leurs emplacements au sein du cerveau.

Aires cérébrales

De nombreuses zones d'activité neuronale, plus ou moins spécialisées, coexistent dans le cerveau. Je me contenterai, dans un souci de simplicité, de présenter celles qui participent au circuit du plaisir mentionné plus haut à propos de la dopamine.

L'*amygdale* a pour rôle d'assortir chacune de nos perceptions d'une coloration affective agréable ou désagréable. Une région du cortex cérébral, l'*insula*, contribue à la recherche active du plaisir que procurent, outre un bon repas, certaines substances comme l'alcool, la nicotine, la marijuana… L'insula fait affleurer à la conscience de tels désirs et besoins.

D'autres centres et régions du cerveau interviennent encore chez un toxicomane. L'*hippocampe* préserve les souvenirs gratifiants liés à une prise de drogue, ainsi que les circonstances qui l'ont accompagnée et dont la réitération, le drogué l'espère, lui renouvellera la jouissance passée.

Le *locus coeruleus* est une structure cérébrale riche en noradrénaline. En situation de manque, il sonne l'alarme : il pousse le drogué à se procurer sa drogue, coûte que coûte.

Le *noyau accumbens* a un rôle central dans le circuit de la récompense. Il est riche à la fois en noradrénaline et en sérotonine. Lorsque la première prédomine, elle incite à des sensations d'envie et de désir. Lorsque c'est la seconde, elle induit une inhibition, et nous éprouvons un sentiment de satiété. Les drogues récréatives, comme les opiacés (dont la morphine), bloquent les freins qui empêchent les neurones de libérer trop de dopamine. Elles provoquent donc une augmentation du taux de dopamine et une diminution de celui de sérotonine dans le noyau accumbens. Celui-ci communique non seulement avec les autres zones déjà mentionnées, mais aussi et surtout avec l'une des régions les plus primitives du cerveau, située dans le mésencéphale : l'*aire tegmentale ventrale*.

Cette région du cerveau produit la dopamine, que des neurones achemineront ensuite vers le noyau accumbens, qu'elle active. Cette zone joue un rôle majeur dans l'addiction à des benzodiazépines comme le Valium. En règle générale, les drogues entraînant une addiction augmentent la teneur en dopamine dans la partie *mésolimbique* du cerveau. En outre, elles affectent cette aire tegmentale ventrale : elles y induisent un remodelage des connexions entre les neurones, au niveau des synapses – on parle d'une « plasticité adaptative » –, propre à augmenter l'activité neuronale dans cette région.

À quoi est due l'addiction aux benzodiazépines ? Les chercheurs du groupe de Christian Lüscher à Genève ont prouvé que ces drogues renforcent le système de récompense du mésencéphale. Leurs effets sont similaires à ceux d'autres drogues comme l'héroïne ou le haschich. Lorsque le système de récompense est désinhibé, il peut à la longue empêcher toute décision pondérée et déclencher le comportement compulsif qui définit la dépendance.

Les chercheurs helvètes ont étudié le cerveau des souris. Les benzodiazépines s'y lient à des protéines, appelées « récepteurs $GABA_A$ », d'un neurotransmetteur non encore mentionné, l'acide gamma-amino butyrique (ou GABA). Ces récepteurs sont composés – suivant le type de neurone – de différentes sous-unités et assurent ainsi différentes fonctions. Comme les benzodiazépines disponibles sur le marché (à quelques exceptions près) se lient à toutes les sous-unités, elles chassent l'angoisse, débloquent les contractions musculaires, abolissent des crises épileptiques et induisent le sommeil – et de surcroît rendent dépendant. Les chercheurs dirigés par Christian Lüscher ont prouvé que l'effet addictif de ces substances dépend des récepteurs $GABA_A$ pourvus de la sous-unité alpha 1. L'effet sédatif des benzodiazépines provient de leur fixation sur les mêmes récepteurs.

Ils ont administré des benzodiazépines aux souris, ce qui a activé leur système cérébral de récompense. En quelques jours, ces souris se sont mises à préférer le biberon d'eau sucrée avec des benzodiazépines dissoutes, alors même qu'elles disposaient d'un autre biberon contenant uniquement de l'eau sucrée (placebo). En revanche, un groupe de contrôle constitué de souris dont la sous-unité alpha 1 ne pouvait pas lier les benzodiazépines en raison d'une mutation n'ont ni perdu la maîtrise de leur système cérébral de récompense ni présenté un tel comportement compulsif.

La fixation sur les récepteurs $GABA_A$ déclenche l'activité électrique de neurones à dopamine, qui à son tour réorganise la transmission neuronale dans les neurones à dopamine voisins. Dans le cas des adolescents, leur cerveau étant encore relativement immature, ils sont vulnérables à diverses drogues pouvant induire une dépendance durable, ce qui est le cas de ces benzodiazépines.

Le GABA

Qu'est-ce que le GABA ? D'où ce neurotransmetteur tire-t-il son importance ?

Schématisons à outrance : le cerveau est sous le contrôle, antagoniste, d'excitants et de calmants, qu'il sécrète. Les premiers stimulent l'activité neuronale, les seconds l'inhibent. Le GABA est le plus important de ces derniers. Ses effets inhibiteurs, rapides, s'expriment via les récepteurs à GABA de type A, ou $GABA_A$, que nous venons de citer. Ils sont omniprésents dans les différentes zones du cerveau. Lorsqu'une molécule de GABA se loge dans l'un de ces récepteurs $GABA_A$, cela provoque la fermeture d'une vanne des canaux membranaires par lesquels les anions chlorures Cl^- pénètrent dans les neurones. C'est, toutes proportions gardées, comme si l'on coupait le courant électrique à l'aide d'un interrupteur.

Le GABA a donc plusieurs types de récepteurs, au moins trois : $GABA_A$, $GABA_B$ et $GABA_C$. En outre, les modes d'action de ces derniers varient selon leur localisation. Si l'on considère les $GABA_A$, on les trouve au niveau des synapses ou en dehors des synapses. Dans le premier cas, le mécanisme est celui que nous avons décrit : lorsque des molécules de GABA viennent occuper ces récepteurs, le courant est coupé, ce qui paralyse le neurone suivant, qualifié de « postsynaptique ». Dans le second cas – récepteurs $GABA_A$ en dehors des synapses –, ces récepteurs jouent toujours un rôle inhibiteur, mais par un mécanisme différent que des teneurs faibles en GABA suffisent à déclencher.

Ces récepteurs $GABA_A$ ont un réglage fin. Rappelons que ce sont des protéines, dont chacune est faite de cinq modules (ou sous-unités) qui peuvent être modifiés par divers agents. Une réaction chimique spécifique (précisons, pour les connaisseurs, qu'il s'agit d'une phosphorylation) détermine leur destination, comme le ferait une étiquette portant l'adresse *ad hoc*. La bonne adresse les expédie à l'intérieur d'une cellule (neurone). Lorsque l'étiquetage est aberrant, à la suite d'une mutation par exemple, les récepteurs $GABA_A$ s'accumulent à l'extérieur des neurones, ce qui augmente encore l'inhibition neuronale créée par le GABA. Il en résulte un dysfonctionnement cérébral, plus précisément une perte de la mémoire des lieux.

Traitement de l'insomnie

L'insomnie est un fléau. Celui ou celle qui en souffre cherche le sommeil, mais ne parvient pas à le trouver. Le souvenir, parfois ancien, d'un endormissement aisé, de nuits longues et tranquilles, ne fait qu'aviver la pénibilité.

Des médicaments existent, ils agissent sur le cerveau pour amener le sommeil, justement qualifié de « réparateur ».

Prenons, par exemple, l'un de ces médicaments dénommé Zolpidem. D'une famille chimique proche des benzodiazépines, molécules dont la prise, selon certains, augmenterait de 50 % le risque de souffrir plus tard d'une maladie d'Alzheimer, c'est un sédatif hypnotique. Son principal inconvénient est la dépendance dans laquelle il peut enfoncer son usager. Son mode d'action est la fixation sur les récepteurs cérébraux du GABA. Dans le système nerveux central, les récepteurs à GABA servent d'interrupteur général. Le GABA est un neurotransmetteur inhibiteur, augmenter sa concentration cérébrale produit donc une inhibition généralisée.

Un traitement de l'insomnie moins brutal, plus astucieux aussi, vient de voir le jour : au lieu de court-circuiter l'ensemble du cerveau, il se borne à agir sur les centres commandant l'état éveillé. Il s'agit de ce qu'on appelle les « récepteurs d'orexines ».

Les orexines sont des hormones cérébrales, produites dans l'hypothalamus, de la famille chimique des peptides, faites chacune d'une trentaine d'acides aminés, 28 et 33 pour être précis. Elles viennent se fixer sur des récepteurs membranaires, couplés aux G-protéines, un système de signalisation cellulaire ubiquitaire.

Les scientifiques ont identifié ces peptides en 1998. Ils ont un rôle clé dans la régulation de l'état d'éveil. Il était tentant d'agir sur les récepteurs d'orexines pour traiter l'insomnie : au lieu d'un marteau-pilon brutalisant le cerveau dans tout son ensemble, on agirait de la sorte sur le seul hypothalamus. Aussi, un inhibiteur des récepteurs à orexines fut-il synthétisé chez Merck, et la FDA vient (septembre 2014) de lui accorder l'autorisation de mise sur le marché, sous le nom provisoire de Suvorexant. Il aura fallu moins de vingt ans pour passer de la découverte des orexines en laboratoire à une application pratique.

Retour aux antidépresseurs

Revenons aux antidépresseurs de la famille chimique des benzodiazépines. Ils sont actifs à l'encontre des crises d'angoisse. L'anxiété provient, à l'échelle moléculaire, de l'altération du flux d'ions chlorures vers l'intérieur des neurones. Les benzodiazépines ont une aptitude à se fixer sur les récepteurs $GABA_A$, sur un autre site que celui du GABA. Ce faisant, elles augmentent le flux des ions chlorures et donc l'effet du GABA. Elles suppriment ainsi la sensation d'angoisse. Les benzodiazépines ont des effets secondaires : l'induction d'une torpeur et d'une moins bonne coordination motrice.

Les anxiolytiques sont d'une très grande diversité, qui reflète celle de leurs cibles au sein du système nerveux central. Ces médicaments peuvent appartenir à une bonne demi-douzaine de familles chimiques différentes. Leurs cibles cérébrales peuvent appartenir non seulement aux systèmes du GABA, mais aussi à ceux d'autres neurotransmetteurs, comme le glutamate ou les neuropeptides.

Mais il est encore d'autres familles, plus récentes, d'antidépresseurs. L'une d'elles, qui vit le jour en 1988, est composée des ISRS (inhibiteurs sélectifs de recapture de la sérotonine). La fluoxétine, ou Prozac, fut le premier d'entre eux à être approuvé par la FDA américaine, en 1987. Sa famille comporte aussi la sertraline (Zoloft), la paroxétine (Paxil), la fluvoxamine (Luvox) et le citalopram (Celexa). La vogue de ces molécules s'explique par leur moindre toxicité, par comparaison avec les antidépresseurs qui les avaient précédées (les inhibiteurs de la monoamine oxydase – IMAO – et les antidépresseurs tricycliques – ATC).

Les molécules de cette dernière génération ont peu d'affinité pour les récepteurs à dopamine de type D_2, mais se fixent sélectivement sur des récepteurs à norépinéphrine ($alpha_1$ et $alpha_2$) et à sérotonine ($5HT_{1a}$, $5HT_{2a}$, $5HT_{2c}$, $5HT_3$, $5HT_6$ et $5HT_7$). Les récepteurs D_2 et $5HT_{2a}$ ont des effets antagonistes, et les molécules psychotropes, qualifiées d'« atypiques », jouent de cette rivalité.

Les ISRS ont un effet secondaire d'autant plus gênant qu'on ignore son mécanisme : ils induisent une prise de poids. Une dose excessive d'un ISRS tue rarement. Autre désagrément, ils sont très onéreux : ils coûtent 20 fois plus cher que les psychotropes de la génération précédente. Cela équivaut, en moyenne, à une dépense de 5 000 dollars par an et par patient aux États-Unis et, pour le patient, à un coût d'environ 1 euro par jour.

La part du marché mondial que s'est taillée le Prozac est de 1,5 milliard de dollars par an. Entre 1988 et 2000, aux États-Unis, la consommation d'antidépresseurs par les adultes a triplé, à population à peu près constante. À tel point qu'en 2005 un Américain sur dix avait chez lui une prescription pour un antidépresseur. Pour les seuls États-Unis, depuis l'année 2008, les ventes d'antidépresseurs avoisinent les 10 milliards de dollars par an. Outre la dépression, les ISRS peuvent traiter les troubles obsessionnels compulsifs et les accès de boulimie.

Une maladie mal diagnostiquée

On le nommait naguère « syndrome maniaco-dépressif ». On le désigne maintenant, de façon moins imagée, par l'expression « trouble bipolaire » – sachant que la dépression est, elle, qualifiée de « trouble unipolaire ». Il est caractérisé par une alternance de phases de déprime et de phases d'exaltation. Les psychiatres confondent parfois trouble bipolaire et dépression, le taux d'erreurs de diagnostic atteignant 70 % ! Alors que, au moment de l'hospitalisation, 92 % des cas sont considérés comme étant de type unipolaire (dépressif) et seulement 8 % de type bipolaire, trente ans plus tard, les médecins étant revenus sur leurs impressions premières, les proportions relatives sont passées respectivement à 57 % et 43 %, qui sont très proches l'une de l'autre.

La dépression touche davantage les femmes que les hommes, tandis que le trouble bipolaire affecte indifféremment les deux sexes. Il se manifeste brutalement en fin d'adolescence (entre quinze et dix-neuf ans). Dans la moitié des cas, il est consécutif à la prise de substances illicites, de celles qui altèrent les états de conscience et les perceptions. Le patient est sujet à l'insomnie ainsi qu'à son opposé, l'hypersomnie.

L'alternance des attaques maniaques ou dépressives, régulière, semblerait provenir des variations des taux de noradrénaline, qui sont plus élevés lors des épisodes maniaques que lors des périodes dépressives.

Cela proviendrait, semble-t-il, d'un déficit cérébral en dopamine. On a incriminé des taux anormaux de cette substance dans l'hyperactivité associée aux épisodes de manie aiguë, tandis que la noradrénaline est associée aux périodes dépressives. La sérotonine intervient aussi. On a constaté une augmentation des récepteurs de type 2 de la sérotonine et une diminution des récepteurs de type 1A vis-à-vis de la même substance.

Il y a un demi-siècle, il n'y avait pas d'autre recours que l'enfermement des malheureux souffrant de troubles bipolaires – à l'exception de quelques cas individuels, des artistes surdoués par exemple. Mais John Cade découvrit alors les effets sur l'humeur du lithium, qui fut accueilli comme un remède miracle. Cette découverte vaut d'être contée.

C'était au lendemain de la Seconde Guerre mondiale. John Cade, un psychiatre australien de retour du camp de concentration japonais de Changi à Singapour, où il avait été interné plus de trois ans, exerçait dans un petit hôpital australien. Il fit l'hypothèse d'une intoxication par des métabolites comme cause du syndrome maniaco-dépressif. Il crut déceler un lien avec la maladie de la goutte, causée par l'acide urique. Testant un sel de cet acide, l'urate de lithium, il constata qu'il rendait des cobayes léthargiques.

Il passa à l'expérimentation sur ses malades. Le tout premier était « un petit homme ratatiné de cinquante et un ans qui se trouvait depuis cinq ans en excitation maniaque chronique… Exubérant, crasseux, destructeur, espiègle, ennuyant tout le monde». Ce patient était convaincu qu'il devrait passer le reste de son existence dans le petit service pour malades chroniques dans lequel il était interné. Son traitement par le lithium débuta le 29 mars 1948. Le 1er avril, Cade crut voir des signes d'amélioration, mais se défia de son imagination. Cependant, dès le lendemain, le patient était manifestement «plus stable, plus net, moins désinhibé et moins facilement distrait». L'amélioration se poursuivit, et le patient put même retrouver son ancien emploi. Cade fit bénéficier neuf autres patients maniaques du même traitement, avec un succès comparable. Il publia ses résultats en 1949.

Les médecins danois Mogens Schou et Poul Christian Baastrup les confirmèrent sur leurs propres patients. Leur publication fut accueillie par l'incrédulité et la dérision, surtout de la part de leurs confrères britanniques: pour Aubrey Lewis et Michael Shepherd, soutenus en cela par Harry Blackwell, le traitement par le lithium ne pouvait être qu'une «dangereuse absurdité». Il était fondé sur «de graves lacunes méthodologiques» et sur des «assertions injustifiées». Ils l'accusèrent d'être contraire à l'éthique et non scientifique. Piqué au vif, Mogens Schou lança alors une grande étude en double aveugle. Elle confirma ses premières observations, qu'il publia en 1970 dans *The Lancet*.

Les critiques que Schou a essuyées traduisent l'immense surprise des psychiatres devant cette médication. Toutes les molécules que j'ai citées jusqu'à présent comme médicaments du mental sont en effet très différentes: non seulement elles appartiennent toutes à la chimie organique, mais elles sont en outre presque toutes des amines, c'est-à-dire des composés comportant au moins un atome d'azote. L'efficacité d'un traitement par des ions lithium Li^+, dérivés de l'élément lithium – qui vient immédiatement après l'hydrogène et l'hélium dans la classification périodique –, était donc complètement inattendue, saugrenue même. Chimistes et pharmacologues manqueraient-ils d'imagination ?

Le lithium réduit la fréquence et la sévérité des épisodes bipolaires, qui s'espacent davantage. Le taux des tentatives de suicide est fortement réduit, d'un facteur 5 à 10. Mais le lithium n'a pas une efficacité immédiate : il faut attendre six à huit semaines pour qu'elle se manifeste.

Depuis 1970, de multiples autres médications furent essayées, mais aucune n'a prévalu. De bons résultats découlent de l'association de deux molécules de classes pharmacologiques différentes. La difficulté du traitement vient de ce qu'il lui faut prévenir et traiter tant les épisodes dépressifs que les phases maniaques. Les médecins prescrivent la fluoxétine (Prozac) couplée à l'olanzapine (Zyprexa), soit un membre de la classe des ISRS et un membre de la famille des neuroleptiques atypiques, dont la Clozapine fut le premier représentant, ce qui donne de meilleurs résultats que chacune de ces molécules seule et, *a fortiori*, qu'un placebo.

De plus, le recours à des antidépresseurs se heurte très généralement au risque d'augmentation du rythme des épisodes ainsi qu'au risque de déclenchement d'une crise maniaque. À cet égard, les ISRS sont moins nocifs que les tricycliques. Aujourd'hui, les anticonvulsivants semblent être les agents thérapeutiques les plus efficaces : lamotrigine (Lamictal), carbamazépine (Tegretol) et association divalproex-valproate (Dépakine Chrono).

Un paradoxe français

Les Français seraient les champions du monde pour la consommation des psychotropes – antidépresseurs, tranquillisants, anxiolytiques, somnifères... Cette constatation, très répandue, découle de statistiques avérées. Mais quelle est la raison de cet état de fait ?

Comment notre douce France, destination numéro un des touristes du monde entier, patrie d'un art de vivre que tous nous envient, pays de tous les plaisirs que l'on qualifie de « sensuels » – de la table au lit –, peut-elle abriter des millions d'insatisfaits, de râleurs, de déprimés et d'insomniaques ? Ne serait-ce pas là le vrai paradoxe français ?

J'avancerai une explication très banale, qui a le mérite du bon sens et évite de chercher du côté de la pathologie, du stress ou des facteurs anxiogènes de l'existence. À en croire l'Organisation mondiale de la santé (OMS) et d'autres organismes producteurs de statistiques fiables, la France est aussi la championne du monde pour la qualité de son système de santé. Elle doit à sa médicalisation tous azimuts de la population une espérance de vie parmi les plus longues. Cela va de pair avec une très large distribution des médicaments les plus divers, *psychotropes compris.* Et, on le sait, cette surconsommation de médicaments contribue au déficit de la Sécurité sociale. Elle participe d'une « civilisation » parvenue au stade du *Meilleur des mondes* d'Aldous Huxley, englués que nous sommes entre la télé et les drogues.

Les quelques exemples que j'ai cités ici – sans guère pouvoir les approfondir –, qui se rapportent surtout aux antidépresseurs, démontrent la grande complexité de la chimie du cerveau. Cela constitue un passionnant sujet d'étude pour les chercheurs, mais aussi une source de préoccupation pour le public.

Si je débutais à nouveau aujourd'hui ma carrière de chimiste, je choisirais sans hésiter de la consacrer à la neurochimie. Élucider ne serait-ce qu'une toute petite partie du fonctionnement cérébral constitue un objectif enthousiasmant.

La science du complexe que constitue la chimie procure au genre *Homo* un terrain d'exception lui permettant d'affirmer sa qualité de *sapiens.* Mais *Homo* est aussi et simultanément *faber*, ce qui explique, sans pour autant le justifier, notre comportement d'apprentis sorciers. Sans en comprendre suffisamment les tenants et aboutissants, nous intervenons sur le cerveau par l'administration de psychotropes. Dans l'état actuel des connaissances, c'est manifestement prématuré et brutal. Tel l'éléphant dans le magasin de porcelaines, ces médicaments font des dégâts – n'oublions pas les électrochocs, encore en usage il y a peu.

Nous y poussent, pêle-mêle, toutes sortes de bonnes et de mauvaises raisons : la recherche d'abondants bénéfices pour les laboratoires pharmaceutiques ; le noble souhait de venir en aide à des personnes en détresse ; le désir de tester en vraie grandeur une hypothèse sur les mécanismes cérébraux ; la volonté d'échapper à la souffrance ; l'hédonisme ; le culte du médicament censé remédier à (presque) tout…

Indications bibliographiques

Sources (dans l'ordre de leur entrée en scène dans le texte du chapitre)

SU J. A. et TSANG H. Y., « Comparison of weight changes in patients treated with different antidepressants : clinical experiences in Taiwanese patients », *Chang Gung Medical Journal*, vol. 29, n° 2, 2006, p. 154-161.

FAVA M., « Weight gain and antidepressants », *Journal of Clinical Psychiatry*, vol. 61, suppl. 11, 2000, p. 37-41.

POYUROVSKY M. *et al.*, « Olanzapine-induced weight gain in patients with first-episode schizophrenia : a double-blind, placebo-controlled study of fluoxetine addition », *The American Journal of Psychiatry*, vol. 159, n° 6, 2002, p. 1058-1060.

ANDERSEN S. W., CLEMOW D. B. et CORYA S. A., « Long-term weight gain in patients treated with open-label olanzapine in combination with fluoxetine for major depressive disorder », *Journal of Clinical Psychiatry*, vol. 66, n° 11, p. 1468-1476.

LIEBERMAN J. A. *et al.*, « Drugs of the psychopharmacological revolution in clinical psychiatry », *Psychiatric Services*, vol. 51, 2000, p. 1254-1258.

PAUMGARTEN N., « Little Helper », *The New Yorker*, 16 juin 2003, p. 70.

STENSLAND M. D., SCHULTZ J. F. et FRYTAK J. R., « Depression diagnoses following the identification of bipolar disorder : costly incongruent diagnoses », *BMC Psychiatry*, vol. 10, n° 1, 2010, p. 39.

KAMAT S. A. *et al.*, « Prevalence and humanistic impact of potential misdiagnosis of bipolar disorder among patients with major depressive disorder in a commercially insured population », *Journal of Managed Care Pharmacy*, vol. 14, n° 7, 2008, p. 631-642.

BUSTO U. E. et SELLERS E. M., « Anxiolytics and sedative/hypnotics dependence », *British Journal of Addiction*, vol. 86, n° 12, 1991, p. 1647-1652.

STEPPUHN K. G. et TURSKI L., « Diazepam dependence prevented by glutamate antagonists », *Proceedings of the National Academy of Sciences of the United States of America*, vol. 90, n° 14, 1993, p. 6889-6893.

PRESKORN S. H. et DENNER L. J., « Benzodiazepines and withdrawal psychosis. Report of three cases », *Journal of the American Medical Association*, vol. 237, n° 1, 1977, p. 36-38.

TAN K. R. *et al.*, « Neural bases for addictive properties of benzodiazépines », *Nature*, vol. 463, n° 7282, 2010, p. 769-774.

O'BRIEN C. P., « Benzodiazepine use, abuse, and dependence », *Journal of Clinical Psychiatry*, vol. 66, suppl. 2, 2005, p. 28-33.

RINCON H. G. *et al.*, « Prevalence, detection and treatment of anxiety, depression, and delirium in the adult critical care unit », *Psychosomatics*, vol. 42, n° 5, 2001, p. 391-396.

AYD F. J. Jr., « Is it anxiety or depression ? », *Southern Medical Journal*, vol. 77, n° 10, 1984, p. 1269-1272.

KATHOL R. G. et HENN F. A., « Tricyclics-the most common agent used in potentially lethal overdoses », *The Journal of Nervous and Mental Disease*, vol. 171, n° 4, 1983, p. 250-252.

FLOMENBAUM N. et PRICE D., « Recognition and management of antidepressant overdoses : tricyclics and trazodone », *Neuropsychobiology*, vol. 15, suppl. 1, 1986, p. 46-51.

HAYES P. E. et KRISTOFF C. A., « Adverse reactions to five new antidepressants », *Clinical Pharmacology*, vol. 5, n° 6, 1986, p. 471-480.

UHER R. *et al.*, « Adverse reactions to antidepressants », *The British Journal of Psychiatry*, vol. 195, n° 3, 2009, p. 202-210.

REMICK R. A., « Anticholinergic side effects of tricyclic antidepressants and their management », *Progress in Neuro-psychopharmacology and Biological Psychiatry*, vol. 12, n° 2-3, 1988, p. 225-231.

PIGOTT H. E. *et al.*, « Efficacy and effectiveness of antidepressants : current status of research », *Psychotherapy and Psychosomatics*, vol. 79, n° 5, 2010, p. 267-279.

TURNER E. H. *et al.*, « Selective publication of antidepressant trials and its influence on apparent efficacy », *The New England Journal of Medicine*, vol. 358, 2008, p. 252-260.

KIRSCH I., SCOBORIA A. et MOORE T. J., « Antidepressants and placebos : secrets, revelations, and unanswered questions », *Prevention and Treatment*, vol. 5, article 33, 2002.

PARKER G., « Antidepressants on trial : how valid is the évidence ? », *The British Journal of Psychiatry*, vol. 194, 2009, p. 1-3.

VERRE M. *et al.*, « Serotonin syndrome caused by olanzapine and clomipramine », *Minerva Anestesiologica*, vol. 74, n° 1-2, 2008, p. 41-45.

KEEGAN M. T., BROWN D. R. et RABINSTEIN A. A., « Serotonin syndrome from the interaction of cyclobenzaprine with other serotoninergic drugs »,

Anesthesia & Analgesia, vol. 103, n° 6, 2006, p. 1466-1468.

BUSTO U. E. et SELLERS E. M., « Anxiolytics and sedative/hypnotics dependence », *British Journal of Addiction*, vol. 86, n° 12, 1991, p. 1647-1652.

STEPPUHN K. G. et TURSKI L., « Diazepam dependence prevented by glutamate antagonists », *Proceedings of the National Academy of Sciences of the United States of America*, vol. 90, n° 14, 1993, p. 6889-6893.

PRESKORN S. H. et DENNER L. J., « Benzodiazepines and withdrawal psychosis. Report of three cases », *Journal of the American Medical Association*, vol. 237, n° 1, 1977, p. 36-38.

BUIRE A.-C. *et al.*, « Overdose of méprobamate : plasma concentration and Glasgow Coma Scale », *British Journal of Clinical Pharmacology*, vol. 68, n° 1, 2009, p. 126-127.

FORTIN D. *et al.*, « Facteurs associés à la consommation de courte et de longue durée des benzodiazépines chez les personnes âgées du Québec », *Canadian Journal on Aging/La Revue canadienne du vieillissement*, vol. 24, n° 2, 2005, p. 103-113.

SPINAZZI R., ANDREIS P. G., ROSSI G. P., NUSSDORFER G. G., « Orexins in the regulation of the hypothalamic-pituitary-adrenal axis », *Pharmacol. Rev.*, 58 (1), 2006, p. 46-57.

MIEDA M., SAKURAI T., « Orexin (hypocretin) receptor agonists and antagonists for treatment of sleep disorders. Rationale for development and current status. », *CNS drugs*, 27(2), 2013, p. 83-90.

JACOBSON L. H., CALLANDER G. E., HOYER D., « Suvorexant for the treatment of insomnia », *Expert Review of Clinical Pharmacology*, 7(6), 2014, 711-730.

Réflexions & Débats

KRAMER P., *Prozac: le bonheur sur ordonnance?*, Paris, First, 1994.

COHEN D., CAILLOUX-COHEN S. et AGIDS-SMQ, *Guide critique des médicaments de l'âme*, Montréal, les Éditions de l'Homme, 1995.

AGENCE NATIONALE POUR LE DÉVELOPPEMENT DE L'ÉVALUATION MÉDICALE, « Recommandations et références médicales : les antidépresseurs », *Concours médical*, supplément au n° 42, 1996.

OBSERVATOIRE NATIONAL DES PRESCRIPTIONS ET CONSOMMATIONS DES MÉDICAMENTS, « Étude de la prescription et de la consommation des antidépresseurs en ambulatoire », Agence du médicament, 1998.

NAU J.-Y., « Le gouvernement interdit le remboursement d'un médicament anxiolytique trop prescrit », *Le Monde* du 29 janvier 1998.

« Le secrétariat d'État à la Santé vient de décider d'interdire le remboursement du Lysanxia (dosé à quarante milligrammes), l'un des anxiolytiques les plus prescrits en France. Les autorités sanitaires estiment que ce médicament est trop prescrit et a des posologies trop élevées. Une telle mesure, exceptionnelle, pourrait être prise pour d'autres anxiolytiques, comme le Temesta, le Valium ou le Tranxène. »

EHRENBERG A., *La Fatigue d'être soi : dépression et société*, Paris, Odile Jacob, 1998.

ZARIFIAN E., *Les Jardiniers de la folie*, rapport au ministère de la Santé, Paris, Odile Jacob, 1988.

HEALY D., *Le Temps des antidépresseurs*, Paris, Les Empêcheurs de penser en rond, 2002.

Healy D., « Conflicting interests in Toronto : anatomy of a controversy at the interface of academia and industry », *Perspectives in Biology and Medicine*, vol. 45, n° 2, 2002, p. 250-263.

Barondes S. H., *Better Than Prozac : Creating the Next Generation of Psychiatric Drugs*, Oxford University Press, 2003.

Hansen J., « Listening to people or listening to Prozac ? Another consideration of causal classifications », *Philosophy, Psychiatry, & Psychology*, vol. 10, n° 1, 2003, p. 57-62.

Pignarre P., *Comment la dépression est devenue une épidémie*, Paris, Hachette-Littératures, 2003.

Hugnet G., *Antidépresseurs : la grande intoxication : ce que 5 millions de patients ne savent pas encore*, Paris, Le Cherche Midi, 2004.

Horwitz A. V., « Prozac as a way of life », *Bulletin of the History of Medicine*, vol. 79, n° 3, 2005, p. 614-615.

Pelissolo A., *Bien se soigner avec les médicaments psy : antidépresseurs, tranquillisants, somnifères*, Paris, Odile Jacob, 2005.

Herzberg D. L., « Drug wars and wonder drugs », *American Quarterly*, vol. 57, n° 4, 2005, p. 1231-1241.

Ballenger J. F., « Let them eat Prozac : the unhealthy relationship between the pharmaceutical industry and dépression », *Bulletin of the History of Medicine*, vol. 79, n° 2, 2005, p. 375-376.

Bullard A., « Prozac on the couch : prescribing gender in the era of wonder drugs », *Bulletin of the History of Medicine*, vol. 80, n° 4, 2006, p. 799-800.

Hirshbein L. D., « Science, gender, and the emergence of depression in american psychiatry, 1952-1980 »,

Journal of the History of Medicine and Allied Sciences, vol. 61, n° 2, 2006, p. 187-216.

SNELDERS S., KAPLAN C. et PIETERS T., « On cannabis, chloral hydrate, and career cycles of psychotropic drugs in medicine », *Bulletin of the History of Medicine*, vol. 80, n° 1, 2006, p. 95-114.

JANICAK P. G., MARDER S. R. et PAVULURI M. N., *Principles and Practice of Psychopharmacotherapy*, Philadelphia, Wolters Kluwer-Lippincott Williams & Wilkins Health, 2011.

PIGNARRE P., *Les Malheurs des psys : psychotropes et médicalisation du social*, Paris, La Découverte, 2006.

RICHARD D. et SENON J.-L., *Dictionnaire des drogues, des toxicomanies et des dépendances*, Paris, Larousse, 2006.

HERZBERG D. L., « "The pill you love can turn on you" : feminism, tranquilizers, and the Valium panic of the 1970s' », *American Quarterly*, vol. 58, n° 1, 2006, p. 79-103.

STAHL S. M., *Psychopharmacologie essentielle : le guide du prescripteur*, Paris, Médecine-sciences Flammarion, 2007, traduit de *Essential Psychopharmacology. The Prescriber's Guide*, Cambridge University Press, 2005.

PIGNARRE P., « Médicaliser/démédicaliser : développer l'expertise des patients », *Cliniques méditerranéennes*, n° 77, 2008, p. 125-136.

KANNAS S. et LEPOUTRE R., « Un demi-siècle de prescription de psychotropes : quel bilan pour les utilisateurs, la psychiatrie et la société ? », *Cliniques méditerranéennes*, n° 77, 2008, p. 93-110.

GILOT B., *Antidépresseurs : faut-il en prendre ou pas ?*, Paris, Josette Lyon, 2008.

RASMUSSEN N., *On Speed: The Many Lives of Amphetamine*, New York University Press, 2008.

BURNHAM J., « The societization of medicine or the medicalization of society ? », *Reviews in American History*, vol. 37, n° 4, 2009, p. 611-616.

LAWLOR C., « Reinventing depression : a history of the treatment of depression in primary care, 1940-2004 », *Journal of the History of Medicine and Allied Sciences*, vol. 64, n° 4, 2009, p. 562-564.

LANE C., *Comment la psychiatrie et l'industrie pharmaceutique ont médicalisé nos émotions*, Paris, Flammarion, 2009.

TOBBELL D. A., « Pharmaceutical networks : the political economy of drug development in the United States, 1945-1980 », *Enterprise & Society*, vol. 10, n° 4, 2009, p. 675-686.

HIRSHBEIN L. D., « Gender, age, and diagnosis : the rise and fall of involutional melancholia in american psychiatry, 1900-1980 », *Bulletin of the History of Medicine*, vol. 83, n° 4, 2009, p. 710-745.

HUERRE P. et RÉVAH-LÉVY A., « Psychotropes et adolescents : à qui et à quoi ça sert ? », *Adolescence*, n° 69, 2009, p. 753-757.

HEALY D., *Les Médicaments psychiatriques démystifiés*, Issy-les-Moulineaux, Elsevier-Masson, 2009.

RASMUSSEN N., « Happy pills in America : from Miltown to Prozac », *Bulletin of the History of Medicine*, vol. 83, n° 3, 2009, p. 637-638.

HUSSAIN F., « Happy pills in America : from Miltown to Prozac », *Technology and Culture*, vol. 51, n° 2, 2010, p. 528-530.

GREENBERG G., *Manufacturing Depression : The Secret History of a Modern Disease*, New York, Simon & Schuster, 2010.

GUIARD B., *Neuropeptides et antidépresseurs*, Sarrebruck, Éditions universitaires européennes, 2010.

HORWITZ A. V. et WAKEFIELD J.-C., *Tristesse ou dépression ?: comment la psychiatrie a médicalisé nos tristesses*, Wavre (Belgique), Mardaga, 2010.

HUGNET G., *Antidépresseurs, mensonges sur ordonnance : les vrais mécanismes de la guérison*, Vergèze, Thierry Souccar, 2010.

KIRSCH I., *Antidépresseurs : le grand mensonge*, Champs-sur-Marne, Music and Entertainment Books, 2010.

DOROSZ P. *et al.*, *Guide pratique des médicaments en neuro-psychiatrie*, Paris, Maloine, 2010.

HADREAS P., « Husserlian self-awareness and selective serotonin reuptake inhibitors », *Philosophy, Psychiatry, & Psychology*, vol. 17, n° 1, 2010, p. 43-51.

Chapitre 4

Pour une économie de l'hydrogène

Les émissions de dioxyde de carbone (CO_2) résultant de combustions de toutes sortes – accidentelles (feux de forêt) ou anthropogènes (centrales thermiques, transports au moyen de moteurs à explosion ou de réacteurs, productions manufacturières...) – contribuent de façon significative au réchauffement climatique, dont il sera question au chapitre 15. La cote d'alerte est atteinte : aux États-Unis, chaque personne est responsable, directement ou indirectement, de l'émission de 20 t (tonnes) de CO_2 dans l'atmosphère chaque année. En France, nous sommes de moindres pollueurs : nous ne déversons chacun dans l'atmosphère « que » 6 t de CO_2 par an (chiffres de 2007, qui ne se sont guère améliorés depuis). Par ailleurs, du fait du développement de pays très peuplés, la Chine et l'Inde en premier lieu, on sait que l'augmentation des rejets de CO_2 dans l'atmosphère se poursuivra durant les cinquante prochaines années. Aussi est-il urgent d'élaborer des solutions de remplacement. Les chimistes y travaillent.

L'hydrogène – plus exactement le dihydrogène H_2, que, par souci de concision, je continuerai d'appeler « hydrogène » – pourrait prendre la suite du charbon, du gaz naturel et du pétrole. En effet, outre l'énergie qu'il fournit, sa combustion est très propre, puisque son seul produit est de la vapeur d'eau : l'hydrogène H_2 s'unit à l'oxygène de l'air – ou plutôt au dioxygène O_2 – pour fournir de l'eau H_2O.

Cela fait déjà un demi-siècle que les chimistes conduisent des recherches sur le thème d'une économie de l'hydrogène. On l'extrairait de l'eau, puisque celle-ci combine hydrogène et oxygène. L'extraire, oui, mais comment ? Les deux pistes majeures poursuivies sont, d'une part, les piles à combustible et, d'autre part, le clivage de l'eau par la lumière que nous recevons du Soleil.

Les progrès constatés au bout de ce demi-siècle sont significatifs mais lents, car les décideurs politiques ne se sont pas engagés, ce qui aurait signifié des investissements considérables en recherche et développement (R&D). Les groupes de pression des pétroliers et de l'industrie automobile ont réussi jusqu'ici à ralentir ces efforts et à maintenir le *statu quo*, c'est-à-dire la poursuite de l'utilisation forcenée et inconsidérée des carburants fossiles (voir le chapitre 16). En 1997, le protocole de Kyoto marqua un début de tentative d'accord international pour limiter, puis réduire les émissions de CO_2. En 2010, la réunion de Cancun le prolongea. Doit-on être davantage optimiste ou pessimiste quant au contrôle des émissions de gaz à effet de serre ? La modestie des résultats obtenus jusqu'ici inciterait au pessimisme. Mais n'oublions pas que, en 1987, le protocole de Montréal se traduisit par l'interdiction des chlorofluorocarbures, interdiction qui commence à montrer sa pertinence : le trou d'ozone au-dessus de l'Antarctique a cessé de s'agrandir. Ce protocole, s'il est certes plus limité que les accords qui lui ont succédé, incite néanmoins à l'optimisme. Ce n'est que tout récemment, avec la prise de conscience généralisée du réchauffement climatique, que l'on est passé à la vitesse supérieure dans la mise au point de technologies annonciatrices de cette nouvelle économie de l'hydrogène.

Et encore! Je dois mettre un bémol à cette affirmation. En effet, une partie importante de la recherche ne se consacre qu'à la propulsion de la voiture individuelle par l'hydrogène, alors qu'il serait tellement plus raisonnable et plus rationnel de concentrer les efforts sur l'ensemble du trafic, qu'il se fasse par la route, par le rail et par les airs, et en particulier sur les transports en commun. Il est grand temps de nous détourner de la voiture individuelle, dont l'impact sur nos sociétés est globalement négatif, et pas uniquement en termes de nuisances à l'environnement: elle est également responsable, entre autres, de l'épidémie actuelle d'obésité dans les pays développés, de la prolifération des banlieues autour des grandes villes et de la mort du petit commerce de proximité (du fait des achats dans les grandes surfaces).

Fabriquer de l'électricité et de l'hydrogène

Lorsqu'il est question d'une production d'hydrogène affranchie de toute émission de CO_2, on mentionne souvent une filière: celle de la conversion en hydrogène de l'électricité fabriquée par les centrales nucléaires, lorsque la consommation baisse, à certains moments de la journée ou de la nuit. L'électricité alors disponible serait utilisée pour effectuer une électrolyse de l'eau. Or ce scénario semble peu prometteur, même à court ou moyen terme, pour deux raisons principales:

1. En France, la production d'électricité est déjà tout juste suffisante pour répondre à la consommation. Ces dernières années, loin d'augmenter en suivant la croissance de la population et de ses besoins, elle a un peu diminué : elle est passée de 550 TkWh en 2002 à 520 TkWh en 2009 (TkWh se lit térakilowattheure ; 1 TkWh = 1 012 kWh, autrement dit mille milliards de kilowattheures).

2. Le rendement en hydrogène est médiocre, d'environ 30 % seulement.

C'est pour ces raisons que j'appelle de mes vœux une production d'hydrogène autonome, indépendante de celle de l'énergie électrique.

Les piles à combustible

Que se passe-t-il du côté des piles à combustible ? Qu'ont-elles à nous offrir ? Moins que leurs promesses ! Il s'agit de piles électriques qui transforment en électricité l'énergie chimique dégagée lors de la formation d'eau par combinaison du combustible – de l'hydrogène le plus souvent – avec l'oxygène de l'air.

Pour mémoire, une pile électrique est un dispositif de conversion d'énergie chimique en énergie électrique : deux électrodes, servant l'une de pôle négatif, l'autre de pôle positif, sont plongées dans un milieu, l'électrolyte, qui est conducteur du courant électrique. Des processus chimiques complémentaires l'un de l'autre s'effectuent aux électrodes, que des catalyseurs servent à accélérer. Hélas, la plupart des modèles, depuis les premiers prototypes jusqu'à ceux qui sont commercialisés aujourd'hui, ont été conçus pour des voitures. On approche néanmoins tout doucement d'une assez bonne efficacité dans cette application.

Mais, disons-le d'emblée, ces piles à combustible ne résolvent absolument pas le problème de l'émission atmosphérique de CO_2. En effet, et pour m'en tenir à des données récentes relatives aux États-Unis, 70 % de l'électricité indispensable à la production de l'hydrogène utilisé comme combustible dans ces piles sont fournis par des centrales thermiques dont les rendements sont de l'ordre de 40 à 45 % seulement. Une pile à combustible type fournit de l'énergie électrique sous 0,7 V (volt) avec un rendement de seulement 50 %, les 50 % restants étant dissipés sous forme de chaleur. Aussi, conduire une voiture électrique consommant de l'hydrogène équivaut tout de même à émettre du CO_2, le CO_2 émis par les centrales thermiques fournissant l'hydrogène. Et d'autant plus que la motorisation à l'hydrogène souffre de rendements faibles : mesurés par le rapport de la puissance des roues motrices sur la puissance du générateur électrique, ils sont d'environ 20 % seulement.

L'idée d'une pile à combustible est assez ancienne. Elle fut améliorée en 1955, lorsque Willard Thomas Grubb, un chimiste de General Electric, se servit d'une membrane échangeuse d'ions pour servir d'électrolyte, c'est-à-dire pour assurer la conduction électrique entre les électrodes. Trois ans plus tard, un autre chimiste de la même firme, Leonard Niedrach, améliora la catalyse des deux réactions chimiques intervenant aux électrodes. La NASA utilisa cette pile Grubb-Niedrach dans le programme Gemini.

À l'heure actuelle et pour donner un exemple, la filiale Power de la société United Technologies Corporation fabrique et commercialise de volumineuses piles à combustible qui servent de générateurs auxiliaires de courant dans les hôpitaux, les universités et les grands immeubles de bureaux. Ces unités fournissent 200 ou 400 kW. La même firme met au point des piles à combustible pour les automobiles, les autobus et les pylônes servant de relais à la téléphonie cellulaire (téléphones portables).

Bref, les piles à combustible resteront un appoint certes intéressant, mais elles n'occuperont vraisemblablement pas de position centrale dans une future économie de l'hydrogène.

Et le solaire ?

L'énergie solaire – en fait, la lumière – peut être utilisée pour effectuer le photoclivage de l'eau, une approche qui semble plus prometteuse que les piles à combustible. En quoi consiste-t-elle ? L'objectif est de transformer le rayonnement solaire en hydrogène. Pour ce faire, ce rayonnement est absorbé par une cuve emplie d'eau dans laquelle a éventuellement été ajouté un colorant sensibilisateur pour accroître l'absorption de la lumière, c'est-à-dire des photons. Ces derniers « attaquent » indirectement les molécules d'eau H_2O (par le biais d'un photocatalyseur fait d'un semi-conducteur comme l'oxyde de titane TiO_2) et les dissocient en dihydrogène H_2 et dioxygène O_2. Du point de vue de la production d'hydrogène, il s'agit d'une réduction de la molécule d'eau, à laquelle on soutire des électrons pour obtenir des protons H^+. Et, du point de vue de la production d'oxygène, il s'agit d'une oxydation de la molécule d'eau. La difficulté est d'empêcher la recombinaison des deux gaz qui reformeraient de l'eau de façon explosive (voir ci-dessous). Par ailleurs, le système comporte un co-catalyseur, afin d'en améliorer le rendement.

Les différents dispositifs opératoires ont en commun l'irradiation d'une cellule – appelée « cellule photovoltaïque » –, qui est en fait une pile électrique et qui contient donc des électrodes (anode et cathode) et un électrolyte, c'est-à-dire une substance conductrice porteuse de charges électriques sous forme d'ions positifs (cations) et négatifs (anions). Cette substance assure la conductivité électrique entre les électrodes de la pile. On utilise telle ou telle longueur d'onde de la lumière solaire, en donnant la priorité au rayonnement ultraviolet, qui est le plus énergétique. Souvent, on ajoute un sensibilisateur qui sert à augmenter le rendement photochimique, c'est-à-dire l'efficacité des photons solaires capturés (pour des informations complémentaires, le lecteur pourra consulter l'annexe située en fin de chapitre).

Au début des années 1990, Michael Grätzel, chimiste de l'École polytechnique fédérale de Lausanne depuis la fin des années 1960, annonça la mise au point dans son laboratoire d'un tout nouveau type de pile photovoltaïque. Les rayons du soleil traversent la cathode transparente, puis l'électrolyte, pour aller arracher des électrons à l'anode, un semi-conducteur situé au fond de la pile. Les électrons parviennent à un fil métallique reliant anode et cathode, constituant ainsi un courant électrique au sein de la pile. Mais leur rôle essentiel est la réduction de l'eau en hydrogène. C'est ainsi que l'énergie du Soleil produit de l'hydrogène.

Ces piles sensibilisées au moyen d'un colorant ont l'avantage d'utiliser des matériaux faciles d'accès et d'avoir une grande souplesse d'utilisation. Elles présentent cependant quelques inconvénients. Du fait de la présence du sensibilisateur (le colorant), l'électrolyte est très coloré, ce qui gêne sa traversée par les rayons solaires. Et, plus problématique encore, la cathode est couverte de platine (comme catalyseur), un métal précieux, rare et cher. Ces deux handicaps vouent ce type de pile à ne fonctionner qu'en laboratoire et non à grande échelle. D'autres catalyseurs existent, comme l'oxyde d'iridium, qui est également très coûteux, ou des oxydes de divers métaux, comme ceux de cobalt, de ruthénium, de nickel, de rhodium ou de manganèse.

Des améliorations de la pile de Grätzel existent. Benoît Marsan, de l'université du Québec à Montréal, remplace le platine de la cathode par du sulfure de cobalt, meilleur marché, plus performant, plus stable et facile à produire en laboratoire. Il parvient aussi à utiliser un électrolyte transparent et non corrosif. Pour en rester au cobalt, Craig L. Hill, de l'université Emory, à Atlanta, utilise un dérivé de ce métal et obtient de meilleurs résultats encore.

Néanmoins, la longévité de ce type de piles reste très insuffisante encore à l'égard du cahier des charges d'un dispositif commercialisable : il faudrait que le catalyseur puisse fonctionner des années durant avant de devoir être régénéré ou remplacé.

Des chercheurs chinois de l'université polytechnique de Dalian (située dans la ville côtière de Dalian, sur le golfe de Corée) ont réussi, quant à eux, à exploiter un catalyseur fait de sulfure de cadmium dopé par des traces de sulfure de palladium et de platine. Son grand intérêt est de fournir un seul des deux produits du photoclivage de l'eau, l'hydrogène, grâce à la présence, dans l'électrolyte, de composés soufrés qualifiés de « sacrificiels », qui consomment l'oxygène produit en se laissant oxyder par lui. Ce catalyseur chinois a un autre atout : il est possible de faire appel à la lumière solaire dans la partie visible du spectre – à la longueur d'onde de 420 nm (nanomètres), 1 nm = 10^{-9} m – plutôt que dans l'ultraviolet. En outre, il a une grande efficacité : 93 % des grains de lumière (ou quanta) contribuent à la réaction chimique de réduction de l'eau en hydrogène.

Mais il se pourrait bien finalement que le système idéal de photoclivage de l'eau fasse complètement fi des catalyseurs à base de métaux divers. En 2010, des chercheurs de l'université Monash, en Australie, publièrent des résultats encourageants : leur électrode, qui sert aussi de catalyseur, est faite d'un tissu d'un matériau que nous avons déjà rencontré, le polytétrafluoroéthylène, autrement dit le Gore-Tex, revêtu de deux polymères organiques ; il est donc très bon marché. Le premier polymère, le PEDOT, est à la fois conducteur et transparent, de bonne stabilité, susceptible d'être exposé à la lumière sans se dégrader trop vite et capable de capter une large gamme de longueurs d'onde lumineuses. Le second polymère est un polyéthylène glycol, dont la structure est semblable à celle de l'antigel, ce qui lui permet de piéger des molécules d'eau chargées positivement à la suite de l'addition d'un proton H^+, leur formule s'écrivant donc H_3O^+. En interagissant ensuite avec le PEDOT, ces molécules se convertissent en hydrogène H_2 et en oxygène O_2 ; il importe de séquestrer ce dernier pour l'empêcher de se recombiner avec l'hydrogène. Il existe déjà de tels dispositifs, aptes à fonctionner un trimestre durant sans altération, ce qui est fort encourageant.

Éviter le mélange tonnant

Une fois l'hydrogène produit, il reste encore à le stocker. Cela pose problème, pour au moins deux raisons.

La première est l'extrême réactivité de ce gaz. S'il vient au contact de l'oxygène, celui de l'air en particulier, il a tendance à former de l'eau spontanément, en libérant une grande quantité d'énergie d'une manière incontrôlée, voire explosive. L'explosion du mélange traditionnellement dénommé « tonnant » (deux volumes d'hydrogène pour un volume d'oxygène) conduit à un souffle violent.

J'en fus témoin au tout début de mes études universitaires. Avec mon camarade Ali Attia, nous avions assemblé un montage en verrerie afin de montrer à des élèves de lycée la formation de l'eau à partir de ses éléments, hydrogène et oxygène. Au moyen de tubulures, nous faisions arriver ces deux gaz séparément dans notre dispositif, qui contenait un catalyseur en platine. Lorsque cette manipulation fonctionnait, on apercevait, dans les instants qui suivaient, des gouttelettes d'eau sur les parois du dispositif, ce qui prouvait la réussite de l'expérience.

Notre assemblage n'était probablement pas hermétique vis-à-vis de l'air ambiant, ou bien il n'avait pas été assez soigneusement purgé de l'air qu'il contenait avant le début de l'expérience. Dans ce cas, au lieu de rester lente et contrôlée, la réaction est si rapide qu'elle en devient explosive. Nous assistâmes donc à la formation du mélange tonnant : non sans surprise, nous vîmes l'ensemble de notre dispositif, qui devait peser pour le moins une dizaine de kilos, léviter soudain au-dessus de la table de laboratoire. Il s'éleva assez lentement jusqu'au plafond. C'est alors qu'intervint l'explosion, d'une grande violence, tandis que les morceaux de verre pleuvaient, avant que le reste de l'appareillage ne vienne bruyamment s'écraser au sol.

La seconde difficulté pour emmagasiner l'hydrogène est sa *fugacité :* la molécule d'hydrogène est si petite qu'elle se faufile par des trous microscopiques ; elle s'évade donc avec une facilité déconcertante. Ce qui m'amène à la question, justement, du stockage de l'hydrogène. Comment fera-t-on pour le mettre en bouteille ?

Éponger l'hydrogène

Le stockage de l'hydrogène se fera vraisemblablement au moyen de sortes d'éponges à hydrogène, qui absorberont d'impressionnantes quantités de ce gaz, qu'elles pourront relarguer ensuite à la demande. Les chimistes y travaillent.

Il se trouve qu'un ministère du gouvernement fédéral, aux États-Unis, a fixé en 2010 des objectifs chiffrés ambitieux pour cet emmagasinement de l'hydrogène, qui, à l'horizon 2015, servirait de carburant aux voitures pour des trajets d'environ 500 km – un choix d'application bien américain.

Voici donc les chiffres les plus récents : on met dans un réservoir de l'éponge à hydrogène chargée d'hydrogène, ce dernier représentant 6 % de la masse de l'ensemble ; ou, si l'on préfère des données en volume plutôt qu'en masse, on peut placer 45 g d'hydrogène par litre de réservoir.

Les matériaux élaborés pour stocker l'hydrogène sont surtout, au moment où j'écris, des solides faits d'échafaudages microscopiques, à trois dimensions, microporeux, présentant des réseaux de canaux internes, des sortes de tunnels dont les diamètres vont de 1 à 3 nm. L'hydrogène y est pompé sous pression et, parfois, à de très basses températures : 77 K (kelvins), soit –196 °C, qui est la température de l'azote liquide, abondamment disponible et fourni par des sociétés comme Air Liquide. À l'heure actuelle, les meilleurs résultats sont environ 10 % en masse à basse température, et 5 % à des températures proches de la température ambiante.

Bien entendu, un critère important est la non-détérioration spontanée de cette « éponge » à hydrogène lorsque ce dernier en est extrait. D'autre part, pour parvenir à stocker beaucoup d'hydrogène dans de tels matériaux, il faut pouvoir en mettre absolument partout, c'est-à-dire non seulement remplir les cavités internes aux canaux, mais aussi tapisser toute la surface présentée par ce solide avec des molécules d'hydrogène.

Ce qui m'amène à ce que les chimistes dénomment « surface BET », nom formé par les initiales de ses inventeurs, Stephen Brunauer, Paul Hugh Emmett et Edward Teller (le futur père de la bombe à hydrogène), qui mirent au point une technique de mesure en 1939, juste avant la Seconde Guerre mondiale. Pour tout solide poreux, on mesure la quantité de diazote N_2 pouvant s'y fixer, s'y *adsorber*, pour utiliser le terme technique, car des solides finement divisés présentent d'impressionnantes surfaces effectives d'adsorption. Cette mesure s'exprime le plus souvent en mètres carrés par gramme. Dans le cas qui nous intéresse ici, pour la fixation d'hydrogène, ces surfaces atteignent 5 000 m^2/g, avec des matériaux dont les densités sont très basses : 170 mg/cm^3 (ou 170 g/l). Lorsqu'ils se recouvrent entièrement de molécules d'hydrogène, on conçoit que de tels solides microporeux puissent emmagasiner de gros volumes d'hydrogène. Le temps d'un « plein » d'hydrogène serait d'environ deux minutes et demie pour un réservoir d'environ 250 l.

La production industrielle de ces éponges à hydrogène est d'ores et déjà envisagée, au moins par la grande société allemande BASF. Les matières premières sont l'oxyde de zinc, un composé bon marché, déjà produit industriellement pour le marché des crèmes solaires, et l'acide téréphtalique, un monomère produit en très grandes quantités, car il entre dans la composition du PET par combinaison avec l'éthylène. Rappelons que le PET (polyéthylène téréphtalate) est le polymère dont on fait, entre autres, des bouteilles en plastique dur. La BASF, qui en est au stade du pilote, élabore des éponges à hydrogène à l'échelle de la tonne.

À la pointe des recherches dans le secteur de l'économie de l'hydrogène, les États-Unis mettent l'accent sur l'automobile, c'est-à-dire sur la propulsion à l'hydrogène des voitures individuelles. Ce choix, passéiste et conservateur, paraît aberrant au regard de la leçon du passé immédiat. Ne vaudrait-il pas mieux dissuader les populations d'utiliser à outrance ce mode de locomotion, dont nous avons constaté la nocivité environnementale ainsi que la dépendance dans laquelle il installe nos gouvernements vis-à-vis des régimes autocratiques – et parfois théocratiques – du Moyen-Orient ?

Dans la perspective de l'avènement d'une économie de l'hydrogène, vraisemblablement aux alentours de 2050, les États-Unis ont à jouer la carte – carte à jouer et carte géographique – de leur Sud-Ouest : l'Arizona, le Nouveau-Mexique et la Californie du Sud, qui sont des zones très ensoleillées et peu peuplées. Dans une première étape, le Texas et la Louisiane, lieux d'implantation actuelle de raffineries de pétrole et d'une bonne part de l'industrie chimique américaine, pourraient être le site d'une reconversion à base d'hydrogène solaire plutôt que d'hydrocarbures fossiles.

De grandes centrales solaires pourraient y être implantées et produire de l'hydrogène, qui serait ensuite acheminé sous pression dans des gazoducs vers des régions à plus forte densité de population. Sans prétendre jouer au prophète, la substitution de l'hydrogène aux hydrocarbures pourrait bien induire des flux importants de populations, depuis les côtes vers l'intérieur du continent nord-américain, une migration qui pourrait être favorisée par la montée du niveau moyen des océans causée par le réchauffement global.

L'Europe occidentale est plus défavorisée par la géographie. Le Sahara serait la région idéale pour la production d'hydrogène, ce qui pourrait fournir en énergie l'ensemble du Maghreb, et peut-être aussi nos pays, à condition d'acheminer l'hydrogène au travers de la Méditerranée de façon sûre et économique. On en est loin ! L'autre difficulté majeure est que l'Algérie, riche en hydrocarbures, n'est pas prête à y renoncer en faveur d'une production saharienne d'hydrogène.

Dans un cadre politique tel que l'Union pour la Méditerranée, on peut prévoir l'installation de centrales à hydrogène dans les régions riveraines, de l'Espagne à la Grèce.

L'individuel et le collectif

Comme je viens de l'exprimer, je crois davantage en une production d'hydrogène centralisée plutôt que délocalisée et ajustée aux besoins propres d'une famille, voire d'une collectivité. Pourtant, le recours actuel au solaire, sous la forme de panneaux photovoltaïques installés sur des toits, plaiderait pour le second type de production.

Je pense cependant que la technologie des panneaux solaires, induite il y a plusieurs décennies par le premier choc pétrolier, a d'ores et déjà trouvé ses limites : rendement presque dérisoire (5 à 10 % de l'énergie incidente) ; fourniture d'une énergie électrique d'appoint (production d'eau chaude pour la douche, par exemple), couvrant un tout petit pourcentage des besoins d'un pays comme la France ; durée de vie de vingt-cinq ans au maximum, couvrant à peine l'investissement initial ; bilan carbone décevant, eu égard au « coût CO_2 » de la fabrication des panneaux. Comme le résume bien Jean-Marc Jancovici[4], « remplacer des centrales nucléaires par du solaire photovoltaïque – outre que c'est un peu une vue de l'esprit, compte tenu des productions respectives de l'un et de l'autre – ne fait rien gagner au niveau des émissions de gaz à effet de serre, au contraire ».

Il me semble, au moins pour ce qui concerne un pays peu ensoleillé comme la France, que la conversion d'énergie solaire en hydrogène sera le fait de grandes centrales comportant des systèmes d'exploitation et de mise en réseau sophistiqués ; et qu'elle restera donc le fief d'une technocratie d'État, tout comme le fut et le demeure EDF.

---

4. Jean-Marc Jancovici, « Quelles surfaces mobiliser pour recourir massivement à l'énergie solaire ? », avril 2000, remanié en février 2010, à consulter sur le site de l'auteur : www.manicore.com.

On peut rêver

L'histoire nous enseigne que l'utopie est la seule posture raisonnable. Non seulement les innovations techniques ne furent pas anticipées, mais elles furent en outre à l'origine d'importants changements sociaux. Qui aurait dit, avant 1975, que les gros ordinateurs centraux céderaient la place aux micro-ordinateurs ? Qui aurait pressenti que ces derniers permettraient la création du Web 2.0 et de ses réseaux sociaux (comme Facebook ou Twitter, par exemple) ? Absolument personne, ou seuls de doux illuminés.

Nous pouvons donc être certains qu'en matière de production d'énergie par combustion de l'hydrogène, les dispositifs fonctionnels déjoueront les pronostics actuels ; et qu'échouera toute prospective par simple extrapolation de ce qui nous est déjà plus ou moins familier. Donc, rêvons un peu…

Je verrais bien, venant doubler puis rendre peu à peu obsolètes les autoroutes actuelles, tout un réseau de transports publics fluviaux : le long de la Seine et de la Saône, de l'Oise et du Rhin, du canal de Bourgogne et du canal du Midi, de la Loire et de la Marne, du Lot et de la Charente, du Tarn et de la Garonne… S'y ajouteraient des navires, des porte-conteneurs en particulier, pour le trafic transocéanique. Ces bateaux pomperaient l'eau, douce ou salée, dans leurs générateurs d'hydrogène couplés à de grandes surfaces, planes ou concaves, destinées à capter l'énergie solaire. Les nouveaux voiliers, avec des voiles à lumière plutôt qu'à vent, tireraient leur énergie motrice de la rencontre de l'eau et du Soleil. Ces embarcations auraient des réserves d'hydrogène comprimé pour assurer leur démarrage et pallier les baisses de production en cas de mauvais temps. Ces réserves seraient renouvelées par le générateur d'hydrogène embarqué.

J'anticipe à peine, car les bateaux à hydrogène existent déjà et voguent sur différentes mers de la planète : en Islande, en Allemagne et sur les côtes des pays de la Loire. Et faire le plein d'hydrogène à une pompe commerciale est également déjà possible : plusieurs firmes de fourniture de gaz comprimé le proposent, comme Linde en Allemagne.

Je verrais bien aussi des flottes d'avions mus par des réacteurs brûlant de l'hydrogène et non du kérosène. Les réservoirs, situés dans les ailes, seraient peut-être remplis d'eau plutôt que d'hydrogène – sécurité oblige. Cette eau serait dispersée dans du nid d'abeille polymérique pour réduire sa densité. Les ailes seraient recouvertes de capteurs de lumière solaire, d'autant plus efficaces qu'à l'altitude de croisière, 10 000 m ou davantage, les aéronefs surplomberaient les nuages la plus grande partie du temps.

Ces avions embarqueraient, eux aussi, une petite réserve d'hydrogène comprimé, tant pour atteindre leur altitude de croisière que pour parer à d'éventuelles défaillances du générateur de bord.

Sans l'OPEP et les lobbys des pétroliers et des fabricants d'automobiles, nous pourrions voir émerger ces nouvelles modalités de transport vers le milieu du siècle. Mais ils risquent d'être encore suffisamment efficaces pour les retarder d'un quart de siècle. Rendez-vous donc à l'occasion du premier centenaire du *1984* de George Orwell, en 2084.

Annexe

Le photoclivage de l'eau

Une cellule photovoltaïque associe deux phénomènes dont les découvertes sont très anciennes déjà. Comme les écoliers l'apprennent, l'électrolyse de l'eau, découverte en 1800, forme de l'hydrogène et de l'oxygène. L'effet photoélectrique, qui date de 1839, désigne la production d'électrons lorsque la lumière frappe certains matériaux. Une cellule photovoltaïque exploite donc, tout simplement, l'effet photoélectrique pour réaliser l'électrolyse de l'eau et donc produire de l'hydrogène. Étant en fait une pile électrique, avec deux électrodes – une anode et une cathode – et un électrolyte, elle produit un courant électrique qui est immédiatement utilisé pour fournir l'hydrogène. Séparément (et inévitablement), de l'oxygène est également formé, que l'on recueille aussi ou que l'on relâche dans l'atmosphère.

Tout dispositif de photoclivage de l'eau répond donc aux exigences suivantes : illumination par la lumière solaire d'une cuve emplie d'eau, qui est la cellule photovoltaïque ; absorption des photons en nombre suffisant et avec une énergie elle aussi suffisante ; combinaison des électrons libérés avec des protons H^+ préexistant dans l'eau et formation d'hydrogène ; oxydation de la molécule d'eau pour former l'oxygène ; séparation physique de l'hydrogène et de l'oxygène pour éviter leur recombinaison ; présence d'un photocatalyseur assurant la conversion des photons en électrons, indispensables tant pour la réduction et la formation d'hydrogène que pour l'oxydation et la formation d'oxygène.

Typiquement, ce photocatalyseur est formé d'un semi-conducteur, par exemple du silicium. Lorsqu'un photon pénètre la cellule photovoltaïque, son énergie décroche un électron d'un atome de silicium et le libère au sein du semi-conducteur. La cellule photovoltaïque est construite à l'instar d'une diode (ou d'un transistor), c'est-à-dire que l'on a affaire à une couche de silicium de type *p* (déficiente en électrons) accolée à une couche de silicium de type *n* (excédentaire en électrons). Aussi, quand un électron est libéré au sein de la couche *n*, il peut contribuer à la formation d'un courant électrique dans le fil conducteur relié à ladite couche *n*. La présence de courant électrique implique une différence de potentiel entre les électrodes, afin qu'il y ait circulation de ce courant.

Ce qui pose problème est que la différence de potentiel – négative ou positive – requise pour la production d'hydrogène diffère de celle nécessitée par la production d'oxygène. La première est au maximum de 0 V (volt), la seconde est au minimum de 1,23 V. Il faut donc que les couches *n* et *p* aient des bandes de valence[5] séparées par une différence de potentiel – ce qui équivaut à une différence d'énergie – d'au moins 1,23 V. Mais il reste encore à ajuster cette différence d'énergie à l'énergie des photons incidents. Avec de la lumière visible, pour laquelle les longueurs d'onde sont supérieures à 380 nm, la différence de potentiel de ces bandes de conduction *n* et *p* doit rester inférieure à 3 V.

5. Cette notion de physique du solide nécessiterait à elle seule plusieurs pages d'explications. Disons seulement ici qu'elle se rapporte aux niveaux d'énergie électronique quantifiés dans un solide et à la physique du passage du courant électrique dans un semi-conducteur.

Les matériaux semi-conducteurs servant au photoclivage de l'eau sont donc astreints à cette condition *sine qua non* d'une différence $n-p$ comprise entre 1,23 et 3 V. L'oxyde de titane TiO_2 répond à cette condition. Il est donc fréquemment utilisé comme photocatalyseur. Hélas, sa bande de conduction est suffisamment positive pour contraindre à une production d'hydrogène trop peu rapide. Afin de tourner cette difficulté, on fait appel à un co-catalyseur, fréquemment du platine, qui assure une production d'hydrogène avec un bon débit.

Indications bibliographiques

Sources

GROVE W. R., « On voltaic series and the combination of gases by platinum », *Philosophical Magazine and Journal of Science*, vol. XIV, 1839, p. 127-130.

GROVE W. R., « On a gaseous voltaic battery », *Philosophical Magazine and Journal of Science*, vol. XXI, 1842, p. 417-420.

HAYASHI K. O., YAMAMOTO H. et MINOURA, « Portable solid oxide fuel cells using butane gas as fuel », *Solid State Ionics*, vol. 302, 2000, p. 343-345.

VON HELMOLT R. et EBERLE U., « Fuel cell vehicles : status 2007 », *Journal of Power Sources*, vol. 165, 2007, p. 833.

KAYE S. S. *et al.*, « Impact of preparation and handling on the hydrogen storage properties of Zn_4O (1,4-benzenedicarboxylate)$_3$ (MOF-5) », *Journal of the American Chemical Society*, vol. 129, 2007, p. 14176-14177.

DINCA M. et LONG J. R., « Hydrogen storage in microporous métal-organic frameworks with exposed metal sites », *Angewandte Chemie International Edition*, vol. 47, 2008, p. 6766-6779.

MOR G. K. *et al.*, « p-type Cu-Ti-O nanotube arrays and their use in self-biased heterojunction photoelectrochemical diodes for hydrogen génération », *Nano Letters*, vol. 8, 2008, p. 1906-1911.

YAGHI O. M. et LI Q. I., « Reticular chemistry and metal-organic frameworks for clean energy », *Material Research Society Bulletin*, vol. 34, 2009, p. 682-690.

FURUKAWA H. et YAGHI O. M., « Storage of hydrogen, methane, and carbon dioxide in highlyporous covalent organic frameworks for clean energy applications », *Journal of the American Chemical Society*, vol. 131, 2009, p. 8875-8883.

MURRAY L. J., DINCA M. et LONG J. R., « Hydrogen storage in métal-organic frameworks », *Chemical Society Reviews*, vol. 38, 2009, p. 1294-1314.

YOUNGBLOOD W. J. *et al.*, « Visible light water splitting using dye-sensitized oxide semiconductors », *Accounts of Chemical Research*, vol. 42, n° 12, 2009, p. 1966-1973.

Réflexions & Débats

RIFKIN J., *L'Économie hydrogène : après la fin du pétrole, la nouvelle révolution économique*, Paris, La Découverte, 2002.

DESSUS B., « L'idée est belle, la réalité têtue », *La Recherche*, n° 357, 2002.

FONTECAVE M., « Copier une enzyme en fabriquant de l'hydrogène », *La Recherche*, n° 385, 2005.

THIVENT V., PRANTZOS N. et LATROCHE M., « L'hydrogène », *La Recherche*, n° 410, 2007.

VIELSTICH W., GASTEIGER H. A. et YOKOKAWA H. (éd.), *Handbook of Fuel Cells : Advances in Electrocatalysis, Materials, Diagnostics and Durability*, six volumes, Chichester, Hoboken, Wiley, 2009.

LUCCHESE P., « L'hydrogène est-il incontournable ? », *Pour la science*, dossier n° 69, « Énergies à volonté ! », 2010.

Chapitre 5

La chimie organique

Qu'est-ce que la chimie organique ? C'est la chimie du carbone. Cette expression, parmi les plus accomplies de la pensée rationnelle, plonge ses racines dans la pensée sauvage. Elle tire parti, en effet, de la curiosité des hommes pour leur environnement et en particulier de leur fascination pour les pouvoirs singuliers de certaines plantes. Les chasseurs-cueilleurs connaissaient bien la valeur nutritive des unes, la toxicité des autres, les vertus thérapeutiques de certaines – qui pouvaient faire tomber la fièvre, disparaître les verrues, avorter… – ou encore les pouvoirs hallucinogènes d'autres espèces.

Dans l'Antiquité, puis à la Renaissance, les traités de médecine se doublaient de manuels de pharmacologie. On sait depuis fort longtemps que l'atropine, extraite de solanacées (la famille botanique de la pomme de terre et de la tomate) comme le datura, la mandragore, la jusquiame ou la belladone, dilate la pupille de l'œil – une seule partie dans 130 000 parties d'eau y suffit. Les élégantes Romaines et Vénitiennes utilisaient la belladone (*Atropa belladonna*) pour se faire des yeux de biches.

Une révolution scientifique

La chimie organique ne put s'épanouir qu'à partir du moment où l'on sut représenter les molécules, avec les positions relatives qu'y prennent les atomes. Les premières formules de structure apparurent dans les années 1860. La première en date fut celle du benzène, que Friedrich Kekulé décrivit comme un hexagone régulier.

Dès le tournant du XXe siècle, des organiciens parvinrent à élucider les structures de substances naturelles relativement complexes, puis à les synthétiser, c'est-à-dire à les réaliser dans leurs laboratoires. Ainsi, la cocaïne, qui fut isolée à partir d'une plante péruvienne dès 1860, fut synthétisée pour la première fois par un grand chimiste allemand, Richard M. Willstätter, en 1898.

Des tours de main

La chimie organique n'est pas uniquement un savoir, c'est tout autant une pratique : lors de son apprentissage, au cours d'études universitaires ou dans des écoles techniques, les travaux pratiques à la paillasse occupent au minimum une demi-journée hebdomadaire, pour aller parfois jusqu'à cinq. Les tours de main à acquérir ont trait à la distillation des solvants, à la mise en route et à la surveillance d'une transformation, à l'isolement des produits (principalement par chromatographie) et à leur purification (par cristallisation, par exemple), à la détermination spectroscopique des structures, au travail sur une rampe à vide et sous atmosphère inerte…

La formation à cette gestuelle est stricte. On pourrait la comparer à celle de la danse classique, sauf que la seconde s'apprend dès l'enfance et se poursuit une dizaine d'années durant au moins, alors que les techniques de la chimie organique s'enseignent aux débutants en deux ou trois ans, puis aux futurs professionnels en trois ou quatre ans, lors de la préparation d'une thèse de doctorat.

Pour continuer à filer l'analogie, l'apprentissage de la chimie organique est, comme celui de la danse classique, d'un grand conservatisme. Dans sa partie théorique, il inculque en quelques dizaines de chapitres denses les caractéristiques majeures des grandes fonctions : alcools, acides, aldéhydes et cétones, esters, lactones, amines et amides... Il nécessite de mémoriser beaucoup et de s'approprier l'usage d'une terminologie complexe et abondante, du genre triméthyl-2,2,6-cyclohexanone – pour citer un exemple ultrasimple.

Ce volet *fonctionnel*, statique, s'accompagne d'un volet *réactionnel*, dynamique, qui se compose des grandes réactions de la chimie organique. Au nombre de quelques dizaines, elles sont souvent désignées à l'aide du patronyme de leurs auteurs présumés : annulation de Robinson, réaction de Wittig, réaction de Baeyer-Villiger, réaction de Friedel-Crafts...

Bref, il s'agit d'acquérir un langage spécialisé, dont le lexique est riche et la syntaxe est complexe parfois, délicate toujours.

Frontières de la chimie d'aujourd'hui

Quelle est la situation de la chimie organique aujourd'hui ? Au tournant du XXIe siècle, le secteur à mon sens le plus actif de la chimie organique, dont les avancées spectaculaires attirent des bataillons de chercheurs, se situe à la frontière avec la biologie. Il concerne les liens entre la chimie des sucres et les multiples rôles biologiques de ces derniers. C'est ce qui donne à ce domaine le nom de « glycobiologie » (du grec *glukós*, « sucré »), un terme qui date de 1988 et a été créé par Raymond Dwek, de l'université d'Oxford.

Je présenterai ici deux ou trois exemples des problèmes glycobiologiques mobilisant les chercheurs. Le premier est celui d'antibiotiques constitués principalement d'oligomères de sucres, c'est-à-dire d'enchaînements d'un petit nombre de sucres simples, comme le glucose ou le fructose, réunis les uns aux autres comme des perles sur un même fil.

La streptomycine en fait partie. Elle fut isolée le 19 octobre 1943 par Albert Schatz, qui préparait alors une thèse dans le laboratoire de Selman A. Waksman à l'université Rutgers de New Brunswick, dans le New Jersey. Cet antibiotique fut la première molécule active contre le bacille de la tuberculose. Ce fut aussi le premier médicament de la famille chimique des aminoglycosides, qui comporte aussi, pour n'en citer que certains, l'amikacine, la généticine, la paromomycine et la tobramycine.

Les aminoglycosides sont constitués d'un cycle à six chaînons avec des groupements amines NH_2 reliés à des sucres.

Depuis la fin des années 1980, on connaît la raison de leur toxicité pour les bactéries. Après fixation sur des sites chargés négativement sur la paroi bactérienne, l'aminoglycoside pénètre dans la bactérie par un mécanisme de transport actif impliquant deux étapes, dont la seconde requiert la présence d'oxygène. Les bactéries anaérobies (qui n'ont pas besoin d'oxygène pour vivre) sont donc exclues d'emblée du spectre d'activité des aminoglycosides.

Les aminoglycosides agissent au niveau du ribosome bactérien et perturbent la synthèse protéique de la bactérie. En effet, le ribosome bactérien sert à traduire, sous forme de protéines, l'information génétique inscrite sur un ARN messager. Il est constitué, d'une part, d'une cinquantaine de protéines appelées « protéines ribosomiques » et, d'autre part, d'acide ribonucléique ribosomique (ARNr).

Les aminoglycosides ciblent une partie très précisément localisée de l'ARNr. Lorsqu'ils y accèdent, leur présence leurre le ribosome qui produit alors quantité de morceaux de protéines non fonctionnelles et/ou tronquées, qui s'accumulent dans les cellules bactériennes. Intoxiquées, les bactéries sont détruites. Dans cette véritable guerre chimique, les bactéries répliquent par la production d'enzymes modificatrices de la structure des aminoglycosides.

Les glycanes, cartes de visite cellulaires

Les eucaryotes sont les organismes dont les cellules comportent un noyau qui contient de l'ADN et qui est isolé du cytoplasme par une membrane. Autre caractéristique de ces organismes, leurs cellules sont garnies à l'extérieur d'une arborescence moléculaire faite de glycanes, c'est-à-dire de chaînes de sucres plus ou moins longues, certaines polymériques, d'autres simplement oligomériques (des chaînes courtes de sucres liés les uns aux autres), reliées à d'autres sucres qui sont soit des glycolipides, soit des glycoprotéines, enchâssés dans la membrane cellulaire.

Ces glycanes ont plusieurs fonctions. Ils servent d'antennes aux cellules, identifiant, à l'échelle moléculaire, leurs plus proches voisins ou visiteurs. Il peut s'agir, par exemple, de globules blancs (leucocytes), lors d'une réaction inflammatoire. Lorsque des bactéries ou des virus viennent se fixer à la surface d'une cellule pour l'attaquer, les glycanes identifient ces agresseurs.

Les glycanes supervisent également la circulation des protéines émises par la cellule. Ils effectuent un « contrôle qualité » des protéines membranaires ou sécrétées : ils vérifient qu'elles ont convenablement retrouvé leur conformation native avant de les laisser partir vers leurs diverses destinations ; ou, si elles ne sont pas d'une qualité suffisante, ils les dirigent vers le lysosome qui les détruira.

Les glycanes jouent un grand rôle dans la signalisation intercellulaire, lors de l'embryogenèse. Ce mot désigne le processus par lequel, lorsqu'un ovule a été fécondé, il se développe pour former un fœtus. Une cellule, unique au départ, se multiplie lors de divisions successives (des mitoses) qui aboutissent à la formation de cellules souches. Ces dernières sont multipotentes, c'est-à-dire que chacune a, potentiellement, la capacité de se transformer en des cellules de types extrêmement variés. Elles se différencient au cours du développement du fœtus, puis de l'embryon, pour former ses divers tissus et organes.

L'équipe de l'excellente chimiste organicienne Carolyn Bertozzi, à Berkeley, suit le rôle des glycanes durant ces transformations. Pour cela, ces chercheurs utilisent des poissons zèbres, *Danio rerio*, surnommés aussi « poissons pyjamas ». Ces tout petits animaux ont l'avantage d'être transparents.

Dans un premier stade, des modifications chimiques permettent aux glycanes d'afficher chacun une image par fluorescence. Cette innovation est comparable à la découverte de la radioscopie par Wilhelm Röntgen. Bertozzi et ses collaborateurs ont été capables de détecter les images ainsi fournies moins de sept heures après la fécondation, lorsque le développement de l'embryon n'a pas encore dépassé le stade des cellules souches.

Rappelons que, lors du stade de la mitose connu sous le nom d'« anaphase », chacun des chromosomes cellulaires se divise en deux chromosomes identiques, formant ainsi des paires dont les éléments migrent chacun vers un des deux pôles de la cellule, le long de microtubules faits d'une protéine, la tubuline, jusqu'à se rassembler aux pôles. Un sillon de clivage, composé de fibres contractiles, se forme alors dans le plan de l'équateur cellulaire. C'est là que Bertozzi et son équipe de chercheurs ont pu observer comment les glycanes interviennent à ce stade : situés jusqu'alors à la surface de la cellule, ils migrent rapidement vers ce sillon de clivage, où s'amorce la division cellulaire. Pouvoir observer l'embryogenèse aussi tôt dans le développement et avec un tel luxe de détails, à l'échelle moléculaire et non plus seulement cellulaire, constitue une grande percée.

Description d'un combat

Dans des contextes infectieux, ce sont des glycoprotéines que l'on a pu observer à l'œuvre. Certains virus, tels ceux de la grippe ou du sida, s'accolent aux cellules qu'ils viennent infecter en se liant aux sucres situés à leur surface. Ce faisant, ils détournent à leur profit une fonction de l'organisme sain, utilisée normalement pour permettre aux leucocytes (globules blancs) d'accéder à un tissu atteint par une infection pour lutter contre cette dernière. Comment y parviennent-ils ?

Les cellules de la paroi des vaisseaux sanguins jouxtant le tissu atteint doivent d'abord capturer les leucocytes, puis les extraire de la circulation sanguine pour qu'ils puissent se positionner sur le lieu de la bataille, le tissu infecté.

Ce processus comporte plusieurs difficultés, dont la première est due à la vigueur du courant sanguin dans les veinules. Comment y soustraire les leucocytes ? Lors de toute inflammation, les cellules endothéliales (cellules constituant la paroi des veinules) de la zone infectée se mettent en alerte : elles mobilisent des glycoprotéines portant le nom de « sélectines », qu'elles font venir depuis leurs profondeurs pour les déployer à leur surface. Ces sélectines sont collantes, très collantes même : lorsqu'un leucocyte arrive à proximité, il se fait happer par elles comme par autant de bouches avides. Elles se collent à lui en s'associant aux sucres arborés par les glycoprotéines du leucocyte – ventouse contre ventouse, en quelque sorte. Cette embrassade freine le mouvement du leucocyte, qui ne suit plus que mollement le flot du sang dans la veinule, ce qui lui permet de quitter cette dernière pour pénétrer dans le tissu-cible.

En fait, l'ensemble du processus qui consiste à extraire le globule blanc et à l'incorporer au tissu forme un tout, qui s'effectue d'une façon dynamique et concertée. On appelle ce processus « adhésion cellulaire en cascade » ; comme on vient de le voir, les divers oligomères de sucres prennent part à chacune de ses étapes.

L'origine des sucres

Un mot à présent sur l'origine des sucres : comment se fait-il que des sucres simples, comme le glucose ou comme le ribose, qui entre dans la composition de l'ADN et de l'ARN (acide ribonucléique), soient omniprésents dans les organismes vivants ? Comment sont-ils arrivés sur la planète Terre ?

On en a une idée assez précise. La formation prébiotique des sucres, c'est-à-dire leur apparition spontanée sans intervention de quelque organisme vivant que ce soit, fait intervenir le formaldéhyde HCHO comme matière que je qualifierai en la circonstance non pas de « première » mais de « primordiale ». Or cette molécule est présente dans l'espace interstellaire. On peut donc conjecturer qu'elle fut au nombre des composants de la nébuleuse primitive qui donna naissance au Soleil et aux planètes.

Une réaction chimique dénommée « réaction formose » convertit le formaldéhyde en sucres. Elle est catalysée par des bases fortes et par divers minéraux. Dans un premier stade, deux molécules de formaldéhyde HCHO se condensent en glycolaldéhyde $CHO\text{-}CH_2OH$, à deux atomes de carbone (C_2). Une autre réaction, la réaction aldol, forme alors du glycéraldéhyde $CHO\text{-}CHOH\text{-}CH_2OH$, à trois atomes de carbone (C_3). Et ensuite ? Il se forme, dans des conditions abiotiques (sans intervention d'aucun organisme), des composés en C_4, C_5 et C_6, sous forme de mélanges complexes, sans qu'aucune de ces espèces moléculaires ne prédomine particulièrement.

En revanche, en présence de silicates ou d'aluminosilicates, le glycolaldéhyde forme, par condensation aldol, avec une impressionnante sélectivité, les deux seuls sucres en C_4 dénommés « thréose » et « érythrose ». Or les silicates et aluminosilicates sont des minéraux extrêmement abondants à la surface de notre planète :

les argiles, par exemple, qui en font partie, constituent 70 % de la surface des terres émergées. Un scénario de l'apparition prébiotique des sucres est ainsi suggéré. On doit cet important résultat à l'équipe de l'organicien Joseph B. Lambert, qui l'obtint juste avant que ce dernier ne prenne sa retraite de l'université Northwestern à Evanston, dans la proche banlieue de Chicago.

Ce résultat séduisant vaut d'être commenté. Comme on peut le déplorer, sous la contrainte de la loi du marché, en l'occurrence celle de l'immédiateté lucrative de la découverte d'une nouvelle molécule médicamenteuse, certains organiciens fabriquent des molécules à tour de bras, contribuant ainsi fortement à la prolifération de composés chimiques.

La démarche de Lambert et de son équipe se situe très exactement à l'opposé : ils sont allés non pas vers la multiplication de composés divers, mais au contraire, par la maîtrise et le contrôle de cette prolifération, vers l'obtention de seulement deux produits, et pas n'importe lesquels, puisqu'ils sont identiques à des substances naturelles importantes et bien connues. Au risque d'insister un peu lourdement, la courte vue conduit à la prolifération tandis que l'intelligence la restreint.

Condamnée à disparaître ?

Le chapitre des sucres et de leurs rôles biologiques, extrêmement divers – je n'en ai mentionné ici qu'un tout petit nombre –, constitue l'une des frontières les plus actives aujourd'hui entre la chimie organique et la biologie, leur offrant l'espace de fructueuses confrontations et collaborations. Une question se pose néanmoins : la chimie organique ne risque-t-elle pas d'y perdre son âme, de se « biologiser » si fortement que ce qui fait son identité s'y diluerait, jusqu'à risquer d'y disparaître ?

Cette question se pose bel et bien. Et elle peut être abordée sous deux angles : le voisinage entre chimie organique et médecine, d'une part ; l'argent, d'autre part. En ce qui concerne le premier point de vue, on constate qu'il est évident que des oligomères de sucres sont fondamentaux pour la physiologie humaine, que l'on s'intéresse à l'organisme sain ou atteint par des maladies, au premier rang desquelles se trouvent sans surprise les cancers et les problèmes circulatoires. Mais on aurait tort de restreindre au seul secteur de la santé tous les travaux mettant en jeu les diverses « glycomolécules », au rang desquelles figurent les glycopeptides, les glycoprotéines, les glycolipides, les glycosaminoglycanes, les glycoconjugués… Les avancées de la glycobiologie ne peuvent se faire que sur un terrain d'abord défriché par les organiciens.

La question d'argent provient surtout de la présence de nombreuses petites sociétés dynamiques à croissance rapide surfant sur la vague de la vogue actuelle de la glycobiologie. Cela accentue et favorise l'aspect « technoscience » de cette dernière, au détriment de son volet « science fondamentale ». Or ce second aspect est d'autant plus indispensable que le domaine est d'une grande nouveauté. On ne peut pas faire l'impasse sur la science pure pour se ruer vers des applications plus lucratives les unes que les autres sans courir le risque d'asphyxie intellectuelle, d'une part, et d'accidents sociétaux graves, d'autre part (comme les téléphones portables et les mutations, bonnes ou mauvaises, qu'ils induisent dans une sociabilité pluriséculaire). Ces risques sont augmentés par l'existence de toute une robotique déjà à l'œuvre, conçue pour déterminer la structure d'oligomères de sucres et pour les synthétiser en quantité suffisante. La mécanisation et l'automatisation fournissent d'excellents outils, mais ceux-ci doivent être maniés par des gens qui s'y connaissent et non par des presse-bouton. C'est une constatation de simple bon sens : il vaut mieux éviter d'utiliser les organiciens à contre-emploi, comme s'ils n'étaient que de simples techniciens, et faire plutôt appel à leur compétence, qui est d'organiser et de prévoir les transformations de la matière, afin d'en faire bénéficier la collectivité.

Cette réflexion nous amène au constat des dérives que vit aujourd'hui la chimie organique, et à la recherche de ses causes principales.

Ayatollahs, mollahs et moutons de Panurge

Le bilan de la chimie organique contemporaine serait incomplet si je ne faisais état de ses manques et d'occasionnels, sinon fréquents, déficits d'éthique. Il me faut, pour cela, revenir à la formation initiale des organiciens, que j'ai comparée plus haut à l'apprentissage de la danse classique.

Je pourrais utiliser une nouvelle comparaison, avec la théologie. La communauté des organiciens possède ses propres rites d'initiation, ses réunions, ses périodiques disciplinaires ; bref, comme d'autres groupes disciplinaires, elle a les caractéristiques d'une religion organisée, avec ce que cela peut comporter de conformité, d'adhésion aux valeurs du groupe et d'orthodoxie – qui constituent malheureusement autant d'œillères transdisciplinaires. L'organicien type est mal à l'aise en physico-chimie ou en chimie quantique, en dépit de son recours fréquent à divers logiciels qui relèvent de ces disciplines.

Les organiciens sont conformistes, donc. Certes, ils ne sont pas les seuls. Des épisodes assez récents de pathologie scientifique – mémoire de l'eau, fusion froide ou encore eau polymérique – ont montré combien les chercheurs pouvaient se conformer à la voix dominante et former ainsi des troupeaux dociles.

Les marques du conformisme des organiciens sont multiples, surtout parmi le clan des chimistes organiciens de synthèse. Les molécules cibles sont souvent dénuées d'originalité et chacune fait l'objet d'une série de synthèses différentes, leurs auteurs se targuant alors d'être les membres d'un même club, composé autour de cette molécule partagée. C'est le cas par exemple du grandisol, une molécule faisant partie des phéromones d'un charançon, l'anthonome, destructeur de la capsule du coton. Au moment où j'écris, trente-cinq synthèses différentes de cette molécule ont été décrites. Cette multiplication non indispensable des efforts des chimistes pour lutter contre des parasites dommageables à l'agriculture est significative de la dérive actuelle de la chimie vers les technosciences, vers des aspects étroitement utilitaires plutôt que fondamentaux.

Il en va ainsi chaque fois qu'une molécule cible est élue uniquement pour des motifs utilitaires. C'est le cas d'un médicament de la famille des inhibiteurs sélectifs de la recapture de la sérotonine (ISRS), qui fut mis au point pour traiter le problème médical de l'éjaculation précoce. Il existe plusieurs synthèses de cet ISRS, qui se nomme dapoxétine. On peut dire de chaque nouvelle synthèse de cette molécule qu'elle ne relève pas de l'innovation de produit, mais qu'elle est plutôt à ranger parmi les innovations de procédé.

Il en va de même lorsqu'un groupe de chercheurs met au point une variante d'un procédé existant visant à le rendre moins nocif en atténuant son impact environnemental potentiel. C'est le cas, par exemple, lorsqu'on effectue une transformation en choisissant de remplacer des solvants toxiques comme le benzène ou le toluène par de l'acétone ou des alcools : parce qu'ils se mélangent bien avec l'eau, ils seront résorbés avec de moindres dommages en cas de contamination de l'environnement.

Comprenez-moi bien : je ne dis pas que de telles recherches sont inutiles, mais qu'il est navrant que tant de chercheurs y consacrent leur énergie de manière somme toute assez stérile au lieu d'explorer des territoires neufs.

De tels travaux, s'ils participent à la recherche scientifique au sens restrictif que lui donnent ses gestionnaires ou des décideurs politiques, relèvent exclusivement de la technique et n'ont en fait pas grand-chose de scientifique. Il leur manque l'esprit d'aventure ; ils aménagent les connaissances existantes sans ouvrir de nouvelles voies.

Proliférations

Le modèle, implicite ou explicite, de l'évolution d'une science, modèle auquel concourent acteurs et gestionnaires, est celui du darwinisme social : que les meilleurs gagnent ! Nous vivons à présent une phase non pas de ténèbres, mais ténébreuse : on ne discerne pas clairement lesquels sont les meilleurs.

L'observateur peut seulement constater que la compétition est ardente. Je la comparerais volontiers à l'un de ces grands marathons urbains qui, tel celui de New York, engagent des dizaines de milliers de participants. En chimie organique, ce sont les nouvelles molécules, les publications et les périodiques les accueillant qui prolifèrent :

– Prolifération de molécules nouvelles : il n'est pas besoin de chercher loin pour trouver le coupable, c'est la recherche à l'aveuglette de nouveaux médicaments (voir le chapitre 3). Il n'est pas non plus nécessaire de faire de savants calculs pour en estimer l'impact : à l'échelle de la planète, on peut compter cinquante grands laboratoires pharmaceutiques (en une estimation parcimonieuse), avec un portefeuille de dix molécules chacun[6], introduites ces dix dernières années, au prix de la synthèse pour chacune de 10 000 composés mis à l'essai. Cela fait 500 000 nouvelles molécules venues atterrir chaque année ; avec toutes les conséquences qu'induit une telle surabondance.

– Prolifération de publications : il est devenu courant qu'un professeur d'université signe chaque année entre 5 et 10 publications.

6. « Portefeuille de molécules » est une expression consacrée pour désigner la demi-douzaine de molécules (seulement) dont vit une firme pharmaceutique majeure. L'élaboration de chacune lui a coûté vingt années de R&D et le passage au crible d'un minimum de 10 000 molécules.

– Prolifération de périodiques : organicien moi-même, lorsque je pris ma retraite en 1999, il existait entre une et deux douzaines de périodiques couvrant notre sous-discipline, dont seuls une demi-douzaine étaient considérés comme une référence. Durant la décennie écoulée, pas moins d'une quarantaine de périodiques ont vu le jour dans ce seul secteur de la chimie organique :

Aliphatic chemistry / ARKIVOC : Online Journal of Organic Chemistry / Beilstein Journal of Organic Chemistry / Bioorganic & Medicinal Chemistry Letters / Bioorganic Chemistry / Carbohydrate Polymers / Carbohydrate Research / ChemBioChem / ChemCatChem / ChemInform / Chemistry & Biodiversity / Chemistry and Biology / Chemistry, an Asian Journal / Chemistry, an European Journal / Chemistry of Natural Compounds / Combinatorial Chemistry / Current Organic Synthesis / Heteroatom Chemistry / Journal of Combinatorial Chemistry / Journal of Molecular Graphics and Modeling / ChemSusChem / European Journal of Medicinal Chemistry / European Journal of Organic Chemistry / Glycobiology / Letters in Organic Chemistry / Molecular Informatics / Reactivity and Structure : Concepts in Organic Chemistry / Research Letters in Organic Chemistry / Mini-reviews in Organic Chemistry / Natural Products Reports / Natural Products / Organic Communications / Phyotmedicine / Recent Developments in the Chemistry of Natural Carbon Compounds / Current Organic Chemistry / Soft Matter / The Open Organic Chemistry Journal… et l'on pourrait encore allonger la liste[7].

7. Pourquoi tant de nouveaux périodiques ont-ils vu le jour ? Du fait de la cupidité d'éditeurs commerciaux, qui prennent ainsi en

Est-il surprenant qu'une telle explosion du nombre des publications pousse les auteurs à s'engager dans une surenchère publicitaire et hyperbolique? « Venez donc voir par ici, nous sommes les meilleurs, donnez-vous seulement la peine de nous lire! », affichent les revues avec outrecuidance.

Y a-t-il un paternalisme positif?

Pour illustrer ce propos, je souhaite relater ici un épisode que j'ai vécu récemment. Durant l'écriture de ce chapitre, j'ai eu à donner mon avis critique sur un texte traditionnellement soumis à de telles lectures avant son éventuelle publication dans un périodique scientifique. C'était l'œuvre de trois chimistes indiens.

L'Inde et la Chine, qui, jusque vers la fin du XXe siècle, ne se situaient pas dans les premiers rangs de la grande science mondiale, rattrapent aujourd'hui leur retard à grandes enjambées, suivant en cela le Japon. Il est clair qu'elles seront les grandes puissances scientifiques du XXIe siècle[8].

À lire le travail des trois collègues indiens, je me retrouvai confronté à des difficultés qui, pour m'être familières, n'en étaient pas moins désagréables. Ayant été moi-même éditeur de périodiques scientifiques, je faisais le maximum d'efforts pour satisfaire des demandes de publication émanant de pays en voie de développement, pour aider ces collègues, leur mettre le

otages les bibliothèques universitaires et les organismes octroyant des contrats de recherche, en un parasitisme pur et simple.

8. Il est bien possible que, d'ici à un demi-siècle, le mandarin remplacera l'anglais dans les communications scientifiques.

pied à l'étrier, leur donner confiance en eux-mêmes en ne faisant preuve ni de laxisme ni de rigueur excessive : je les aidais à rédiger dans un anglais convenable, je leur suggérais des compléments, indispensables, à apporter à leur recherche ; bref, je jouais au grand frère protecteur… Tout cela avait-il quelques relents de paternalisme, voire de colonialisme ? Ou bien cela relevait-il d'une solidarité bien normale entre membres d'une même communauté, celle des scientifiques, d'où qu'ils soient ? Pour ma part, le choix de cette attitude me semble d'autant plus normal que l'intelligence, voire le génie, est répartie équitablement sur l'ensemble de la planète et n'a rien à voir avec les frontières politiques, le degré d'avancement économique ou la maîtrise d'une langue étrangère.

Je me suis pourtant opposé à la publication de l'article des trois Indiens : je l'ai trouvé mauvais et irrécupérable. Il y était question de chimie organique et de la préparation de composés inédits, mais selon une procédure déjà bien connue. Non seulement cet article n'amenait aucune idée neuve, mais il témoignait aussi d'une ignorance abyssale de ce que l'on appelle la « stéréochimie », c'est-à-dire la disposition que prennent les atomes dans l'espace. Il en résultait de colossales erreurs d'interprétation. En outre, le texte était rédigé dans cet abominable sabir désigné sous le nom de « globish ».

La morale de cette anecdote ? Avec la montée en puissance de la science chinoise et de la science indienne, les critères de qualité s'amoindrissent : le grand nombre tue la valeur. Durant les décennies à venir, nous continuerons d'assister à une baisse du niveau de la science mondiale. Ces pays en voie de développement scientifique accéléré n'ont pour l'instant pas d'autre choix que l'imitation de ce que firent l'Europe et l'Amérique du Nord, en particulier au cours du XXe siècle. Et l'imitation vaut aussi, hélas, dans ce que nous avons commis de moins bon.

L'augmentation exponentielle du nombre des périodiques induit une augmentation, elle aussi exponentielle, des publications venant les alimenter, au détriment de la qualité. L'Inde et la Chine mettent en activité de gros bataillons de chercheurs qui n'ont pas d'autres modèles que ceux qu'ils trouvent dans des périodiques de qualité moins que médiocre, comme on vient de le voir. Mon propos est assurément élitiste : être chercheur n'est pas un métier comme un autre, cela doit être une activité créatrice, comme celle du compositeur ou du poète. À défaut, mieux vaut s'abstenir.

Je crois néanmoins que, tôt ou tard, ils se ressaisiront ; et que de grands scientifiques chinois et indiens surgiront, qui renoueront avec une exigence d'excellence sans laquelle il n'est pas de science digne de ce nom.

Indications bibliographiques

Sources

PINCET F. *et al.*, « Ultraweak sugar-sugar interactions for transient cell adhésion », *Biophysical Journal*, vol. 80, 2001, p. 1354-1358.

LAUGHLIN S. T. *et al.*, « In vivo imaging of membrane-associated glycans in developing zebrafish », *Science*, vol. 320, 2008, p. 664-667.

GRAHAM T. J. A. *et al.*, « An efficient synthesis of (±)-grandisol featuring 1,5-enyne metathesis », *The*

Journal of Organic Chemistry, vol. 75, 2010, p. 226-228.

Réflexions & Débats

DOMENACH J.-L., « Sur la Chine actuelle », *Commentaire*, n° 66, 1994, p. 281-285.

ERNST B., HART G. W. et SANAŸ P. (dir.), *Carbohydrates in Chemistry and Biology*, quatre volumes, Weinheim ; New York, Wiley-VCH, 2000.

DOMENACH J.-L., « Un capitalisme léniniste ? », *Le Débat*, n° 117, 2001, p. 74.

PEYRAUBE A., « Syntaxe et discours dans la langue chinoise : le mythe de l'occidentalisation », *Mots*, vol. 66, n° 1, 2001, p. 19-32.

TOURNAY V., « Les nouvelles biotechnologies : structuration de la vie artificielle comme champ disciplinaire », *Quaderni*, n° 45, 2001, p. 29-48.

HUET S., « La science en Chine : un géant est né », *Libération*, 12 avril 2010.

Chapitre 6

La chimie inorganique

La chimie inorganique ou, pour utiliser un nom à présent un peu désuet mais synonyme, la chimie minérale, fut au XIXe siècle la marraine de la chimie industrielle, grâce à laquelle furent produits acide chlorhydrique, carbonate de sodium, eau de Javel… Dans le dernier quart du XIXe siècle, avec la chimie des colorants, dominée rapidement par l'Allemagne, la chimie organique se hissa à un niveau comparable avant de devenir prédominante durant la seconde moitié du XXe siècle, avec la fabrication des polymères (voir le chapitre 8).

De quoi traitent ces deux sous-disciplines de la chimie – chimie organique et chimie inorganique ?

La chimie organique, on l'a vu, est celle du carbone : les molécules dont elle s'occupe sont composées d'atomes de carbone liés entre eux et eux-mêmes porteurs principalement d'atomes d'hydrogène, d'azote et d'oxygène.

Le champ de la chimie inorganique est bien plus vaste, puisqu'elle traite de tous les autres composés formés à partir de tous les éléments de la classification périodique, y compris des minéraux – d'où son ancienne appellation de « chimie minérale » –, comme le calcaire ou le quartz, et de multiples oxydes métalliques. Remarquons que les composés organiques sont tous moléculaires, ou à peu près, alors que les composés inorganiques appartiennent souvent à d'autres classes.

Les chercheurs, aujourd'hui nombreux, labourent les champs disciplinaires en profondeur et dans tous les sens. Mais c'est en marge que se font les découvertes, hors du courant commun. Ainsi, depuis les années 1970, un secteur extrêmement fructueux est apparu, qui constitue une véritable mine, que ce soit pour des découvertes ou pour d'ingénieuses applications : la chimie dite « bio-inorganique ».

Contrairement à ce que les habitudes mentales et les idées préconçues nous ont conduits à croire, la biologie ne relève pas de la seule chimie organique : la chimie inorganique y a également droit de cité. Nous en sommes redevables à quelques hardis pionniers, qui ont su puiser de beaux résultats à cette source abondante.

La biominéralisation

Mon premier exemple de chimie bio-inorganique est celui de la biominéralisation, c'est-à-dire l'ensemble des processus par lesquels des êtres vivants forment des structures minérales. C'est le cas des diatomées. Ce sont des algues brunes unicellulaires de taille minuscule, comprise entre 5 µ (microns, ou millièmes de millimètre) et 0,5 mm. Elles vivent non seulement dans les cours d'eau et les lacs, mais aussi dans les mers, avec une prédilection pour des eaux froides. Invisibles individuellement à l'œil nu, leurs colonies forment parfois des pellicules brunes à la surface des galets ou des rochers, qu'elles rendent très glissants.

Les diatomées sont hypersensibles à la qualité de l'eau : depuis un quart de siècle a été créé, en France, l'Indice biologique diatomées, dont la valeur, comprise entre 0 et 20, sert à mesurer la qualité écologique d'un cours d'eau. Les diatomées, qui font partie du plancton, produisent à elles seules près du quart de l'oxygène que nous respirons, presque autant que les forêts tropicales !

Une autre de leurs caractéristiques rend les diatomées remarquables : elles possèdent un squelette externe appelé « frustule », composé principalement de silice amorphe, c'est-à-dire d'oxyde de silicium SiO_2 – autant dire de verre. Les frustules sont des boîtes en verre faites de deux moitiés contenant le cytoplasme, jointes par une espèce de gaine ou de ceinturon fait de silice amorphe et courant sur tout leur pourtour. Les frustules servent d'armure aux diatomées. Elles sont robustes et très dures. Pour les rompre, leurs éventuels prédateurs doivent déployer une énergie considérable et disposer d'outils adéquats – pinces, mandibules, crocs émaillés faits eux aussi d'une silice protectrice aussi dure que celle de la carapace des diatomées. C'est le cas de certains copépodes, de minuscules crustacés qui aiment à se repaître de diatomées.

Mais ce n'est pas la seule caractéristique étonnante des frustules : elles possèdent des architectures très décoratives et d'une grande finesse. Aux siècles précédents, elles servaient à jauger le pouvoir de résolution des microscopes, tant leurs détails sont à la fois petits et bien définis. Leurs décors sont faits de fentes et de pores régulièrement espacés, disposés à la surface de la frustule et dont chacun est large de 10 à 1 000 nm. Chaque espèce de diatomées possède son propre décor de frustule, encodé dans son matériel génétique. On peut donc identifier une diatomée au microscope. On en a dénombré environ 100 000 espèces, qui correspondent à autant de frustules différentes.

Cet exosquelette en verre se fabrique au sein du cytoplasme, dans un compartiment spécifique entouré d'une membrane, la vésicule à dépôt de silice. Cette vésicule comporte des polymères organiques servant d'armature sur laquelle des microsphères de silice viennent se déposer et se réunir les unes aux autres. Les diatomées ont une remarquable aptitude à récupérer la silice qui se trouve dans l'eau, à de très faibles teneurs, sous la forme d'acide silicique. Elles le concentrent, puis le polymérisent sous forme de silice insoluble. Deux polymères organiques servent de matrice organisatrice : une phosphoprotéine, la silaffine, et des molécules de la même famille que les trop bien nommées putrescine et cadavérine, qui sont des polyamines.

La silaffine est une protéine ayant la particularité d'avoir une structure en chapelet composée d'acides aminés et contenant un module non acide aminé (une N-méthyl-propylamine de son nom savant) porté par des résidus d'acides aminés (des lysines). Ce motif, répété de six à onze fois, est essentiel à l'activité biologique de cette protéine un peu particulière, qui guide la formation de ces extraordinaires tricots de verre si finement ouvragés.

En laboratoire, si l'on précipite de la silice à partir d'acide silicique en présence de silaffine et de certaines polyamines, en quelques secondes, la silice s'organise en un réseau de microsphères, avec des pores et des fentes de 100 à 1 000 nm régulièrement disposés, tout comme chez les diatomées. Il y a mieux encore, mais je vous le réserve pour la suite.

À l'école de la nature

Les chimistes utilisent couramment l'adjectif « biomimétique ». Lorsque la synthèse d'une molécule réalisée en laboratoire à partir de ses éléments s'inspire de sa biosynthèse par un organisme donné, elle est qualifiée de « biomimétique ». Son mécanisme a été élucidé grâce à une longue et minutieuse étude.

Comme on vient de le voir, la formation d'un verre microporeux semblable à celui des frustules des diatomées par précipitation d'acide silicique en présence de silaffine est une réalisation biomimétique. Les chimistes ont compris combien il peut être payant de se mettre à l'école de la nature et de profiter, en les copiant, de procédures peaufinées par des millions d'années d'évolution darwinienne.

Ils n'en sont d'ailleurs pas restés là en matière de chimie du silicium. Celle-ci a, parmi ses applications les plus connues, permis la fabrication de silicones en quantités importantes (qui se mesurent en centaines de milliers de tonnes). Les silicones sont des polymères dont la colonne vertébrale est composée de motifs -Si-O-Si-O- (où Si désigne le silicium et O l'oxygène). Selon les cas, ces polymères sont linéaires ou ramifiés, avec, le cas échéant, des ponts réunissant les branches. On peut aussi les organiser sous forme de cycles – la chaîne polymérique revient sur elle-même comme un serpent se mordant la queue –, voire de cages.

Les silicones ont de multiples applications, dont certaines sont médicales : elles entrent dans la composition d'excipients dans des formulations pharmaceutiques ; de lubrifiants pour les cylindres et les pistons des seringues ; d'adhésifs cutanés utilisés pour diffuser des médicaments (patchs transdermiques) ; de cosmétiques ; d'implants et de prothèses…

Jusqu'ici, leur préparation industrielle exigeait des températures et des pressions élevées. Mais des procédures biomimétiques commencent à voir le jour dans la chimie du silicium et des silicones. Des enzymes telles que la trypsine servent à contrôler leur formation par polymérisation et à la rendre possible dans des conditions douces, à température et à pression ambiantes.

On travaille aussi à faire des composites associant l'acide silicique et diverses enzymes. Selon les conditions de leur formation, ces mixtes prennent des formes variées : boucles, nanosphères, rectangles perforés, fibres… Mieux encore : on peut encapsuler des molécules d'une enzyme au sein des nanosphères ainsi obtenues. Lorsqu'on les place dans une solution aqueuse contenant également un substrat, ce dernier pénètre dans les nanosphères via les ouvertures en forme de fente ou de hublot qu'elles présentent à leur surface. Une fois à l'intérieur, il entre en contact avec l'enzyme qui le transforme. Les produits de cette réaction enzymatique migrent à l'extérieur de la nanosphère par les mêmes ouvertures, qui font communiquer son intérieur et son extérieur, et peuvent être aisément récupérés. En plaçant ainsi dans des nanosphères certaines enzymes protéolytiques (spécialisées dans la digestion des protéines) comme la trypsine, on évite qu'elles ne se digèrent elles-mêmes selon un processus suicidaire connu sous le nom d'« autolyse ».

Bref, on assiste là à une véritable connivence entre le naturel et l'artificiel, que l'on a pourtant coutume d'opposer. Cela nous vient de l'attitude philosophique appelée « réalisme », selon laquelle le sujet pensant se voit comme séparé et distinct de son objet d'étude. Si cette attitude fut indispensable à la formation de la pensée scientifique occidentale, force est aujourd'hui de constater que la sphère du naturel (dont la biosphère) et celle de l'artificiel (dont la chimiosphère) ne s'opposent pas nécessairement, mais sont en émulation et coopèrent même parfois.

En schématisant beaucoup, on peut dire que la chimie pratiquée par l'ensemble des organismes est d'une grande pauvreté en comparaison de notre chimie d'humains, beaucoup plus riche en réactions et en réactifs. En revanche, la biochimie, avec ses opérateurs hyperspécialisés que sont les enzymes, sa morphogenèse reproductible, efficace et infiniment créative, ridiculise nos réalisations de laboratoire. C'est dire le bel avenir de la chimie biomimétique.

Retour sur l'économie de l'hydrogène

J'en veux pour exemple les travaux de Marc Fontecave, titulaire d'une chaire de chimie au Collège de France depuis 2009. Ils concernent l'utilisation de l'hydrogène dans le stockage de l'énergie électrique (voir le chapitre 4) : les piles à combustible produisant de l'hydrogène par électrolyse de l'eau sont prometteuses pour cette application. Mais elles ne sont hélas pas viables sous l'angle économique, car elles exigent l'utilisation de catalyseurs en platine, un métal très onéreux (la croûte terrestre n'en comporte que des traces, 37 ppb – parties par milliard – pour être précis). Les réserves existantes seraient vite épuisées si l'on persistait dans cette voie.

Un catalyseur est une machine-outil fonctionnant à l'échelle nanométrique. Ce « nanorobot » effectue de façon répétitive, des millions de fois le plus souvent, une même séquence de mouvements atomiques, appelée « étape élémentaire » par les chimistes. Indéfiniment répétées sur des substrats successifs, identiques entre eux, ces étapes élémentaires composent ce que l'on appelle des « cycles catalytiques », chaque cycle pouvant être comparé à la mélodie qu'un chanteur répète sempiternellement dans une mélopée.

La pensée magique continue de contaminer la notion de catalyseur. Ainsi, une définition commune, qui heurte le bon sens, déclare qu'un catalyseur accélère une réaction chimique sans y intervenir. Elle nous vient de l'alchimie. Il est plus exact de dire qu'un catalyseur, tel le phénix, renaît de ses cendres. En effet, chaque cycle catalytique le régénère, ce qui lui permet d'être prêt à fonctionner de nouveau.

Fontecave et son équipe ont décidé de s'inspirer des hydrogénases, ces enzymes qui fabriquent de l'hydrogène à partir de l'eau. Leurs centres catalytiques comportent des atomes métalliques faits de fer et de nickel, des éléments bien plus répandus que le platine à la surface de notre planète.

Fontecave et ses collaborateurs ont mis au point des complexes de nickel et de cobalt, qui se révèlent être d'excellents catalyseurs pour la formation d'hydrogène par décomposition de l'eau et sont donc des candidats prometteurs pour l'ingénierie moléculaire d'un matériau de cathode dans les piles à combustible.

Métalloprotéines

Au XIXe siècle, on connaissait déjà quelques exemples de molécules essentielles à la vie et contenant des éléments minéraux autres que le carbone, l'hydrogène, l'azote et l'oxygène. Deux exemples viennent très vite à l'esprit : l'hémoglobine, une protéine avec des modules en forme de disques dont le centre est occupé par un atome de fer ; et la chlorophylle, une protéine elle aussi dotée d'un module de même type, mais avec du magnésium à la place du fer. Nous connaissons bien les rôles respectifs de ces deux molécules : fixation et transport de l'oxygène dans le sang pour l'hémoglobine ; capture de l'énergie solaire et biosynthèse de sucres pour la chlorophylle.

On sait à présent que ces deux exemples sont loin d'être des exceptions : 50 % des protéines dont la structure a été élucidée (au moyen d'outils comme les rayons X ou la résonance magnétique nucléaire) et qui sont répertoriées dans la Protein Data Bank (une banque de données relative aux seules protéines) comportent au moins un atome métallique. Une expérience récente a testé un microbe, *Pyrococcus furiosus* : les protéines présentes dans ce micro-organisme ne contiennent pas moins de dix-huit métaux différents, au nombre desquels on trouve le vanadium, le manganèse, le fer, le cobalt, le nickel, le zinc, le molybdène, le tungstène et le plomb.

Les organismes n'empruntent pas leurs éléments métalliques au tableau périodique de Mendeleïev au petit bonheur la chance. Pour me borner aux protéines, celles recourant au cuivre sont rares.

En ce qui concerne le manganèse, son oxyde, de formule MnO_2, est la forme stable du manganèse dans la portion oxygénée de la biosphère (la portion non oxygénée se trouve dans le sol, où prolifèrent entre autres des bactéries anaérobies). On observe un fait fascinant : dans la terre, un grand nombre de bactéries et de levures accélèrent l'oxydation du manganèse métallique Mn en son oxyde MnO_2, en la catalysant. D'où la présence d'oxyde de manganèse dans les sédiments et les sols que nos ancêtres de la préhistoire utilisaient pour faire leurs pigments noirs destinés aux peintures pariétales des grottes comme celles de Chauvet, de Lascaux ou de Pech-Merle. Mais pourquoi ces micro-organismes s'attaquent-ils au manganèse pour l'oxyder ? Ils y trouvent un avantage qui leur permettra de faire leur profit des déchets organiques situés dans le sol. Comment ?

Pour répondre à cette question, il faut examiner la structure, à l'échelle microscopique, de l'oxyde de manganèse ainsi formé : il est fait d'une superposition de feuillets hexagonaux faits d'un assemblage d'octaèdres MnO_6, l'ensemble ayant pour formule globale MnO_2. Les particules résultantes sont extrêmement petites et présentent une foule de défauts cristallins. Or c'est dans ces défauts que réside la réponse à la question posée. Les feuillets hexagonaux emplis d'imperfections présentent en particulier des trous : en bien des emplacements où devrait se trouver un atome de manganèse, celui-ci est absent. Et chaque lacune peut accueillir un atome métallique, qu'il s'agisse ou non de manganèse. Et c'est effectivement ce qui se produit : ces agrégats d'oxyde de manganèse servent de réceptacle à toutes sortes d'ions métalliques qui viennent s'y faire piéger en grandes quantités, constituant ainsi un élément important de la chimie des sols.

Qui plus est, les empilements d'oxyde de manganèse, qui, à l'échelle microscopique, se présentent un peu comme les feuillets d'un livre, offrent des surfaces de contact impressionnantes. Dans un sol, ils effectuent l'oxydation de molécules organiques adventices, les dégradant, les coupant en petits morceaux peu à peu résorbés. Nous en tirons parti indirectement, par exemple pour détruire les matières plastiques qui souillent l'environnement, à l'instar des moisissures dégradant les débris végétaux pour en faire de l'humus.

Je trouve une belle vertu didactique à cet exemple : contrairement à une opinion répandue, la nature ne fait pas toujours dans la perfection ; mais elle tire parti de ses imperfections, du moins de celles que l'évolution darwinienne tolère.

Nanoaimants

Pour revenir au manganèse, on peut en former des édifices à l'échelle moléculaire ; on peut même aller jusqu'à former une molécule unique. Les édifices sont intéressants à double titre : ils constituent des architectures d'une grande beauté ; et ils sont potentiellement utiles (dans l'une de ses définitions du beau, Socrate ne dit-il pas que « le beau, c'est l'utile » ?).

On trouve à nouveau une démarche biomimétique à l'origine de ces réalisations. En effet, certains systèmes biologiques présentent des agrégats de quatre atomes de manganèse. C'est en particulier le cas du photosystème II qui, dans les plantes, est le siège de l'oxydation de l'eau par la lumière, conduisant à la formation de l'oxygène. On en trouve également dans diverses enzymes – des métalloprotéines. En règle générale, les atomes de manganèse y sont reliés à des atomes d'oxygène et d'azote inclus dans des acides aminés.

En 1991, un groupe de chercheurs européens découvrit ce qui, à partir de 1996, fut dénommé

« aimant à molécule unique ». Il s'agissait d'un édifice à douze atomes de manganèse : un cœur tétraédrique à quatre atomes de manganèse entouré d'une périphérie de huit autres atomes de manganèse, reliés par des ponts formés par des atomes d'oxygène. À basse température, cette entité manifeste d'intéressantes propriétés d'aimantation.

Ces structures magnétisables peuvent être utilisées comme supports d'informations. Les aimants à molécule unique permettraient d'augmenter la capacité de stockage des disques durs d'ordinateurs. L'aptitude d'une molécule unique à se comporter comme un tout petit aimant a fait l'objet de recherches intenses durant les années 2000. Il s'agit du plus petit dispositif magnétique envisageable. On peut ainsi escompter la fabrication de nanoaimants pour des applications telles que le stockage d'information à très haute densité, la réfrigération magnétique et, peut-être surtout, la mise au point d'ordinateurs quantiques.

Des bijoux pour la catalyse

Revenons à nos chères diatomées et aux microscopiques bijoux que sont leurs frustules, avec leurs architectures d'une admirable subtilité d'exécution. On a trouvé le moyen de passer de cette joaillerie en verre à de la bijouterie en or ! Pour cela – par des procédés chimiques ne faisant pas appel à l'électrolyse – on dépose de l'or sur la frustule, qui devient ainsi plaquée or. Puis on dissout la frustule siliceuse à l'acide. Il subsiste alors une réplique en or de la carapace de la diatomée. Certes, si le bijou est admirable, il n'en est pas moins minuscule et donc impossible à porter.

Pourquoi donc les chimistes accomplissent-ils de tels exploits qui, apparemment, sont parfaitement inutiles ? Ce n'est pas uniquement par amour de l'art ni pour l'attrait esthétique de telles réalisations. Pour apporter une explication, je suis amené à mentionner une grande découverte assez récente du chimiste japonais Haruta Masatake.

Ce collègue est professeur à l'université Tokyo Metropolitan. Il fut auparavant enseignant-chercheur à l'ONRI (Osaka National Research Institute), l'un des laboratoires nationaux japonais, où il dirigea, à partir de 1990, la section de catalyse, domaine dans lequel il s'était spécialisé et où il avait acquis une belle réputation internationale.

L'or avait la réputation d'être chimiquement bon à rien, « inerte » selon le terme consacré – juste bon à faire des médailles et des bijoux. Le métal noble était inattaquable par d'autres éléments, croyait-on. Ce dogme reposait, bien entendu, sur de multiples faits d'observation : l'or ne s'oxyde pas ; quel que soit leur âge, dans les vitrines des musées, les objets en or brillent de cet éclat si reconnaissable. Alors que d'autres métaux comme le fer ou le cuivre se trouvent à l'état naturel sous forme de minerais qui, généralement, sont des oxydes et des sulfures, l'or existe à l'état natif : c'est le métal lui-même que trouvent les orpailleurs, sous forme de pépites qu'ils récupèrent en tamisant des sables aurifères.

Ce dogme de l'inertie de l'or n'a pas résisté à la transgression, elle-même occasionnée par la vogue actuelle de la nanoscience et des nanotechniques, à laquelle est consacré le chapitre 10 de cet ouvrage. Lorsqu'on descend à l'échelle du nanomètre, comme le fit Haruta Masatake en 1989, l'or acquiert des propriétés chimiques stupéfiantes pour ceux qui le croyaient inaltérable. Des nanoparticules d'or catalysent diverses réactions chimiques, y compris des transformations ayant un grand intérêt industriel et commercial. Pour revenir au bijou en or moulé sur une frustule de diatomée, il catalyse admirablement l'addition d'atomes d'hydrogène (ou hydrogénation) sur un substrat comportant des groupements d'atomes NO_2 ainsi transformés en groupements NH_2. Ce résultat remarquable a fait l'objet d'une publication de la part de Yang Yu, Jonas Addai-Mensah et Dusan Losic, de l'université australienne d'Adélaïde.

On parle désormais de « nanocatalyse » pour qualifier les transformations toutes nouvelles et souvent inattendues catalysées par des agrégats d'atomes en nombre suffisamment petit pour que leur réunion ne dépasse pas l'échelle du nanomètre – soit quelques dizaines à quelques centaines d'atomes seulement. Pour revenir aux travaux pionniers du Dr Haruta, il constata d'emblée, dès la fin des années 1980, que la nanocatalyse par l'or permettait d'oxyder le monoxyde de carbone CO sous forme de dioxyde de carbone CO_2. D'autres groupes de recherche se sont engouffrés dans cette brèche. La nanocatalyse par l'or permet d'effectuer aussi : l'addition d'acide chlorhydrique HCl à l'acétylène pour en faire du chlorure de vinyle, c'est-à-dire le précurseur du PVC ; l'oxydation d'alcools en des aldéhydes et cétones ; l'époxydation du propène, qui est elle aussi une grande réaction industrielle (l'époxydation étant l'addition d'un atome d'oxygène à une liaison éthylénique pour en faire un cycle à trois sommets, C, C et O) ; la formation directe d'eau oxygénée, HOOH, par simple combinaison d'hydrogène H_2 et d'oxygène O_2, une réaction d'une simplicité angélique sur le papier, mais d'une difficulté démoniaque en pratique.

Répondons à une objection avant de conclure : n'est-il pas vrai qu'un catalyseur ressort intact de la transformation qu'il a assistée ? Dans ces conditions, l'inertie de l'or, que l'on croyait absolue, ne le désigne-t-elle pas particulièrement pour remplir cette fonction catalytique ?

Certes, un catalyseur est récupéré inaltéré en apparence, mais il n'en participe pas moins à la transformation qu'il catalyse. D'ailleurs, en toute logique, il est absolument nécessaire qu'il s'y implique, puisqu'il l'accélère. Comment s'y implique-t-il ? Comment, par exemple, des atomes d'or dissocient-ils en atomes les molécules d'oxygène et d'hydrogène dans la réaction d'addition $O_2 + H_2$ menant à HOOH ? On le sait à présent par le menu : on a établi la séquence des modifications chimiques successives affectant ces atomes d'or avant qu'ils ne reviennent à leur état initial.

L'erreur était de croire l'or inerte, incapable de s'unir à d'autres éléments. Si cela est vrai pour ce métal en masse, ce n'est plus le cas au niveau atomique : lorsque de petits nombres d'atomes sont impliqués, l'or devient réactif, ce sont ses atomes qui permettent la formation de la molécule HOOH avant de retourner à leur état initial, comme on vient de le voir.

Nous vivons maintenant presque intégralement dans une chimiosphère, constituée des produits de l'industrie chimique. Celle-ci nous fournit les matériaux de la vie courante. Les polymères ont remplacé les fibres textiles traditionnelles – coton, laine, lin, chanvre... –, le bois, le verre, les céramiques, les métaux... Après les âges du fer et du bronze, nous vivons l'âge du plastique.

Le chapitre suivant présentera quelques-unes des caractéristiques actuelles de l'industrie chimique.

Indications bibliographiques

Sources

ISHIDA T. et HARUTA M., « Gold catalysts : towards sustainable chemistry », *Angewandte Chemie International Edition*, vol. 46, 2007, p. 7154-7156.

SPIRO T. G. *et al.*, « Bacteriogenic manganese oxides », *Accounts of Chemical Research*, vol. 43, n° 1, 2010, p. 2-9.

TAGUCHI T. *et al.*, « Mn_7 and Mn_{12} clusters from use of 2-(pyridine-2-yl)propan-2-ol : a new half-integer single-molecule magnet », *Inorganic Chemistry*, vol. 49, 2010, p. 199-208.

DUAN L. *et al.*, « Visible light-driven water oxidation by a molecular ruthenium catalyst in homogeneous system », *Inorganic Chemistry*, vol. 49, 2010, p. 209-215.

YU Y., ADDAI-MENSAH J. et LOSIC D., « Synthesis of self-supporting gold microstructures with three-dimensional morphologies by direct replication of diatom templates », *Langmuir*, vol. 26, n° 17, 2010, p. 14068-14072.

Réflexions & Débats

GROSS M., « Fabriquer des microcoques de silice à la manière des diatomées. Les nanotechnologies et le plancton », *La Recherche*, n° 331, 2001.

DANINOS F., « Un avenir en or pour la chimie verte », *La Recherche*, n° 392, 2005.

FONTECAVE M., « Copier une enzyme en fabriquant de l'hydrogène », *La Recherche*, n° 385, 2005.

LARCHER D. et TARASCON J.-M., « Les batteries au lithium dopées par les nanomatériaux », *La Recherche*, n° 435, 2009.

FONTECAVE M., « Une molécule qui capte et transforme le dioxyde de carbone », *La Recherche*, n° 439, 2010.

Chapitre 7

L'industrie chimique

Je souhaite ici sortir des clichés. On donne souvent, et avec une certaine complaisance, une image caricaturale et archaïque de l'industrie chimique. Il est temps de la corriger, non pour en faire une image d'Épinal, mais pour rétablir le véritable profil d'un secteur clé de l'économie. Je tenterai de suivre la fine ligne qui sépare l'approbation de la critique, toutes deux assez systématiquement assénées. Je ne serai donc ni un sycophante railleur ni un panégyriste enthousiaste.

Les stéréotypes sont d'une surprenante longévité. Celui qui concerne l'industrie chimique date de la révolution industrielle. Il a donc presque deux siècles, mais continue à sévir : l'image que l'on se fait communément des usines chimiques est celle de bâtiments dont les hautes cheminées crachent dans l'atmosphère des fumées toxiques et nauséabondes.

Ce n'est plus vrai depuis belle lurette. En chimie industrielle, toute unité de production se reconnaît surtout à ses canalisations, longues de dizaines de kilomètres – une impressionnante plomberie –, qui servent à acheminer divers fluides dirigés vers les réacteurs ou en sortant : vapeur d'eau, eau liquide, air comprimé, dioxygène, diazote et bien d'autres gaz encore, ainsi que diverses matières premières.

Une autre caractéristique de ces unités industrielles, peut-être plus intéressante encore, est leur tout petit nombre d'opérateurs : les installations sont totalement automatisées. On montre le poste de commande aux visiteurs : il évoque un cockpit d'avion, avec ses cadrans et ses moniteurs, dans lequel des ingénieurs chimistes se relaient.

Il est plus intéressant de visiter non pas une telle unité de production, mais un réacteur d'une installation pilote – une « casserole », comme les chimistes industriels les surnomment avec affection – dans lequel on termine de mettre au point un nouveau procédé. Là, on passe de l'échelle du laboratoire à la vraie grandeur, de transformations opérant sur des grammes au traitement de quelques dizaines, voire quelques centaines de kilogrammes.

L'industrie chimique est synonyme de catalyse. Toutes les usines chimiques fonctionnant actuellement ou en cours de construction y ont recours, dans un triple but utilitaire : un rendement quantitatif, c'est-à-dire proche de 100 % ; une spécificité elle aussi très élevée (c'est-à-dire l'obtention du seul produit désiré à l'exclusion de tout autre) ; une durée de la transformation aussi brève que possible, afin de faire transiter une nouvelle charge par le réacteur et d'augmenter le plus possible le volume de la production.

Une réglementation tatillonne

Avec le règlement REACH (Registration, Evaluation and Authorization of Chemicals) de la Communauté européenne (le règlement européen sur l'enregistrement, l'évaluation, l'autorisation et les restrictions des substances chimiques), on touche à un point sensible. Dans ce règlement, deux pouvoirs, le politique et l'économique, se rejoignent et s'affrontent ; et avec eux, deux mentalités : le développement durable et la croissance ; et deux menaces : la désindustrialisation de l'Europe et le risque chimique.

Entré en vigueur le 1er juin 2007, REACH est un règlement du Parlement européen et du Conseil daté du 18 décembre 2006 « concernant l'enregistrement, l'évaluation et l'autorisation des substances chimiques, ainsi que les restrictions applicables à ces substances (REACH), instituant une agence européenne des produits chimiques ». Il porte sur les produits chimiques fabriqués ou importés dans l'Union européenne et diffusés à plus d'une tonne par an. Tout fabricant ou importateur de ces composés y est astreint. Il dispose de dix-huit mois pour préenregistrer chacun des produits qu'il commercialise, puis de onze ans pour fournir des données quantitatives sur les risques éventuels de ses produits. On estime à 143 000 le nombre de composés visés par ce règlement.

REACH constitue une protection des consommateurs absolument indispensable. En effet, l'Europe ne dispose d'une législation imposant des tests de toxicité sur les produits chimiques que depuis 1981. Rien de tel n'existait auparavant. Une parenthèse : les unités de production chimique sont astreintes à la directive 96/82/CE, mieux connue sous le nom de directive Seveso. Elle vise à prévenir les accidents majeurs impliquant des substances dangereuses et à limiter leurs conséquences pour l'homme et pour l'environnement, afin d'assurer des niveaux de protection élevés dans toute la Communauté.

Mais cette réglementation REACH est d'une grande lourdeur. On peut craindre d'ailleurs qu'elle n'incite des producteurs européens à se réimplanter dans des pays aux réglementations plus laxistes, en particulier en Asie, ou à sous-traiter avec ces pays. Par ailleurs, un nombre élevé d'animaux de laboratoire – de l'ordre de un million par an – sont nécessaires aux tests de toxicité de tous les produits chimiques visés par REACH, tant ceux servant à élaborer d'autres composés ou des formulations que ceux, bien moins nombreux, entrant directement dans un circuit de consommation. Ces tests d'innocuité ont, par ailleurs, démontré leurs limites : la corrélation du test de toxicité entre la souris et le rat est de 60 % seulement (c'est-à-dire que, s'il est toxique chez la souris, la probabilité qu'il le soit aussi chez le rat est de 0,6), alors qu'il s'agit d'espèces animales proches l'une de l'autre ; le résultat est le même entre le lapin et le rat. Quant à l'extrapolation des animaux de laboratoire à l'homme, on ne sait pour l'instant pas faire mieux qu'une estimation arbitraire (*fudge factor*), dénuée de justification scientifique.

Baromètre de l'économie

L'industrie chimique se déclare volontiers « industrie de l'industrie », puisqu'elle fournit à cette dernière ses matières premières. Quoi qu'il en soit, c'est l'un des baromètres les plus sensibles de l'état de l'économie dans son ensemble. Lorsque ce dernier est au beau fixe, la chimie récolte d'impressionnants bénéfices ; et, lorsque le temps se gâte, la chimie est immédiatement en baisse de régime, son chiffre d'affaires et ses résultats s'effondrent, amplifiant le déclin de la production industrielle, qu'elle donne à voir comme au travers d'une loupe.

La crise économique qui a débuté en 2007 a très vite frappé l'industrie chimique de plein fouet. Aux États-Unis, chez DuPont de Nemours, au premier trimestre 2009, les revenus ont chuté de 20 % par rapport à ceux de l'année précédente. Durant la même période, le numéro 1 mondial Dow Chemical subissait un déclin de 39 % de ses revenus et ses bénéfices étaient amputés de 89 % par rapport à l'année antérieure. La récession était alors générale. Chez PPG, un autre géant de l'industrie chimique mondiale, durant la même période, le chiffre d'affaires était réduit de 30 % et les bénéfices de 83 %.

Au moment où j'écris (été 2010), une embellie se dessine. Les ventes de Dow Chemical pour le premier trimestre 2010 sont en progression de 33 % par rapport à celles de l'année précédente. Arkema, une société française, a annoncé une progression de son chiffre d'affaires de 38 % au second trimestre 2010, pour un bénéfice de 119 millions, qui vient compenser les pertes subies durant la même période en 2009. Chez Rhodia, une autre société française, les résultats se sont aussi nettement redressés. En France, la production chimique a régressé de 10 % en 2009 par rapport à 2008 et, dans l'Union européenne, de plus de 11 % pour la même période.

Ces chiffres témoignent de la cyclicité de l'industrie chimique, dont, en règle générale, la capacité outrepasse la production effective. En effet, les bonnes années, les entreprises investissent afin d'augmenter leur capacité de production. Mais les usines chimiques sont de grosses unités, qui représentent de massives immobilisations de capital ; en outre, elles sont malaisées à reconvertir pour des productions autres que celles pour lesquelles elles furent conçues. Tout cela explique leur faible rentabilité, à un chiffre, de l'ordre de quelques points de pourcentage seulement.

Par quoi remplacer le pétrole ?

L'industrie chimique est plombée par l'idéologie que ses productions véhiculent : celle d'une économie de consommation portée par la croissance. La croissance zéro n'est pas du tout sa tasse de thé. Mais considérons un autre facteur.

On peut rêver d'une industrie chimique ne tirant plus sa raison d'être de la transformation des hydrocarbures issus du pétrole. À présent que ses réserves s'amoindrissent, nous serions bien avisés de diminuer notre consommation de pétrole, afin d'en laisser suffisamment pour satisfaire les besoins des générations futures (voir le chapitre 16).

La prodigieuse ingéniosité de l'industrie chimique lui permettrait de s'affranchir assez aisément du pétrole. Des solutions sont d'ores et déjà en vue. Ainsi, pour remplacer les matières plastiques, on aurait recours à des polymères produits par des micro-organismes et qui présenteraient le précieux avantage d'être biodégradables.

Recours à la biomasse

Au XIXe siècle, puis au XXe siècle, jusqu'à la Seconde Guerre mondiale, on assista au primat de la carbochimie, une industrie dérivée de la houille. Le relais fut pris par la pétrochimie, dont on peut espérer que le règne ne durera pas plus d'un siècle au total : le pétrole fut et reste encore la matière première prédominante de toute l'industrie chimique (voir le chapitre 16). À présent que l'on entrevoit le tarissement des gisements de carburants fossiles bon marché (gaz naturel et pétrole) et que la réduction des émissions atmosphériques de CO_2 est impérative, l'industrie chimique cherche quelle sera sa prochaine matière première. Car, aux environs de 2040, la diminution des réserves d'hydrocarbures fossiles aura sans doute contraint l'industrie chimique à se trouver de nouvelles sources de carbone. La biomasse figure en bonne place parmi les éventuels candidats.

La biomasse rassemble les productions forestières, agricoles et de déchets urbains (ordures organiques). Elle sert d'ores et déjà à produire des composés chimiques tels que l'éthanol (alcool ordinaire), le sucrose et le glucose, et même des polymères comme l'acide polylactique. L'élaboration de produits chimiques à partir de produits biologiques n'est pas nouvelle ; en témoigne la production de 130 millions de tonnes de sucre par an à partir de la canne à sucre et de la betterave.

À partir de ce sucre, on peut fabriquer du glucose, puisque chaque molécule de sucre (ou sucrose) consiste en une molécule de glucose couplée à une molécule de fructose. En présence de levure, le glucose comme le sucre subissent la fermentation alcoolique. C'est ainsi que sont produits au moins 3 milliards de litres d'alcool chaque année. Le glucose peut également être converti sous forme de tensioactifs, les alkylpolyglucosides (dont on produit 50 000 t par an).

La première production commerciale d'éthanol réalisée à partir de la cellulose du bois fut réalisée en

Allemagne, il y a plus d'un siècle (en 1898 exactement). Elle fournissait déjà 7,6 l d'éthanol pour 100 kg de déchets de bois par une hydrolyse de la cellulose effectuée à l'aide d'acides dilués. Le procédé a été bien amélioré depuis : le recours à des enzymes purifiées ou à des micro-organismes s'est généralisé à partir des années 1990. Parmi ces derniers, outre la levure de bière *Saccharomyces cerevisiae* sont également utilisés la bactérie *Zymomonas mobilis* et l'inévitable colibacille *Escherichia coli*. L'ingénierie génétique a modifié certains micro-organismes de manière à obtenir de meilleurs rendements.

Aux États-Unis[9], moyennant de minimes modifications des pratiques agricoles et forestières, on pourrait affecter chaque année 1,3 milliard de tonnes de biomasse sèche à la production d'un éthanol cellulosique. Si l'on met en culture 400 000 km^2 de la graminée *Panicum virgatum* (panic érigé), on pourrait réduire d'un quart les importations américaines de pétrole par recours à l'éthanol comme additif ou substitut à l'essence. En Europe et en Asie, *Miscanthus x giganteus* pourrait avoir ce rôle : originaire d'Asie, cette herbe est un hybride stérile de *Miscanthus sinensis* et *Miscanthus sacchariflorus*. Elle atteint plus de 3 m de hauteur et se contente de peu d'eau ou d'engrais. Elle est déjà cultivée dans l'Union européenne comme source de combustible.

La biomasse peut également être utilisée comme matière première pour la fabrication de matières plastiques. Le processus débute avec la fermentation

---

9. Je cite les chiffres de ce pays car, outre leur avance indéniable, leurs statistiques sont d'un accès facile.

de glucose, qui fournit de l'acide lactique. Ce dernier est polymérisé en un polyester de masse moléculaire élevée, l'acide polylactique. C'est une matière plastique dont on fait, entre autres, des films pour envelopper les aliments. Elle a l'avantage d'être compostable et biodégradable en quelques semaines seulement. L'acide polylactique a aussi des applications biomédicales : il est utilisé dans la fabrication de sutures, de stents, de membranes de dialyse et de dispositifs d'administration de médicaments. Il est également en cours d'évaluation en tant que matériau pour l'ingénierie de tissus biologiques. Une usine du Nebraska (Nature Works) en produit 140 kt/an. Total a construit une usine pilote en Belgique pour sa production. D'autres usines se montent en Espagne et en Thaïlande, qui produiront aussi ce matériau.

Des liqueurs sucrées, issues de l'hydrolyse du bois (cellulose et lignine) permettent l'obtention de furfural (250 kt/an), une molécule aux multiples utilisations industrielles.

L'Allemagne fut le berceau de la chimie industrielle, qu'elle domina pendant les trois quarts de siècle qui ont précédé la Seconde Guerre mondiale. Elle reste une grande puissance de la chimie, au moins en Europe. La guerre économique que se livrent les multinationales est une compétition où il importe de courir plus vite que les autres ; mais, davantage encore, de s'assurer une avance technologique. C'est ce que fait l'Allemagne, en particulier dans son recours à la biomasse comme matière première. Elle table pour cela sur sa forêt, qui couvre près d'un tiers de son territoire. Avec 3,4 milliards de mètres cubes, elle a les plus importantes réserves de bois d'Europe. 3 500 hectares de forêts supplémentaires sont plantés chaque année, ce qui équivaut à une croissance de 60 millions de mètres cubes par an.

La technoscience contemporaine renoue ainsi avec la mythologie germanique d'une forêt amie de l'homme, dont les plantes (des champignons sauvages aux conifères en passant par les myrtilles et autres baies) et les animaux (écureuils, biches, daims, cerfs, sangliers…) sont les habitants familiers et bienveillants.

Assurer une meilleure rentabilité

Les grands acteurs de l'industrie chimique mondiale vont-ils se répartir les marchés par secteurs d'activité ? Cela relèverait d'une bonne logique économique. L'industrie pharmaceutique a montré la voie, ces dernières années : les portefeuilles de molécules détenus par les différentes firmes (voir le chapitre 5) se ressemblent peu, ce qui assure à chacune des rentes de situation pour quelque temps encore. Mais l'industrie chimique s'est montrée, jusqu'à présent, réticente à les suivre.

Le démantèlement d'IG Farben, après la Seconde Guerre mondiale, est encore dans les mémoires de certains. Ce géant de la chimie abusait de sa position de monopole. D'autre part, sa complicité avec les crimes des dirigeants du IIIe Reich fut avérée. Les industriels de la chimie ont à cœur de ne pas créer à nouveau un tel empire hégémonique.

Mais ils ont suffisamment soupé des vertus de la concurrence et de l'infernale cyclicité où elle les enferme[10]

10. « Cyclicité » est un concept standard des économistes. Il concerne toute production qui, au cours des années, passe par

pour commencer à lorgner vers une division équitable des parts de marché : avec la globalisation, le marché s'est étendu au point que son partage entre les principaux acteurs de la chimie mondiale devient fort tentante.

Puisque l'industrie chimique est l'« industrie de l'industrie », je me permets de rêver à une répartition équitable de ses acteurs entre les divers continents – trois ou quatre par continent, soit une vingtaine au total –, dont chacun aurait une spécialité propre : l'un travaillerait pour les matériaux de construction, un autre pour l'industrie automobile, un autre encore pour l'agriculture (engrais et pesticides) ou pour la papeterie, l'industrie alimentaire, l'ameublement, l'industrie aérospatiale, l'hygiène et la santé...

Une technoscience rivale

La chimie aime à se dire à la fois science et industrie. C'est donc, pour user d'une appellation courante aujourd'hui, une « technoscience ». Durant la seconde moitié du XXe siècle, après s'être bien frottée à la chimie, la biologie est devenue elle aussi une technoscience. Elle a même ravi sa première place à la chimie, au moins pour la rapidité de sa montée en puissance. Ce qui n'a pas manqué de rejaillir sur la chimie, qui s'est empressée de renforcer sa propre dynamique.

Mais biologie et chimie sont très différentes. Si l'on excepte l'effort gigantesque de déchiffrement du

---

des hauts et des bas. Lorsque la demande est élevée, les bénéfices sont importants, ce qui incite à se donner des moyens accrus de production, d'où une surproduction ; et, à l'inverse, la production est à perte dès que la demande fléchit.

génome, la biologie est exploitable et lucrative dans des unités beaucoup plus petites que celles de la chimie. C'est l'une des raisons pour lesquelles les start-up de biologie attirent bien davantage les investisseurs qu'une innovation quelconque en chimie.

Depuis deux ou trois décennies, la technoscience biologique a contribué à fortement rénover la chimie industrielle. D'assez nombreux composés chimiques sont d'ores et déjà produits à l'échelle industrielle par diverses biotechnologies. C'est le cas, par exemple, d'un composé en C_3, le propanediol-1,3 : il est fabriqué par une souche génétiquement modifiée d'*Escherichia coli* à partir de sirop de maïs (procédé DuPont Tate & Lyle Bioproducts). Ainsi 120 000 t de propanediol-1,3 ont été produites de la sorte pour la seule année 2007. L'énergie nécessitée par ce procédé est de 40 % inférieure à celle des procédés classiques ; en outre, il réduit les émissions de gaz à effet de serre de 20 %. On peut aussi obtenir le même composé à partir du glycérol (un sous-produit du biodiesel) en utilisant des bactéries *Clostridium diolis.*

Les Japonais sont des pionniers dans l'application des biotechnologies à la chimie. Buveurs de bière, ils sont experts en microbiologie et dans les techniques de fermentation mises en œuvre par les brasseries.

Sous l'influence de la biologie et sous la pression politique des écologistes, très présents en Europe, la chimie industrielle tente de se rapprocher autant que faire se peut de l'idéal de la « chimie verte ». Quel est-il ?

Il s'agit de faire en sorte que, peu à peu, les rejets se limitent à de l'eau et à de l'air sous la forme des gaz qui le composent : diazote et dioxygène. Ajoutons à cela le vœu de recapture du CO_2 éventuellement émis. Cette recapture serait généralisée : toute centrale électrique thermique serait dotée d'un système permettant de l'effectuer, et cela dans un avenir assez proche. Dans une première phase, le CO_2 ainsi piégé serait emprisonné dans divers matériaux et stocké dans le sous-sol. Dans une seconde phase, il servirait de matière première carbonée, jouant le rôle actuellement tenu par les hydrocarbures fossiles.

La chimie verte se veut également une chimie douce. Traditionnellement, la chimie industrielle effectue ses transformations à des températures élevées et sous de fortes pressions. Elle prendra désormais modèle des organismes qui effectuent toutes leurs transformations chimiques à des températures avoisinant 37 °C et non à des centaines de degrés. Par ailleurs, les réactions biochimiques se font en milieu aqueux. La chimie industrielle vise à les imiter aussi sur ce point, en s'affranchissant des solvants organiques, parfois toxiques et toujours nocifs vis-à-vis de l'environnement.

Chimie C_1 ou chimie C_2 ?

Le nombre d'atomes de carbone présents dans les molécules des matières premières et des grands intermédiaires (c'est-à-dire des molécules non valorisées directement, comme l'oxyde d'éthylène) joue un rôle déterminant dans les mutations en cours. En effet, la chimie dépend de la valeur de ce nombre. Ainsi, par exemple, la pétrochimie, encore dominante aujourd'hui, est une chimie dérivée de l'éthylène, un composé en C_2 ; on la qualifie donc de « chimie C_2 ». Lorsque l'éthanol produit à partir de la biomasse le sera en quantité suffisante (en centaines de kilotonnes par an), une chimie C_2 de remplacement, fondée sur l'éthanol, commencera à prendre place.

Il existe aussi une chimie C_1, mais qui relève davantage de la R&D que d'une réelle exploitation à grande échelle. Cette chimie C_1 s'est édifiée avec, pour matière première, le méthane (CH_4) ou, davantage encore, le méthanol (CH_3OH). D'assez nombreux procédés de production du méthanol à partir du monoxyde de carbone CO et de l'eau ou du dihydrogène H_2 en présence de divers catalyseurs existent déjà. On peut escompter une montée en puissance de cette chimie C_1.

La véritable chimie de l'avenir est peut-être la chimie C_6, avec le glucose comme matière première, le benzène C_6H_6 lui servant sans doute de plaque tournante.

Quelle innovation ?

La chimie a appris la leçon des industries électronique et informatique : une bonne santé budgétaire passe par l'incessant renouvellement des produits mis sur le marché. L'économiste Joseph Schumpeter avait introduit la notion de destruction créative d'emplois. Nous assistons dorénavant à la destruction créative de produits manufacturés : leur espérance de vie commerciale est passée dans un premier temps du siècle à la décennie, puis à l'année. L'industrie chimique est aspirée dans cette spirale de l'innovation continuelle.

Mais quelle innovation peut la concerner ? Une innovation de procédé ? de produit ? Donnons un exemple de la première. Le méthacrylate de méthyle, un composé en C_5, est un ingrédient de très nombreux polymères (voir le chapitre 8), dont le plexiglas. Il était fabriqué jusqu'ici par un procédé datant de 1933, mis au point par la firme britannique ICI (Imperial

Chemical Industries). Ce procédé fournissait un produit secondaire, le sulfate acide d'ammonium, qui sert d'engrais à des régions productrices de riz et à des sols pauvres en soufre. Mais cette utilisation ne suffit pas, il faut résorber les excédents de ce composé. Or cela coûte la moitié de l'investissement en capital dans une usine de fabrication de méthacrylate de méthyle, ce qui est excessif. La mise au point d'un nouveau procédé vient d'être finalisée, au bout de dix-huit ans de recherche et de travaux, depuis les premières études jusqu'à la construction de l'usine, à Singapour. Sa capacité de production de méthacrylate de méthyle est de 120 kt/an. Une seconde unité est prévue, en Arabie Saoudite, pour 250 kt/an.

La moitié du temps d'élaboration fut consacrée à choisir la meilleure des voies de production possibles parmi les très nombreuses candidates. Dans une première étape, de l'éthylène, du méthanol et du monoxyde de carbone sont combinés pour obtenir du propionate de méthyle, un composé en C_4. La réaction est catalysée par un complexe du palladium. Le nombre de cycles catalytiques, initialement 4 000, ce qui est extrêmement faible, fut considérablement augmenté en améliorant le catalyseur, pour atteindre 10 millions (ce qui évite d'avoir à constamment remplacer le catalyseur qui, de plus, est extrêmement onéreux). La seconde étape consiste en une addition de formaldéhyde au composé en C_4 pour fournir le produit désiré ; elle est catalysée par du césium fixé sur de la silice. Là aussi, le catalyseur dut être amélioré : sa durée de vie, qui était d'une quinzaine de jours seulement, est passée à trois ans. Tout cela prit neuf ans. On arriva alors, en 2001, au stade du pilote, qui produisait 10 kg par jour (3,5 t/an).

Tout cela est très coûteux, à l'échelle du gigantisme des sociétés de chimie industrielle : elles doivent avoir les reins sacrément solides pour assumer de tels frais de recherche et développement. Mais cette innovation est indispensable pour maintenir leur santé financière. Quelques chiffres : chez DuPont de Nemours, le budget R&D est de 1,4 milliard de dollars par an. En 2009, cette multinationale introduisit sur le marché 1 400 produits et applications nouveaux. Ce qui permet d'évaluer – le calcul est aisé – l'investissement moyen à consentir pour la venue au monde de chacun de ces nouveaux produits : 1 million de dollars – on s'en doute, certains d'entre eux coûtent bien davantage à concevoir et à mettre au point.

Toujours chez DuPont, en 2009, 22 % du chiffre d'affaires était imputable à des produits nouveaux, 39 % à des produits introduits après 2004 ; 60 % des produits introduits chaque année remplacent des produits déjà existants tandis que 40 % sont radicalement nouveaux.

Ce qui m'amène au deuxième type d'innovation, l'innovation de produit. Elle représente, j'en suis persuadé, l'avenir de l'industrie chimique, à court et moyen termes.

Un exemple ? En Inde, la société Tata Chemicals a mis au point un purificateur domestique d'eau de boisson. Avec une capacité de 3 000 l, se déconnectant automatiquement lorsqu'il est épuisé, il est fait d'un mélange d'un matériau siliceux tiré de la balle de riz et de minuscules grains d'argent. Ce dispositif illustre la volonté de l'industrie chimique de se rapprocher des consommateurs, en leur fournissant elle-même des produits directement utilisables, plutôt qu'en se contentant de fournir des industries en aval.

L'innovation de produit se fait aussi selon une mentalité plus traditionnelle. Eastman Chemical introduit ainsi en ce moment un nouveau monomère, dont le nom scientifique est le tétraméthyl-2,2,4,4-cyclobutanediol, qui permet de fabriquer de nouveaux polymères ayant toutes sortes d'applications domestiques et de loisirs. Le plus intéressant est l'accélération de la R&D dont cette mise au point témoigne : elle ne prit que quatre ans. Mais elle coûta à cette société la bagatelle d'une centaine de millions de dollars.

L'avenir de l'industrie chimique est assuré, car notre civilisation tout entière en a un besoin vital. Nous pouvons pressentir le nouveau visage qu'elle prendra : elle aura verdi quelque peu, sera plus économe en énergie, aura considérablement diminué sa trace carbone et s'oxygénera grandement en réduisant sa dépendance envers les hydrocarbures, qui seront remplacés par des productions de la biomasse, majoritairement des sucres.

Ce faisant, la chimie industrielle utilisera non plus des unicellulaires ayant vécu il y a des milliards d'années et dont les organismes décomposés ont formé le pétrole, mais d'actuels unicellulaires (microalgues) et pluricellulaires (plantes) dont le solaire est la source d'énergie (photosynthèse) leur permettant d'effectuer la biosynthèse des sucres.

N'exagérons pas la mutation en cours. Le basculement sera lent, tout comme lorsque la pétrochimie remplaça, progressivement, la carbochimie, sans que le grand public en ait eu véritablement conscience dans un premier temps. Cela changea lorsque l'introduction des polymères – matières plastiques et fibres textiles –

remplaça partiellement l'environnement naturel, qui fut celui d'*Homo sapiens* durant des millénaires, par la chimiosphère, dans laquelle nous vivons désormais.

La chimie verte

La chimie verte – comme d'ailleurs la vaste majorité des sous-disciplines dont s'enorgueillit la chimie française – est un produit d'importation. C'est une *me-too chemistry*, s'il en est. Mais qu'est-elle, et d'où vient-elle ?

Elle provient, non pas des États-Unis, comme d'autres modes plus ou moins récentes, mais d'Angleterre. Ses progéniteurs, vers le début des années 1990, furent Tony Bastock, entreprenant fondateur d'une petite société, Contract Chemicals, spécialisée dans la chimie fine, à proximité de Manchester, et un enseignant-chercheur de l'université d'York, James Clark.

Ils dénommèrent *green chemistry* ce qui existait déjà sous une autre appellation, moins dans le vent, on parlait seulement de procédés chimiques « dans des conditions douces » – c'est-à-dire proches des conditions physiologiques, température ordinaire et pression atmosphérique.

Hybride comparable à la *cuisine fusion*, la chimie verte participe du rapprochement chimie-biologie, qui s'accentua au fur et à mesure de la seconde moitié du XXe siècle. Lorsque commença à s'introduire, dans les années 1970-1980, une *green chemistry*, elle offrait un vigoureux contraste avec la chimie industrielle de l'époque, dont le régime usuel était des températures de plusieurs centaines de degrés, et des pressions de dizaines d'atmosphères.

La chimie verte n'est pas redevable d'une définition positive, précise et univoque. Mais elle réunit plusieurs des caractéristiques suivantes : recours préférentiel à l'eau comme solvant et, sinon, à des solvants (sels fondus et autres liquides ioniques) moins nocifs et dangereux que les solvants organiques ; économie de l'hydrogène, obtenu de préférence par photoclivage de l'eau ; recyclage des déchets ; biopolymères et biomatériaux ; technologies respectueuses de l'environnement ; synthèses économes d'atomes, une notion introduite par Barry Trost en 1995 : idéalement réactants et produits partagent un même nombre d'atomes, disposés différemment.

Tout cela est idéologiquement marqué, *politiquement correct.* S'il incombe à l'industrie chimique de faire son ménage, elle se montre peu pressée : les unités de productions ont coûté des investissements faramineux, les directives Seveso de la Commission européenne puis, à présent, la procédure REACH sont déjà bien coûteuses à assumer. Les industriels traînent donc les pieds, quitte à faire l'éloge de la chimie verte du bout des lèvres – et, en France, suivant une lamentable tradition, à faire faire cette recherche et développement d'un type un peu nouveau par des institutions publiques, le CNRS en premier lieu.

Indications bibliographiques

Réflexions & Débats

« Des solvants ioniques pour une industrie chimique plus verte », *Courrier international*, n° 767, 2005.

BENSAUDE-VINCENT B. et LAROUSSERIE D., « La chimie, un modèle pour le XXIe siècle », *Sciences et Avenir*, n° 700, 2005, p. 58-61.

NEFUSSI B., « La conquête de marchés étrangers dans l'industrie chimique », *Économie et statistique*, vol. 405, n° 1, 2007, p. 119-140.

RICROCH A. et BAUDOIN C., « Jusqu'où peut-on breveter le vivant ? », *Esprit*, n° 336, 2007, p. 128-137.

BONTEMS V., « L'imaginaire des nanotechnologies. Nanomonde ou nanocosme ? », *Études*, vol. 408, n° 4, 2008, p. 484-494.

GARIN F., LÉGARÉ P. et ZAFEIRATOS S., « La naissance de la chimie des surfaces », *La Recherche*, n° 415, 2008.

LE MEUR H., « Industrie chimique et nouvelle toxicologie », *La Recherche*, n° 442, 2010.

La Jaune et la Rouge, mensuel (non confidentiel !) des anciens élèves de l'École polytechnique, numéro d'avril 2011 (consacré à l'industrie chimique).

Chapitre 8

Les polymères

Les polymères seraient-ils, à l'instar de ce qu'est la langue pour Ésope, la meilleure et la pire des choses ? La meilleure, certes, cela est corroboré par les chiffres de production – fibres textiles ou matières plastiques, les polymères sont la locomotive de l'industrie chimique tout entière. Mais la pire aussi : lorsque les débris des plastiques échouent dans les océans, qu'ils y aient été jetés clandestinement (20 %) ou qu'ils aient transité par des décharges (80 %), ils en font des poubelles géantes.

C'est le cas de la zone que découvrit le navigateur Charles Moore en 1997, et qu'il dénomma *Great Pacific Garbage Patch* (le « Gros Amas de détritus du Pacifique »). Situé à la fois à l'est et à l'ouest de l'archipel des îles Hawaii, c'est une couche translucide épaisse de plusieurs mètres, flottant juste au-dessous de la surface des eaux et faite de petits bouts de plastique de quelques centimètres chacun, reliquats de sacs poubelles et de sachets en plastique. Cet amas contiendrait plus de 100 millions de tonnes de débris irrécupérables avec les présentes technologies, car trop petits et trop divers en termes de familles de matériaux. Il est piégé dans cette portion de l'océan Pacifique par le jeu des courants : courant du Pacifique nord, en provenance de Californie, courant nord équatorial et Kuroshio. La zone polluée a une superficie impressionnante : elle atteindrait trois millions de kilomètres carrés. Nous n'avons pas lieu d'être fiers de l'âge du plastique qui est le nôtre ; et encore moins de la société de consommation, dont il est l'un des effets les plus navrants.

Définition

Qu'est-ce qu'un polymère ? Ce nom est transparent : *poly-* signifie « plusieurs » et *-mère* désigne un « module ». La molécule d'un polymère enchaîne des modules successifs, à la queue leu leu. Le module élémentaire a pour nom « monomère » – l'éthylène $H_2C{=}CH_2$ en est un exemple. Sa polymérisation forme du polyéthylène, de formule $(\text{-}H_2C\text{-}CH_2\text{-})_n$, où le nombre n de modules est très grand : des centaines de milliers, voire des millions. Le polymère est linéaire lorsqu'il est fait d'une chaîne unique ; il est ramifié lorsqu'il présente des embranchements.

Diverses analogies aident à se représenter un polymère : celle d'un collier de perles, dont chacune correspond à l'un des modules, tel le $\text{-}H_2C\text{-}CH_2\text{-}$ de notre exemple ; celle d'un train dont les wagons se suivent, attachés les uns aux autres. Tout comme les wagons qui composent un train ne sont parfois pas tous les mêmes, les polymères ne sont pas nécessairement uniformes. Si l'on note le polyéthylène, qui est uniforme, A_n avec $A = H_2C\text{-}CH_2$, on peut noter de façon semblable les polymères associant deux monomères différents, A et B. De tels co-polymères peuvent avoir des séquences très diverses, telles que :

-A-B-A-B-A-B-

-A-A-A-A-A-B-B-B-B-B-

-A-A-A-B-A-B-A-A-A-B-A- …

La nature du catalyseur de polymérisation utilisé détermine ces séquences qui, à leur tour, dictent les propriétés du polymère, comme sa température de fusion, sa résistance à l'étirement ou sa plasticité.

Cette notation peut se généraliser à des polymères associant plus de deux monomères différents.

Polyamides

Lorsque Wallace Carothers inventa le nylon, vers la fin des années 1930, chez DuPont de Nemours, il s'inspira de la nature. Les polyamides – la classe des polymères que le nylon inaugura – sont le pendant artificiel de biopolymères, les polypeptides, constitués d'acides aminés (les protéines sont des polypeptides). Les uns et les autres sont faits de chaînes linéaires dans lesquelles un motif -CO-NH- est répété indéfiniment.

Lorsqu'une araignée file sa soie (un polypeptide), elle l'éjecte au travers d'un étroit conduit. Cette contrainte mécanique oblige les acides aminés constitutifs du polypeptide naissant à s'aligner – ce qui crée le fil, dont l'araignée fait sa toile.

Diversité des usages du nylon

Parmi les polymères, il est utile de distinguer les *commodités*, productions à très gros tonnages comme celles du polyéthylène et du polypropylène, et les *polymères d'ingénierie*, dont les volumes sont moins impressionnants, mais qui sont caractérisés par des propriétés – mécaniques, de stabilité thermique ou chimique, de mise en forme industrielle, de texture et d'aspect... – autorisant des applications bien plus élaborées qu'un simple sac en plastique ou qu'un film alimentaire.

Les polymères d'ingénierie sont souvent des matériaux de substitution. Surtout durant la seconde moitié du XXe siècle, ils remplacèrent progressivement des matériaux traditionnels : les métaux par des polyamides comme le nylon ou le kevlar ; la corne et l'ivoire par du nylon ; le bois par des polyamides et du PVC ; le verre par les polycarbonates…

Les polyamides ont pour eux leur légèreté, une grande stabilité chimique et thermique, une exceptionnelle souplesse d'utilisation, et ils sont adaptables à des morphologies et à des utilisations très diverses. Aujourd'hui encore, le nylon reste prisé des designers industriels, qui créent les nouveaux objets de la vie quotidienne.

Un nouvel exemple de cette plasticité, avec ou sans jeu de mot, est la chaise Végétal, commercialisée par la société suisse Vitra. Elle est l'œuvre de deux jeunes Bretons, les frères Bouroullec, Ronan et Erwan. Ils s'associèrent en 1999 pour fonder un studio de design à Paris.

L'idée de ce siège leur vint d'une pratique éminemment kitsch, digne du facteur Cheval, qui aurait fait la joie d'André Breton ou de Salvador Dali. Les frères Bouroullec furent fascinés par des sièges qu'ils découvrirent aux États-Unis. Dans ce pays, au XIXe siècle, de jeunes arbres étaient maintenus plusieurs années durant dans une forme, afin que, durant leur croissance, leur silhouette épouse celle d'une chaise ou d'un fauteuil. Il sembla aux deux frères que cette technique correspondait parfaitement à la vogue actuelle de tout ce qui *semble* écologique et dans le vent. J'écris bien « semble », car cette mode, par nature, s'accompagne de son cortège de piège aux alouettes, publicité, choix d'une clientèle de bobos…

Il fallut quatre ans aux frères Bouroullec pour accoucher de ce siège de jardin (ou pour café branché), fait de nylon renforcé par de la fibre de verre. Des branches plates s'entrelacent pour former une coque d'assise asymétrique, dessinant un cercle irrégulier. Vu de l'arrière, Végétal rappelle une feuille aux tiges et nervures entrecroisées. Ce siège est empilable, on s'en doute, et se décline en six coloris.

Même les voitures !

Les dirigeants de DuPont de Nemours auraient-ils pu rêver, dès les années 1940, du jour où l'on fabriquerait des véhicules – automobiles, camions, avions – dans la même matière que les bas en nylon, qui connaissaient alors un succès phénoménal ? Il fallut trois quarts de siècle pour passer de cette utopie de science-fiction à la réalité.

Sous l'impact des chocs pétroliers successifs, mus aussi par l'impératif d'avoir à réduire les émissions de gaz à effet de serre, les constructeurs d'automobiles allègent constamment leurs voitures, qui, de ce fait, sont moins gourmandes en carburant. Le nylon et d'autres polyamides viennent remplacer les métaux, l'acier et même l'aluminium.

Et pour les vitres ? Dans les années 1950, les sociétés Bayer et General Electric mirent au point une nouvelle classe de polymères, les polycarbonates. Le bisphénol A (le monomère qui compose les polycarbonates) – dont il sera question à nouveau au chapitre 18 pour sa nocivité œstrogéno-mimétique – est le monomère que l'on polymérise en présence de phosgène (de formule $COCl_2$). Les polycarbonates sont d'excellents substituts du verre : ils sont plus légers que lui, résistants à la chaleur, solides, polissables, ils peuvent être moulés et sont surtout d'une transparence de cristal. Seul inconvénient : ils se rayent facilement et vieillissent rapidement sous l'attaque des intempéries. Qu'à cela ne tienne : on les dote d'une couche protectrice de silicone ou d'un autre matériau. Moyennant quoi, dans une voiture, on en fait aujourd'hui les verres des phares et toutes les vitres (y compris la lunette arrière et le pare-brise).

Il a donc fallu que s'écoulent cinq ou six décennies après leurs premières productions industrielles pour que les polymères trouvent de telles applications… Que l'innovation est lente à s'implanter ! L'amortissement des machines-outils et des installations exige de tels délais.

Une branche industrielle mûre

On peut aujourd'hui affirmer que l'industrie des polymères est parvenue à maturité et cela principalement pour trois raisons. La première est l'ancienneté de cette branche. Les premières matières plastiques – celluloïd, puis bakélite – naquirent et furent mises sur le marché à la fin du XIXe siècle. Le cinéma utilisa le celluloïd comme support de ses images.

Dans les années 1920, Hermann Staudinger conçut la notion, révolutionnaire à l'époque, de macromolécule. Dans les années 1930, Wallace Carothers inventa les polyamides et eut l'idée des polyesters. Dans les années 1940, on commença à produire industriellement le polyéthylène. Les années 1950 virent l'avènement de l'âge du vinyle, dont les multiples utilisations incluent par exemple les revêtements des toits des maisons ou les carreaux des sols des cuisines et des salles de bains. Depuis un demi-siècle, les sachets en plastique ont remplacé les sacs en papier chez les détaillants.

Une seconde manière qu'a cette maturité de s'exprimer serait la stabilité des productions ; depuis des décennies, on les retrouve inchangées : polyéthylène et polypropylène ; polyamides ; polyesters, dont les polycarbonates ; acryliques et acrylates ; polyuréthanes ; polystyrène…

La troisième expression de maturité résiderait dans le déclin annoncé de cette industrie des polymères, dû essentiellement au renchérissement de la matière première, aux récessions économiques à répétition et au « verdissement » de la chimie industrielle.

Le baril de brut, qui se vendit longtemps aux alentours de 20 dollars, se tient désormais autour de 75 dollars, après avoir atteint des pics rejoignant les 150 dollars. L'actuelle récession frappa de plein fouet l'industrie des polymères : la production des plastiques chuta de 10 % en 2009 par rapport à l'année précédente. Et la poussée vers le recyclage, abondamment justifiée, la mise au point de matières plastiques photo- et biodégradables, le recours à des bioplastiques (thème que j'aborderai à nouveau plus loin) ne peuvent que freiner à terme la production des polymères artificiels traditionnels.

Cette industrie serait-elle vouée à la disparition pure et simple, ou plutôt à un relatif effacement, comme ce fut le cas pour la métallurgie ? Les nanotechnologies, dont on parle tant (voir le chapitre 10), prendront-elles le relais pour nombre d'applications ? L'industrie des polymères saura-t-elle se réinventer, assurant ainsi sa pérennité tout au long du XXIe siècle ?

Récipients

L'exemple de la bouteille de Coca-Cola est assez instructif, car, depuis son invention, lors de la seconde révolution industrielle (à la fin du XIXe siècle), cette bouteille représente un condensé de l'évolution des matériaux. Longtemps en verre, elle fut fabriquée en plastique il y a quelques décennies, tout comme sa rivale, la bouteille de Perrier, ou plus exactement en polyéthylène téréphtalate (PET), à la fois clair et transparent, de bonne résistance mécanique tout en demeurant souple et non cassant. Cette transition ne fut en fait qu'une mutation. À son corps défendant, la firme d'Atlanta avait créé un désastre écologique larvé, comparable à celui qu'induisirent, à la même époque, les emballages en polystyrène des fast-foods.

Soucieux de préserver son image de marque et d'éviter d'apparaître comme responsable d'une importante pollution, Coca-Cola décida de se positionner en pionnier dans le recyclage des plastiques.

Dans un premier temps, cette société construisit une usine de retraitement des bouteilles usagées d'une capacité de 40 000 t par an – le poids de deux milliards de bouteilles de Coca-Cola vides.

Dans un second temps, Coca-Cola modifia la composition de la bouteille d'un autre de ses produits, l'eau Dasani : elle est toujours fabriquée en PET, mais avec une composante éthylène glycol dérivée non plus du pétrole, mais de la biomasse – plus précisément de mélasses originaires du Brésil et de l'Inde, et issues de la culture de la canne à sucre. L'objectif affiché de Coca-Cola est d'embouteiller les boissons qu'elle commercialise dans des matériaux recyclables et renouvelables à 100 %.

Un grand chercheur

Le meilleur chimiste français du domaine des polymères est incontestablement Jean Fréchet. Ses qualités humaines sont à la hauteur de son immense talent scientifique. J'esquisse ici son portrait, qui me permettra dans le même temps de mettre en exergue quelques-unes des amorces de renouveau de la chimie des polymères.

Fréchet fit des études d'ingénieur chimiste à Lyon, à l'Institut de chimie et physique industrielles. Après y avoir obtenu son diplôme en 1967, il partit pour l'université de Syracuse, aux États-Unis, où il obtint un *master of sciences* en chimie organique (en 1969), puis un doctorat en chimie des polymères (en 1971). Sa carrière universitaire débuta en 1973, à l'université d'Ottawa, au Canada, où il devint professeur titulaire en 1982. En 1979, Fréchet profita d'une année sabbatique pour faire un stage dans les laboratoires d'IBM, à San Jose, en Californie. Il y travailla, en collaboration avec C. G. Willson, à la mise au point de photorésines. Il imagina alors que l'absorption d'un photon lumineux pourrait déclencher une réaction en chaîne et eut l'idée de faire en sorte qu'un polymère instable à la température ambiante, la polyphtalaldéhyde, puisse se débobiner (c'est-à-dire se couper en petits morceaux) sous l'action de la lumière.

En 1987, l'université Cornell, à Ithaca, l'engagea comme professeur, suivie, en 1997, par l'université de Californie, à Berkeley, dont le département de chimie est l'un des meilleurs du monde. Il occupe à présent une volée de postes importants à Berkeley et fut récemment nommé vice-président et responsable de la recherche d'une université flambant neuve, l'université de science et technologie du roi Abdallah, qui s'ouvrit en septembre 2009 en Arabie Saoudite. Parmi les secteurs de recherche lancés par Fréchet – adaptés aux problèmes saoudiens –, on peut citer la fourniture d'eau potable et la désalinisation de l'eau de mer, ou encore la génomique des organismes sous stress, telles les plantes poussant en milieu désertique.

Fréchet serait l'artisan d'une renaissance de la chimie des polymères ; en témoignent quelques-unes de ses contributions récentes, dont chacune pointe dans une direction nouvelle.

Il synthétisa le poly [3 – (4-n-octyl)-phényl-thiophène], par une réaction dite de « métathèse », c'est-à-dire de coupure, puis de raboutage reliant différemment les segments obtenus par la coupure. Ce polymère, qui fait preuve d'intéressantes propriétés électroniques, optiques et d'aptitude au photovoltaïque organique, constitue un matériau polymérique organique performant et bon marché pour la composition des panneaux solaires.

Dans un travail cousin du précédent, Fréchet synthétisa et caractérisa des polymères incluant des atomes de platine : chacune des paires d'atomes de carbone C et d'azote N composant ce polymère est porteuse d'un atome de platine. Il s'agit de polymères dont la colonne vertébrale permet la circulation des électrons et donc d'un courant électrique. Ces polymères induisent la formation de dioxygène dont l'état électronique est qualifié de « singulet », pour exprimer que l'oxygène est hyperexcité (encore plus réactif) à la suite de l'absorption d'un photon. Ces polymères ont des performances photovoltaïques leur permettant de convertir l'énergie lumineuse avec des rendements supérieurs à 1,3 %.

Fréchet et son groupe firent la synthèse d'un polymère en étoile, modulaire, dont l'intérieur est hydrophobe (il exclut l'eau). Les noyaux de ces « étoiles » peuvent être fonctionnalisés à volonté, indépendamment d'autres modifications de la structure du polymère. On place comme on veut, à l'intérieur des molécules de ce polymère, des environnements locaux excluant l'eau, même lorsque ces molécules se trouvent en solution dans l'eau. On peut aussi y isoler les uns des autres des sites catalytiques incompatibles.

Dans le domaine des nanotechnologies (voir le chapitre 10), Fréchet mit au point une méthode de fonctionnalisation des nanotubes de carbone multiparois par du Kevlar. Formant une gaine organique autour des nanotubes, il créa ainsi un nouveau matériau composite prometteur.

Il s'intéressa à des polymères de la classe des dendrimères – des polymères aux chaînes arborescentes – qu'il modifia en vue d'applications biologiques et qu'il rendit biodégradables par greffe de chaînes poly(éthylèneglycol). De telles macromolécules, dendritiques à l'instar des neurones, sont faciles à synthétiser et peuvent servir de transporteurs pour toutes sortes de médicaments, dans des quantités importantes. Lorsqu'on injecte un médicament anticancéreux comme la doxorubicine dans la circulation sanguine, il traverse l'organisme en manquant le plus souvent sa cible et en endommageant d'autres cellules au passage, avant d'être rapidement excrété par les reins. Mais, lorsqu'on fixe ce même médicament au dendrimère de Fréchet, celui-ci lui sert de parachute, permettant aux molécules actives de s'attarder dans la circulation sanguine, augmentant ainsi sa probabilité de capture par le système désordonné de capillaires vascularisant les cellules tumorales. Fréchet appliqua cette association inédite au traitement du carcinome du colon murin C26 chez la souris, parvenant à supprimer la plupart des tumeurs en soixante jours.

Le futur est déjà là

L'industrie des polymères va-t-elle donc de la sorte retrouver ses sources et se « biologiser », si l'on me permet le néologisme ? Au début du XXe siècle, les premières fibres textiles artificielles dérivèrent d'un polymère naturel ou « biopolymère » : la cellulose du bois. Les soies artificielles qui furent fabriquées alors, comme la rayonne ou la fibrane, étaient des modifications chimiques de la cellulose par divers procédés, dont celui nommé « viscose ».

Le souci actuel de recourir à des formes d'énergie et à des matériaux renouvelables conduit les chimistes à s'intéresser aux bioplastiques. Ce sont des biopolymères élaborés par des micro-organismes. Des bactéries comme *Ralstonia eutrophus* ou *Bacillus megaterium* les utilisent pour stocker leur énergie : lorsque ces polymères sont débobinés à l'aide d'enzymes, ils relarguent l'énergie chimique recelée dans les liaisons entre les monomères.

C'est le cas de l'acide poly-hydroxybutyrique

(PHB), dont la formule s'écrit H-[O-$CHCH_3$-CH_2-CO]$_n$-OH. Un microbiologiste français, Maurice Lemoigne, le décrivit en 1925. On le redécouvrit trois quarts de siècle plus tard ; on l'envisagea alors comme un éventuel matériau de remplacement des matières plastiques polluantes, non biodégradables.

On peut espérer que de tels bioplastiques nous affranchiront bientôt, au moins partiellement, du pétrole comme unique matière première pour l'industrie des polymères. Le PHB s'obtient par fermentation, c'est-à-dire par des techniques microbiologiques semblables à celles par lesquelles les brasseries font de la bière.

Le PHB a pour intérêt majeur d'être biocompatible (non rejeté par l'organisme). Dénué de toxicité, il a de multiples applications médicales : on l'utilise pour des sutures internes lors des interventions chirurgicales ; ou encore pour des implants et des prothèses.

Mais il a de nombreux autres atouts qui permettent d'en prédire une large utilisation commerciale. Insoluble dans l'eau, il résiste bien à l'hydrolyse, c'est-à-dire à la dégradation qui libérerait son monomère, l'acide hydroxy-3-butyrique HO-$CHCH_3$-CH_2-COOH. Sa résistance à l'étirement est comparable à celle du polypropylène, dont on fait, entre autres, les tissus en polaire : nous vêtirons-nous d'une matière d'origine bactérienne dans un proche avenir ? Le PHB présente une perméabilité à l'oxygène satisfaisante. Sa température de fusion (175 °C) est élevée.

Le PHB se résorbe assez rapidement dans l'environnement. En milieu aqueux acide ou basique, il s'hydrolyse rapidement. Plus dense que l'eau, il s'enfouit dans les vases et les sédiments, où les bactéries anaérobies prolifèrent, qui trouvent en lui une source d'énergie pour leur métabolisme. Cette biodégradabilité du PHB en fait un matériau d'avenir.

Le PHB n'est pas le seul bioplastique. Diverses plantes peuvent être cultivées et mises à contribution pour produire d'autres bioplastiques. Le blé, le maïs, la canne à sucre, la patate douce sont parmi les premières à être explorées.

Bien des exemples présentés dans ce chapitre ont illustré l'aptitude des polymères à faire preuve de fonctionnalités de toutes sortes, chacune d'entre elles étant autorisée par un groupement d'atomes spécifique.

C'est dans cette riche diversité que la science des polymères trouvera son avenir, et non dans la production de masse. Il lui faut privilégier la qualité, prodigue en valeur ajoutée, à la quantité, qui fut son irrésistible tentation jusqu'ici.

Ce domaine peut s'enorgueillir d'être représenté par quelques chefs-d'œuvre fignolés à l'échelle moléculaire par des émules des compagnons (du devoir, du tour de France…) comme Jean Fréchet. C'est ainsi que la chimie des polymères pourra rivaliser avec la chimie des formulations, qui fait l'objet du chapitre suivant.

Indications bibliographiques

Sources

TULLO A. H., « Engineering polymers », *Chemical & Engineering News*, vol. 87, n° 25, 2009, p. 15-20.

SHEN Z. et JORDAN R. F., « Self-assembled tetranuclear palladium catalysts that produce high molecular weight linear polyéthylène », *Journal of the American Chemical Society*, vol. 132, 2010, p. 52-53.

WILMS D., STIRIBA T. S.-E. et FREY H., « Hyperbranched polyglycerols : from the controlled synthesis of biocompatible polyether polyols to multipurpose applications », *Accounts of Chemical Research*, vol. 43, n° 1, 2010, p. 129-141.

Réflexions & Débats

STEINMUELLER W. E., « Les économies fondées sur le savoir – leurs liens avec les technologies de l'information et de la communication », *Revue internationale des sciences sociales*, vol. 1, n° 171, 2002, p. 159-173.

GOOTENBERG P., « La filière coca, du licite à l'illicite : grandeur et décadence d'une marchandise internationale », *Hérodote*, vol. 1, n° 112, 2004, p. 66-83.

SPAR D. et BEBENEK K., « Profitable springs : the rise, sources, and structure of the bottled water business », *Entreprises et Histoire*, vol. 1, n° 50, 2008, p. 100-118.

MARTY N., « L'eau embouteillée : histoire de la construction d'un marché », *Entreprises et Histoire*, vol. 1, n° 50, 2008, p. 86-99.

BUCHLI V. et BENGUIGUI M., « La culture matérielle, la numérisation et le problème de l'artefact », *Techniques & Culture*, vol. 2, n° 52-53, 2009, p. 212-231.

VALENTIN M., « Bouteilles et sachets en plastique », *Autrepart*, vol. 3, n° 55, 2010, p. 57-70.

LOUIS D. et LOMBART C., « Impact de la personnalité de la marque sur la satisfaction et la fidélité du consommateur », *Management & Avenir*, vol. 1, n° 31, 2010, p. 31-49.

Chapitre 9

Omniprésence des formulations

Les formulations ont envahi notre vie quotidienne. On les trouve partout. Par exemple, sont des formulations un pneu, une sauce à salade, une crème solaire, des lunettes de soleil, un rideau de douche, bref tout ce que l'on trouve dans les rayonnages d'une grande surface et une grande partie des produits vendus dans une pharmacie.

Leur emprise ne fait qu'augmenter. Ainsi, les anticorps monoclonaux, utilisés de manière thérapeutique, font l'objet de formulations dont le but est de faire en sorte que des protéines, pourtant présentes à des concentrations élevées, restent dissoutes en milieu aqueux. Cette innovation permet aux patients qui en ont besoin de s'injecter eux-mêmes ces anticorps en sous-cutané, tout comme les diabétiques le font pour l'insuline.

États de la matière

Les formes que revêtent ces formulations chimiques sont extraordinairement diverses. Si l'on choisit de les caractériser par leurs états physiques, elles incluent des mélanges de solides, par exemple des *poudres* comme une poudre de maquillage, ou encore les dissolutions d'un solide par un autre, par exemple le bronze.

Qu'en est-il d'un liquide présent dans un autre liquide ? Une bouteille de vinaigre contient une formulation, faite principalement d'une dissolution de l'acide acétique dans l'eau. Outre de telles *solutions* vraies, on doit aussi considérer les *émulsions*, qui sont des dispersions d'un liquide dans un autre : une mayonnaise est une formulation.

Autre forme que peuvent prendre les formulations : les dispersions d'un liquide au sein d'un gaz. Bien des *aérosols* sont des formulations commerciales, qu'il s'agisse d'un lance-parfum du carnaval de Rio, d'une bombe à graffiti ou d'un inhalateur pour asthmatique. À l'inverse, les dispersions d'un gaz au sein d'un liquide forment des *mousses*, comme la mousse au chocolat, la crème Chantilly ou la crème à raser. D'autres formulations correspondent à un gaz dissous dans un liquide. Le gaz carbonique se dissout dans l'eau et, dans les supermarchés, des rayonnages entiers sont garnis de bouteilles emplies de telles formulations : les eaux minérales pétillantes et toutes les sortes de sodas, y compris celui dont le nom, ici indicible, est sur toutes les lèvres !

N'allons pas omettre les associations solide-liquide. Elles incluent de véritables solutions, comme les *sirops*, obtenus en dissolvant du sucre dans de l'eau – sirop de cassis, de mûre ou à la codéine –, et des *laits*, qui sont des suspensions de solides dans l'eau – le lait de magnésie, par exemple.

Enfin, pour être complet, citons également les associations liquide-solide, qui comportent des solutions vraies comme les *amalgames* de divers métaux dissous dans du mercure, dont usaient autrefois les dentistes pour obturer les caries, et des suspensions sous forme de *pâtes*, comme les dentifrices, les pâtes feuilletées ou brisées, sans parler des argiles. J'évoquerai plus loin les *crèmes*, qui sont une classe particulièrement importante de formulations pour les cosmétiques.

La chimie de la matière molle

Pierre-Gilles de Gennes, trop tôt disparu mais que j'ai suffisamment bien connu pour l'admirer sans réserve, a lancé les physiciens sur l'étude de la matière molle. Je romprai une lance ici en faveur de la discipline sœur, la chimie de la matière molle, qui n'en est hélas qu'à ses premiers vagissements, pour une bonne raison : c'est une chimie terriblement complexe, bien plus que ne l'est la physique correspondante.

Commençons par un cas simple, connu et apprécié de beaucoup, l'aligot. Cet humble plat d'Auvergne et d'Aveyron consiste en une purée de pommes de terre à laquelle on a incorporé de la crème fraîche et de la tomme fraîche du Cantal (du fromage de Cantal que l'on n'a pas laissé mûrir). Lorsqu'on assiste à la préparation de ce mets délectable (litote) ou lorsqu'on le prépare soi-même, une règle impérative veut qu'on mélange la mixture dans une marmite posée sur le feu, à l'aide d'une cuillère en bois, toujours dans la même direction : soit dans le sens des aiguilles d'une montre, soit dans le sens inverse. Superstition ? Non pas. Ce qui se produit durant cette opération est, en termes chimiques, une polymérisation. Sous l'action de la chaleur, les particules de protéine (caséine) du fromage se réunissent les unes aux autres pour former des chaînes polymériques qui s'orientent parallèlement les unes par rapport aux autres sous l'effet du mouvement mécanique de la cuillère. Si l'on venait malencontreusement à tourner la cuillère dans les deux sens au lieu d'un seul, cela briserait les chaînes de polymère. Si on le pénètre par la pensée à l'échelle moléculaire, l'aligot est un auto-assemblage ordonné.

De tels auto-assemblages sont typiques de la chimie de la matière molle : crèmes, sauces, mousses, émulsions, et j'en passe. J'en donnerai pour autre exemple les molécules qualifiées d'« amphiphiles », qui ressemblent schématiquement à des allumettes, avec une tête porteuse d'une charge électrique et une longue queue hydrocarbonée. La tête aime l'eau (elle est hydrophile), tandis que la queue l'a en sainte horreur (elle est hydrophobe). Moyennant quoi, lorsqu'on met ces amphiphiles dans l'eau, elles se regroupent en des auto-assemblages de manière que le nombre maximum de têtes se mettent au contact de l'eau, alors que les queues hydrophobes se pelotonnent les unes contre les autres. Cette description est délibérément vague, nous verrons plus loin pourquoi. Les détergents sont généralement des amphiphiles, ainsi que la lécithine du jaune d'œuf, d'une grande importance en cosmétologie.

Que se passe-t-il au juste quand on dissout ces amphiphiles dans de l'eau ? Cette question, pourtant simple, n'a pas de réponse simple, car les cas de figure sont innombrables. Lorsqu'on établit ce que l'on appelle le « diagramme de phases » de tels systèmes, c'est-à-dire la répartition des différentes superstructures formées par des auto-assemblages en fonction des proportions relatives des amphiphiles et de l'eau, ce diagramme ressemble un peu à une carte de France des régions, où figurent quelques dizaines de zones qui coexistent entre elles.

Lorsqu'on dissout un détergent dans de l'eau à de faibles concentrations, ses molécules se dispersent dans la solution, à bonne distance les unes des autres. Les paramètres de la solution restent peu différents de ceux de l'eau pure. La viscosité, en particulier, est inchangée. Si l'on augmente la concentration en amphiphiles (le nombre de grammes par litre), les molécules individuelles se rassemblent et s'agglomèrent en des corpuscules sphériques ou micelles. Les têtes polaires, hydrophiles, situées à la surface de ces sphères, sont en contact avec l'eau, tandis que les queues hydrophobes en forment l'intérieur. Chacune de ces micelles compte quelques dizaines de molécules individuelles. Quand on atteint une certaine concentration, qualifiée de « concentration micellaire critique » ou CMC, les micelles apparaissent subitement, ce qui se traduit par un bond de la viscosité, qui augmente d'un facteur 100 environ.

Mais ne nous arrêtons pas là : si l'on poursuit graduellement l'augmentation de la concentration du détergent dans la solution aqueuse pour passer au-dessus de la CMC, la viscosité fait un nouveau bond : sa valeur est alors de l'ordre de 1 000 fois celle de l'eau pure ou de la solution de détergent à des concentrations inférieures à la CMC. Cette valeur reflète le rassemblement des micelles sphériques sous forme de plus grosses micelles, de forme cylindrique.

À de plus fortes concentrations encore, se forment des auto-assemblages d'une autre structure : les micelles cylindriques se disposent en des arrangements de symétrie hexagonale, à l'instar des tomettes sur un sol de maison traditionnelle. La viscosité augmente encore d'un ordre de grandeur : elle devient 10 000 fois celle de l'eau pure.

Une huile moteur

On est exigeant à l'égard de l'huile moteur. Sa fonction de lubrification doit pouvoir s'exercer sous des régimes de fonctionnement très différents : au démarrage, lorsque le moteur est froid, ou lorsqu'il tourne à plein régime et qu'il est devenu très chaud. Il faut donc que cette huile ne soit ni trop visqueuse à basse température ni trop fluide à haute température.

De telles contraintes sont rudes. En règle générale, la viscosité d'un liquide, surtout celle d'un liquide pur, diminue lorsque la température augmente (autrement dit, il devient plus fluide).

D'ailleurs, la terminologie reflète cette exigence : lorsqu'une huile est estampillée « 10W40 », cela signifie que sa fluidité est de 10 à basse température et de 40 à haute température. Plus le premier nombre est bas, plus l'huile est fonctionnelle à basse température ; plus le second nombre est élevé, plus l'huile résiste aux fortes chaleurs en conservant ses qualités intrinsèques.

Un liquide pur ou un simple mélange d'hydrocarbures issu d'une raffinerie pétrochimique ne fourniront que d'insuffisantes huiles moteur. Seule une formulation répondra au cahier des charges. Comment obtenir une viscosité décente aux plus hautes températures ?

Les huiles multigrades incorporent un polymère à une huile de base. Il a pour rôle d'empêcher l'huile de trop se fluidifier au réchauffement. À basse température, les molécules individuelles de ce polymère sont pelotonnées, formant des globules compacts, ce qui permet à l'huile de s'écouler – ce qu'indique son premier nombre W, qui est faible. Lorsque l'huile s'échauffe, les molécules du polymère se détendent, elles se déploient en de longues chaînes qui entravent l'écoulement du liquide. En conséquence, à 100 °C, l'huile s'est fluidifiée, certes, mais dans les limites spécifiées par son second nombre W.

Comme une huile moteur est soumise à bien d'autres exigences, on conçoit qu'il s'agisse d'une formulation complexe.

Le marché de Samarcande

Allons-y d'un couplet passéiste. Le marché en plein air de Samarcande réveille et avive tous les sens. La promesse de la fraîcheur du crépuscule se fait attendre.

Il y a plusieurs marchés à Samarcande. L'un d'eux est dévolu aux seules épices. De nombreux et gros sacs de toile ouverts s'offrent au regard et à l'odorat des acheteurs. Les délicieux effluves olfactifs se doublent d'un régal visuel. Des dizaines de denrées différentes sont proposées. Un Occidental peine à en identifier plus du quart ou du tiers.

Les autres étals des marchands dessinent de somptueuses mosaïques polychromes qui, de loin, ressemblent à des amas de perles bariolées. Toutes ces épices, tous ces fruits secs… C'était autrefois l'un des grands comptoirs sur la route de la soie. Il l'est resté. Ses éventaires déploient aussi toutes sortes de tissus, cotonnades et soieries aux dessins ouzbeks, en cette Asie centrale musulmane. De lourds bijoux d'or et d'argent sont proposés aux acheteurs – l'épouse porte sur elle une bonne part de la fortune du ménage.

Lorsqu'on ose se rapprocher des denrées et les toucher, elles exhalent de captivantes senteurs aromatiques. À Paris, je ne connais qu'un magasin pouvant rivaliser avec de telles senteurs : l'épicerie fine Israël de la rue François-Miron.

En revanche, nos supermarchés ont chassé toute odeur. Avec leurs congélateurs et leurs armoires réfrigérées, ils sont aseptisés. La salle d'op' serait-elle leur modèle ? Les clients sont devenus non pas des personnes avec qui on peut faire un peu de conversation, que l'on reconnaît et dont on connaît les petites manies, mais un flux anonyme qui se sert, vide son chariot et paie, tout comme le patient que le chirurgien ne perçoit que comme un champ opératoire.

Les charmes d'antan, ces voluptés olfactives qui provenaient des condiments en vrac et des comestibles, sont à présent perdus, transmués, semblables aux paroles gelées de Rabelais. Tout est en boîte ou sous plastique, enfermé, embouteillé et mis en flacon, conditionné et assemblé.

Une lessive

Je prendrai à présent l'exemple d'une lessive. Nous constaterons d'autres différences entre nos supermarchés et le marché de Samarcande !

Du temps où l'Asie centrale était, comme l'affirmaient nos leçons de géographie, « un pays de steppes abritant des nomades en petit nombre », les femmes lavaient les vêtements au savon. Pour fabriquer ce dernier, il suffisait de faire bouillir de la graisse de yak dans de l'eau avec de la chaux, ou même seulement des cendres du foyer. On a donc de la graisse, c'est-à-dire des composés (esters) du glycérol et d'acides gras, et de la chaux ou de la potasse apportées par les cendres, c'est-à-dire une base. L'élévation de température couplée à l'action chimique de la base clivait les liaisons esters. Les dames ouzbekes, kazakhes ou tatares récupéraient alors les acides gras sous forme de sels de calcium ou de potassium (selon que la base était respectivement de la chaux ou de la potasse) : c'est ce qu'on appelle un savon.

Les molécules d'un détergent – que l'on appelle aussi « tensioactif », les deux mots sont synonymes – sont comme des allumettes : elles ont une tête et une longue queue faite d'un enchaînement (dit « hydrocarboné ») d'unités -CH_2-. Les savons sont des détergents parmi d'autres. Lorsqu'on les met dans l'eau, il se forme des micelles : ce terme, je le répète, désigne des agrégats de molécules de détergents. Ces amas ont pour caractéristiques, outre une géométrie souvent sphérique, de mettre les têtes au contact de l'eau et de faire en sorte que les molécules d'eau ne soient pas à proximité des queues. Ces dernières se rassemblent donc et se pressent les unes contre les autres, comme cela a déjà été décrit ci-dessus. En présence de linge souillé, les micelles du savon – ou, plus généralement, du détergent – englobent les taches, souvent du gras, qu'elles émulsifient et solubilisent dans l'eau de lavage.

Passons du savon à une lessive, et quittons le marché de Samarcande pour revenir dans l'un de nos supermarchés. Au lieu de l'unique ingrédient que contient le savon, nous en comptons des dizaines dans la moindre de nos lessives. D'où vient cette inflation ?

Selon les pays, les ménagères (et les « ménagers », si j'ose cette version masculine du terme) font preuve d'importantes différences culturelles dans leur façon de faire la lessive. Bornons-nous à quelques généralités. Dans les pays du Sud, on fait comme naguère bouillir le linge tandis que, dans les pays du Nord, on lave davantage à température ambiante ou en chauffant modérément l'eau. Les acheteuses des lessives ont d'autres différences. L'eau à leur disposition est plus ou moins dure (c'est-à-dire chargée de calcaire) – or une eau dure nécessite d'utiliser davantage de lessive. Leur budget détergent peut représenter une proportion importante ou au contraire négligeable de leurs ressources. Elles conservent un vêtement une ou deux saisons seulement, ou de longues années durant. Mais elles ont aussi des exigences communes : que les saletés ne se redéposent pas sur le linge ; que la lessive soit facile à utiliser ; que le linge ait l'air propre après avoir été lavé ; qu'il ne se décolore pas ni, *a fortiori*, ne soit abîmé ou détruit ; que les draps blancs resplendissent ; et que le linge sente bon, qu'il « sente le propre ».

Dans toute lessive, on trouve des molécules de détergents. Il me faut définir la valeur HLB : c'est le rapport de la masse moléculaire de la partie hydrophobe de la molécule de détergent (sa longue queue ou chaîne hydrocarbonée) sur la masse moléculaire de la partie hydrophile (la tête de la molécule). Ce rapport est forcément supérieur à l'unité (la masse des chaînes hydrocarbonées est toujours supérieure à celle des têtes), mais dans des proportions variables. Avec une valeur HLB comprise entre 1 et 6, on est en présence d'un tensioactif hydrophobe, qui donnera des émulsions dites « inverses » (avec les têtes les unes à côté des autres et les queues tournées vers l'extérieur de l'agrégat). Avec une valeur HLB supérieure à 10, il aura clairement un caractère hydrophile et donnera des émulsions dites « directes », avec les micelles dont il a été question.

Toute lessive associe ces deux catégories de tensioactifs, sous la forme de diverses classes moléculaires : les détergents anioniques (têtes à charge électrique négative), cationiques (têtes à charge électrique positive), amphotères (têtes chargées à la fois positivement et négativement) et non ioniques (têtes électriquement neutres).

Ce n'est pas tout. La formulation d'une lessive comporte aussi des éléments désignés par un terme anglais : *builders* (littéralement, « bâtisseurs »). Ces derniers ont de multiples rôles : assurer l'enlèvement des ions métalliques indésirables, notamment les ions calcium issus d'une eau trop dure, pour prévenir la précipitation des tensioactifs anioniques ; apporter une réserve d'alcalinité et de force ionique ; maintenir en suspension les salissures résorbées ; empêcher les incrustations minérales sur le linge en cours de lavage – pour cela, on n'utilise plus de phosphates, car ils dégradent les cours d'eau et les lacs. Ces *builders* peuvent être des silicates, qui précipitent le calcium et inhibent aussi la corrosion des parties métalliques de la machine, ou des carbonates, qui précipitent aussi le calcium. On utilise également, conjointement ou à la place des *builders*, des solides microporeux, que l'on appelle « zéolites » ou encore « tamis moléculaires ». Ce sont des minéraux, généralement de synthèse et de type aluminosilicate, qui comportent de multiples canaux faisant communiquer l'extérieur aqueux avec des chambres internes, des espèces de grottes où les ions calcium et d'autres entités du même type (cations alcalino-terreux) se font piéger.

La lessive, qu'on l'achète dans une grande surface ou ailleurs, contient aussi des inhibiteurs de corrosion. C'est souvent du « verre liquide », constitué de silice associée à de l'oxyde de sodium, qui a aussi un rôle de *builder*.

N'omettons pas les agents de suspension. Leur rôle est d'augmenter la viscosité d'une eau saumâtre – on les utilise également dans les forages faisant intervenir de l'eau sous pression. On fait appel pour cela à des dérivés de la cellulose. La formulation de la lessive contient aussi du sel (chlorure de sodium), afin d'augmenter la viscosité de solutions aqueuses comportant des tensioactifs anioniques.

Et n'oublions surtout pas les illustres « enzymes gloutons » ou « gloutonnes ». Belle idée d'avoir recours à des enzymes pour digérer – et donc faire disparaître – divers résidus souillant le linge : alimentation, sucres, protéines et graisses. Le problème est qu'une enzyme ne peut fonctionner qu'à 37 °C – la température du corps humain – : elle est inactivée à des températures plus basses ou plus élevées. Cette difficulté fut levée, il y a de cela un bon demi-siècle, par des enzymes modifiées au moyen des techniques de l'ingénierie génétique. Ces enzymes restent actives à des températures allant jusqu'à 80 °C. Nos ménagères utilisent donc depuis longtemps déjà des productions d'OGM sans le savoir !

Les noms des enzymes – avec leurs suffixes en -ase – et les noms des micro-organismes qui les fournissent sont empreints d'une véritable poésie ; écoutons-les : les subtilases, qui forment ce que l'on appelle une « superfamille » en biologie moléculaire ; les cellulases, produites par des bactéries alcaliphiles ; l'alpha-amylase ; le géobacille stéarothermophile…

Mais encore ? Une lessive comporte divers javellisants, sous la forme d'ingrédients libérant des atomes d'oxygène propres à effectuer des réactions d'oxydation. On fait appel couramment pour cela à des perborates associés à des silicates – la contraction de ces deux mots a d'ailleurs donné son nom à une lessive célèbre, Persil –, qu'il faut coupler avec des molécules servant à les activer, telle la N,N-tétraacétylméthylènediamine. Ces javellisants sont très malsains pour l'environnement : les prairies contaminées par eux sont détruites. Ces dérivés du bore comprennent en outre du borax, qui sert à tamponner, c'est-à-dire à minimiser des variations du pH de la solution aqueuse.

Je n'ai pas encore mentionné les agents chélatants, comme l'EDTA (éthylène diamine triacétate). Tout comme les crabes, ces molécules sont porteuses de pinces à l'aide desquelles elles agrippent les ions métalliques, de charge électrique positive, surtout lorsque cette charge est grande : les redoutables ions calcium d'une eau trop dure n'échappent pas à leur étreinte, qui les met hors circulation et les rend donc inoffensifs.

Est-ce tout ? Que non ! Votre lessive, qu'elle soit liquide ou en poudre, comporte aussi des blanchissants, ou azurants : ce sont des molécules conçues pour se lier fermement aux fibres textiles et ne pas en être décrochées au lavage. De plus, elles sont choisies pour absorber la lumière solaire dans l'ultraviolet et la restituer dans une autre gamme de longueurs d'ondes, émettant dans le bleu. De la sorte, tour de prestidigitation, les vêtements paraissent plus clairs, par exemple en cas de jaunissement dû au vieillissement.

J'ai omis volontairement quelques ingrédients encore, afin de ne pas allonger démesurément cette description. Ajoutons-lui néanmoins les fragrances, qui varient selon les cultures : les Britanniques, par exemple, raffolent du patchouli, qui leur rappelle leurs gloires impériales passées, lorsque l'Inde faisait encore partie de leurs possessions.

Une crème hydratante

J'aurais aimé analyser ici dans le détail un produit spécifique ; pour ce faire, j'avais choisi une crème hydratante. Mais des considérations que nous pourrions qualifier de « prudence juridique » m'en ont empêché. Elles m'obligent à m'abstenir de suivre mon penchant altruiste, qui m'avait incité à analyser les deux ou trois douzaines d'ingrédients de cette banale crème pour les mains, à préciser la fonction de chacun et à m'interroger sur sa raison d'être.

Mais partons de l'expression « crème hydratante ». Elle fait partie de notre culture collective. Elle évoque des images de lavandières, de sources et de fontaines, de baignades, de rajeunissement – que sais-je encore ! C'est aussi un de ces points de rencontre (parfois aussi de conflit) entre la connaissance commune et le savoir scientifique.

L'épiderme a un caractère lipophile, aussi est-il aisé de l'enduire de graisses. En revanche, son contact fréquent avec l'eau le dessèche. La peau est enduite d'un mince film protecteur composé d'un mélange de substances grasses et d'eau. Les matières grasses proviennent du sébum, produit par les glandes sébacées logées dans la peau. Le sébum lubrifie la peau, lui donne sa souplesse et la protège de la sécheresse tout comme de l'excès d'humidité. Une crème « hydratante » est en fait surtout une crème graissante et lubrifiante, dont le rôle est de remplacer le sébum disparu à la suite du contact avec des détergents de différents types.

Dans le cas d'un cosmétique, la dimension subjective prend davantage d'importance encore que dans celui d'une huile moteur ou d'une lessive. Sa formulation est nécessairement plus compliquée, car, outre sa fonction hydratante, elle doit répondre à des besoins perceptifs, sensuels et même affectifs. La crème hydratante doit être douce au toucher et d'un parfum agréable, pour ne mentionner que ces deux impératifs.

Quels sont les autres ? Avant tout, renvoyer à l'acheteuse une image rassurante et forte de sa féminité. Il n'est que de lire les notices. Explicitement descriptives, elles véhiculent un message dans lequel les qualités physiques de la crème sont transmuées en catégories morales.

D'ailleurs, plutôt qu'une crème, c'est souvent un « baume aux vertus apaisantes et relaxantes ». Il est de « texture fine et onctueuse ». C'est une « caresse pour la peau, calmante et décontractante ». Il est « lénifiant et reposant ». Il laisse votre peau « souple, douce et délicatement parfumée ». Émollient, il est « vite absorbé, non gras, mais nourrissant ». D'autres épithètes, que la publicité associe à des extraits de fruits ou de fleurs, souvent exotiques, sont utilisés : « fluide, velouté, suave, subtil, sensuel »...

Lorsqu'on examine les produits chimiques composant cette mixture magique, on y trouve, outre des agents hydratants et des émollients (en fait, des lipides), des émulsifiants, des opacifiants, des conservateurs, typiquement des antioxydants (ou anti-oxygènes) sur lesquels je reviendrai, des silicones afin de laisser un film huileux sur la peau, des agents de viscosité, et, *last but not least*, des parfums.

Comment les recettes de ces formulations sont-elles élaborées ? Par qui ? Avec quels objectifs ?

Les officines spécialisées

Au départ de toute formulation, on trouve un cahier des charges. Qui le prépare, et avec quelles rubriques ?

Typiquement, sa rédaction associe les commerciaux d'une société et une agence de publicité. À ce stade préparatoire, on est loin de la liste d'ingrédients : ce qui prime alors est le contenant au sens large : flacon, dénomination, apparence externe et attrait sensoriel.

Je souhaiterais insérer ici une parodie des portraits de La Bruyère en guise de divertissement. Dans cette galerie de types contemporains figureraient le « pisse-copie » de l'agence, le graphiste concepteur, le chef de projet, la juriste, la directrice des ressources humaines, le chef des ventes. Mais tout le monde ne verrait pas d'un bon œil une telle digression – qu'au demeurant tout un chacun pourra jovialement imaginer.

Comme on le constate, ce cahier des charges est élaboré par une équipe assez nombreuse, avec une contribution insignifiante de la part de la chimie ou des chimistes. Certes, il sera complété avec une phrase rituelle portant sur l'indispensable durabilité en rayon et avec un paragraphe comportant la liste exhaustive des produits concurrents déjà sur le marché : il s'agit de leur tailler des croupières sans pour autant violer la réglementation sur les brevets, qu'il s'agit, souvent, de contourner sans pour autant s'abstenir de copier une marque rivale.

Le cahier des charges est alors très souvent sous-traité à une officine spécialisée dans l'élaboration de formulations de types les plus divers. L'emballage est le premier souci de ce cabinet de consultation et de mise au point. En effet, la conception de l'emballage joue un rôle essentiel dans la conception (au sens du mot franglais *design*) de chaque produit : aspect, couleur, odeur, pH, viscosité, poids spécifique…

La raison d'être de ces officines spécialisées est historique. Elle vient de l'industrie pharmaceutique, d'où elle a diffusé vers d'autres secteurs industriels comme les cosmétiques, les produits de ménage et d'entretien, les détergents, l'alimentation... D'assez longue date, les laboratoires pharmaceutiques se sont donné une branche responsable du conditionnement final des molécules – comprimés ou gélules –, de leur mode d'ingestion, de leur couleur et de l'écrin les renfermant. Cette discipline très spécialisée au sein de l'industrie pharmaceutique s'appelle la « galénique ». Issue de la tradition pluriséculaire d'un artisanat, elle perpétua dans le milieu industriel la gestuelle traditionnelle des pharmaciens d'officine, gestuelle dont elle fit bénéficier l'industrie moderne.

Une fois ces données définies, les formulateurs mettent les chimistes à contribution. Il s'agit d'abord de préparer au laboratoire des petits échantillons, à l'échelle du gramme. Deux ou trois douzaines de formules différentes seront essayées, afin d'aboutir à un bon équilibre des ingrédients.

Ces derniers sont nombreux. Leur choix n'est pas tant fait pour améliorer l'efficacité du produit que pour jouer sur son apparence et, davantage encore, pour éviter les infractions aux règles sur la propriété industrielle. Il est très facile aux formulateurs d'échapper à l'accusation de copie illicite d'un produit existant : il leur suffit le plus souvent de remplacer une molécule donnée par une autre de la même famille chimique. Il leur est aisé d'ajouter un ingrédient à une liste qui, de toute manière, est déjà longue ; et cela leur est d'autant plus facile qu'ils ont un très large choix parmi les produits chimiques disponibles – des centaines de milliers de molécules différentes.

Ces petits échantillons de quelques grammes servent à tester la stabilité du produit. Les formulateurs établissent un profil de stabilité pour s'assurer que le produit reste sûr et efficace sur une longue période de temps. Un test de stabilité standard couvre une période de quatre-vingt-dix jours, pas davantage. Sur cette durée, le produit subit différents tests, dans son emballage définitif, à la température ambiante et à basse température – afin d'observer son comportement en cas de gel et de dégel –, et dans un four à 40 °C. En outre, le produit est exposé au rayonnement ultraviolet, pour tester une éventuelle dégradation à la lumière.

Le profil de stabilité se double d'un profil de conservation. Il s'agit de s'assurer que le produit résiste non seulement à des variations de température ou d'éclairage, mais aussi à la contamination par des bactéries ou des moisissures. La période du test est généralement seulement de quatre à six semaines. Différentes souches sont inoculées dans des boîtes de Petri contenant le produit. Si aucune ne prolifère, cela signifie que les composés chimiques antibactériens de la formulation se seront révélés efficaces.

On vérifie également que le produit n'induit pas d'irritation cutanée : de petits timbres humectés avec le produit sont posés directement sur la peau de volontaires. Ce test dure de quatre à six semaines, durant lesquelles ces volontaires (rémunérés) font un rapport sur d'éventuelles dermatites.

Ensuite seulement se pratiquent les mises à l'échelle successives. La première fait passer de l'échelle du gramme, c'est-à-dire du millilitre, à une vingtaine de litres, soit une amplification de quatre ordres de grandeur. On vérifie alors la conformité du produit aux spécifications du cahier des charges et l'on procède aux ajustements nécessaires. Ces opérations sont répétées lors du passage à l'échelle intermédiaire, de 200 litres, puis une dernière fois lors de l'essai en pilote (échelle de 2 000 litres).

Ces précautions permettant de garantir la durabilité en rayon et l'absence d'effets allergènes sont indispensables. Mais sont-elles suffisantes ? C'est ce qui nous retiendra maintenant.

Risques et dangerosité des produits grand public

La protection des consommateurs est assurée par des agences nationales et supranationales. On peut estimer, à cet égard, que la protection procurée par les organismes européens est la meilleure au monde. Est-ce rassurant pour autant ?

Intéressons-nous, à titre de cas d'école, aux seuls cosmétiques et produits d'entretien. Le problème, car il y a problème, provient des exigences des centrales d'achat, véritables pousse-au-crime quant à la durabilité des produits en rayon (obtenue grâce aux conservateurs et aux bactéricides), et d'une demande attribuée aux consommateurs, celle que « ça sente bon ».

Quant aux exigences légales, obligatoires dans tous les pays de la Communauté européenne, elles relèvent du septième amendement de la directive européenne relative aux cosmétiques – qui date de mars 2003 – et du règlement européen sur les détergents – entré en vigueur en octobre 2005. Elles se bornent, on peut le regretter, à la simple obligation pour le fabricant d'étiqueter les produits comportant des composés chimiques potentiellement dangereux. L'interdiction pure et simple de ces produits sera sans doute prononcée d'ici à deux ou trois ans, c'est en tout cas ce à quoi on peut s'attendre à l'issue de la procédure REACH en cours.

Quelles sont les molécules suspectes ? En ce qui concerne les deux classes de produits de grande consommation que sont les cosmétiques et les détergents, si l'on s'intéresse d'abord aux molécules choisies pour leur parfum, 26 doivent être mentionnées explicitement sur l'emballage dès lors que leur concentration est supérieure à 10 ppm (parties par million) pour des produits restant fixés sur la peau, et à 100 ppm pour des produits éliminés au lavage.

Une étude datant de 2007 a examiné 300 produits grand public vendus en grandes surfaces et appartenant à ces deux catégories. Les six parfums les plus utilisés étaient le linalool (63 %), le limonène (63 %), le citronellol (48 %), le géraniol (42 %), les deux lilial (42 %) et l'hexyl cinnamal (42 %). Certaines de ces molécules odorantes sont naturelles, ce qui n'est absolument pas synonyme d'inoffensives : le linalool participe à l'arôme de nombreux vins ; le citronellol se trouve, comme son nom l'indique, dans l'essence de citronnelle ; le limonène provient du zeste des agrumes, citrons ou oranges. Les deux fragrances les plus utilisées, linalool et limonène, font partie de la famille des terpènes. Elles sont oxydées par l'air et leurs produits d'oxydation sont des allergènes.

J'ai mentionné ci-dessus le lilial, en précisant qu'il existe deux molécules portant légitimement ce nom. Il s'agit de deux énantiomères, dont les arrangements des atomes sont en miroir, comme le sont notre main gauche et notre main droite. Pour nos récepteurs olfactifs, leurs odeurs sont voisines, semblables à celle du muguet. Depuis 1983, on sait que les lilials causent des dermatites de contact. Ces molécules sont aussi des œstrogènes, qui peuvent induire des cancers du sein.

Les effets hormono-mimétiques sont l'une des plaies dont souffrent de très nombreux composés chimiques, qu'ils soient présents dans des formulations ou ailleurs – c'est par exemple le cas du bisphénol A, qui entre dans la composition de multiples polymères et qui est sans doute familier aux lecteurs. Les deux énantiomères du lilial, qui entrent dans la composition de nombreux produits de beauté, font partie des molécules dont la législation européenne oblige à mentionner la présence sur l'étiquette. On voit combien la position des chimistes est inconfortable parmi les formulateurs. En effet, au seul vu de la formule du citral, neuf chimistes sur dix savent qu'il s'agit d'un œstrogène potentiel, puisqu'il possède un cycle benzénique et un atome d'oxygène disposés approximativement comme dans l'œstrone.

Qu'en est-il des molécules bactéricides que les cabinets de conseil en formulations font mettre dans ces dernières ? Puisque ces molécules sont agressives à l'égard des micro-organismes, on peut s'attendre à ce que certaines d'entre elles ne soient pas inoffensives chez l'homme. Élémentaire, mon cher Watson ! Je citerai à cet égard le phénoxy-2 éthanol. Il complète ou remplace les parabènes, de funeste réputation, pour lesquels il sert aussi de solvant. Comme eux, c'est un conservateur. Comme eux, il n'est pas inoffensif : c'est un allergisant assez puissant.

Son utilisation s'est généralisée depuis une quarantaine d'années, non seulement dans les cosmétiques – en particulier dans les shampooings –, mais aussi dans des produits pharmaceutiques comme certains vaccins. C'est une molécule dangereuse, mais seulement à de fortes doses, supérieures à 0,5 %, c'est-à-dire 5 000 ppm, très largement au-dessus de la norme de la Communauté européenne et des teneurs dont usent les fabricants de cosmétiques. Est-ce une substance anodine pour autant ?

La réponse est nuancée. Certes, il n'existe qu'une seule publication médicale décrivant un cas d'eczéma généralisé imputable au phénoxy-2 éthanol. Mais cette molécule, comme bien d'autres substances bactéricides, soulève un autre problème, que le recours aux antibiotiques nous a rendu familier. Elle fait partie de ces produits commerciaux qui aboutissent dans l'environnement par le biais des eaux usées ou des ordures ménagères. Les populations microbiennes sont exposées à des concentrations subléthales qui induisent soit des mutations vers des souches résistantes, soit la prolifération de communautés bactériennes, présentes aussi dans le sol et spontanément résistantes à cet agent chimique. Le problème est bien plus général que celui posé par cette seule molécule : nous répandons dans l'environnement des quantités infratoxiques, mais cumulatives, d'ingrédients douteux.

Quant aux agents conservateurs, ils sont au moins aussi néfastes en puissance, et pour les mêmes raisons, que les parfums et les bactéricides, nombre de ces conservateurs ayant comme mécanisme d'action la libération de formaldéhyde (mieux connu sous le nom de « formol »).

Je n'aurai garde d'omettre une cause, peu fréquente mais néanmoins courante, de dangerosité d'une formulation : la migration de composés toxiques depuis un emballage – agents plastifiants ou ignifuges d'un plastique, ingrédients d'une encre d'imprimerie… – vers son contenu. Si de tels incidents ne sont pas fréquents, ils ne sont, hélas, pas rares non plus.

L'image de la société de consommation

L'omniprésence des formulations témoigne de la primauté que nous accordons au factice. Tel serait le point de vue du philosophe. Notre société sacrifie à l'apparence, à l'aspect extérieur des objets, il lui importe que cet aspect soit agréable et séduisant. Notre vie quotidienne n'est plus qu'une litanie de formulations. Elles se suivent de près. Dès le saut du lit se succèdent shampooing, conditionneur, gel de douche, mousse à raser, lotion après-rasage… La réification de l'existence est telle que l'emballage (au sens large) détermine nos comportements d'acheteurs : la marque, les publicités, l'inscription d'un nom de marque sur les vêtements… Les commerciaux ont pris le pouvoir, et ils ne sont pas près de le lâcher.

Ce règne des formulations s'accompagne, mondialisation oblige, de la sous-traitance et de la dilution des responsabilités qui s'ensuit – dilution de la notion même de responsabilité morale, sans parler de la responsabilité juridique. Tout est permis – j'y reviendrai dans le chapitre sur le dopage (chapitre 19). Nous vivons dans une société permissive, qui autorise tout ce qui n'est pas expressément interdit. D'où la présence, au sein des formulations, de multiples composés douteux, dont on veille soigneusement à ce qu'ils restent en deçà du seuil autorisé par la réglementation en vigueur.

Pourquoi faire simple quand on peut faire compliqué ? La boutade s'applique à nombre de formulations, avec leurs deux ou trois douzaines d'ingrédients. Elles sont le reflet d'une conception collective plutôt qu'individuelle : chaque membre du groupe tient à y laisser sa marque. Les différents impératifs tels que la couleur, l'odeur, l'onctuosité, la facilité de manipulation, la bonne conservation, la différenciation d'avec le produit antérieur ou une formulation concurrente sont juxtaposés et additionnés plutôt que mariés de façon originale et créative. Il s'y ajoute fréquemment la présence d'un composé chimique précis, équivalent à la signature de la marque (j'ai en tête au moins un exemple précis).

Les formulateurs se donnent pour excuse qu'ils ne font que répondre à l'attente des consommateurs, une attente qu'ils se figurent avoir déterminée par une enquête auprès d'un échantillon représentatif. Le prix de vente se situe dans une fourchette dont on s'est assuré au préalable qu'elle sera acceptable. Tout comme les chimistes ont un rôle mineur dans la mise au point d'une formulation, son prix de vente aux consommateurs n'a qu'un lointain rapport avec le prix de revient des ingrédients, bien moins important que le poste publicité. L'« attente des consommateurs » telle qu'elle s'exprime au moyen des sondages est complètement biaisée : les consommateurs en question se fondent sur leur expérience des formulations antérieures. Et, surtout, ils n'ont pas été éduqués quant à la face obscure d'un comportement de masse : quête de la facilité, de ce qui est pratique et confortable. L'indifférence à l'impact de nos comportements collectifs sur les écosystèmes et la biosphère n'a cessé qu'assez récemment.

Considérées dans leur ensemble, les formulations relèvent d'un esprit semblable à celui du journalisme et de l'information à tout crin : il nous faut à tout prix et tous les jours du nouveau et de la nouveauté, mais à condition qu'il ne s'agisse que d'une nouvelle manière de ressasser le déjà bien connu. Ce paradoxe est une caractéristique forte de notre temps. Une formulation succède à la précédente pour satisfaire à l'exigence de renouvellement, au besoin d'une apparente innovation. Au plus profond d'eux-mêmes, les consommateurs sont avides de renouveau. Ils voudraient bien vivre mieux. La croyance naïve au progrès, que le XIXe siècle nous a léguée, s'est installée durablement dans les esprits. Ils souhaitent un renouveau, on leur fournit un renouvellement, en changeant un peu les termes de la formule. C'est à cela que travaille l'équipe des formulateurs. Leur prétendue recherche n'a pas grand-chose à voir avec la recherche scientifique : elle procède par essais et erreurs, à l'aveuglette. Le concept ou l'idée qui sert de germe à un nouveau produit n'est, en règle générale, il faut le répéter, que relatif à l'emballage plutôt qu'à son contenu. Les vrais besoins sont occultés par les faux besoins que l'on a suscités.

Les exemples de formulations que j'ai cités illustrent aussi une différence foncière entre la technologie et la science. La réponse des scientifiques à des questions comme le blanchiment du linge aurait été très différente de celle des techniciens industriels : au lieu d'une accumulation de composantes séparées, ils auraient proposé un très petit nombre d'espèces chimiques, peut-être même une seule, dont les molécules, arborescentes, porteraient différentes branches comportant des groupements d'atomes assumant les fonctions très diverses à assurer. Quelle différence entre une imagination créatrice capable d'élaborer de telles molécules et le remplissage fastidieux, point par point, d'un cahier des charges !

Le chapitre suivant nous propose un nouvel exemple de cette distinction des mentalités, entre la science et la technique, dans le nouveau secteur de la nanoscience et des nanotechnologies. S'abstenir de cette distinction, c'est faire preuve, on le verra, d'un confusionnisme fourre-tout dommageable à l'analyse.

Indications bibliographiques

Sources

RUCHHOFT C. C. et NORRIS F. I., « Evaluation of detergents : IV. A correlation of washing performance with dissolving and wetting ability », *Public Health Reports*, vol. 66, n° 21, 1951, p. 655-667.

WICKHAM S., « Le consumérisme et la reconsidération du marketing de consommation », *Revue d'études comparatives Est-Ouest*, vol. 7, n° 2, 1976, p. 141-160.

GILBERT P., BEVERIDGE E. G. et CRONE P. B., « The lethal action of 2-phenoxyethanol and its analogues upon *Escherichia coli* NCTC 5933 », *Microbios*, vol. 19, n° 76, 1977, p. 125-141.

LARSEN W. G., « Allergic contact dermatitis to the fragrance material lilial », *Contact Dermatitis*, vol. 9, n° 2, 1983, p. 158-159.

AUTHIER J-Y., « Commerces et commerçants d'un espace en mutation. Le quartier Saint-Georges à Lyon », *Revue de géographie de Lyon*, vol. 64, n° 2, 1989, p. 63-69.

SCHMIDT M. S. et MEILE L. C., « Taguchi designs and linear programming speed new product formulation », *Interfaces*, vol. 19, n° 5, 1989, p. 49-56.

ITO S. *et al.*, « Alkaline detergent enzymes from alkaliphiles : enzymatic properties, genetics, and structures », *Extremophiles*, vol. 2, n° 3, 1998, p. 185-190.

POUZENC M., « Implantations et agrandissements de grandes surfaces alimentaires », *Économie rurale*, vol. 245, n° 1, 1998, p. 41-48.

HORIKOSHI K., « Alkaliphiles : some applications of their products for biotechnology », *Microbiology and Molecular Biology Reviews*, vol. 63, n° 4, 1999, p. 735-750.

ARNAU E. G. *et al.*, « Identification of lilial as a fragrance sensitizer in a perfume by bioassay-guided chemical fractionation and structure-activity relationships », *Contact Dermatitis*, vol. 43, n° 6, 2000, p. 351-358.

MCBAIN A. J., RICKARD A. H. et GILBERT P., « Possible implications of biocide accumulation in the environment on the prevalence of bacterial antibiotic resistance », *Journal of Industrial Microbiology and Biotechnology*, vol. 29, 2002, p. 326-330.

GILBERT P. et MCBAIN A. J., « Potential impact of increased use of biocides in consumer products on prevalence of antibiotic résistance », *Clinical Microbiology Reviews*, vol. 16, n° 2, 2003, p. 189-208.

SCHNUCH A. *et al.*, « Sensitization to 26 fragrances to be labelled according to current European regulation. Results of the IVDK and review of the littérature », *Contact Dermatitis*, vol. 57, n° 1, 2007, p. 1-10.

SAEKI K. *et al.*, « Detergent alkaline proteases : enzymatic properties, genes, and crystal structures », *Journal of Bioscience and Bioengineering*, vol. 103, n° 6, 2007, p. 501-508.

CHARLES A. K. et DARBRE P. D., « Oestrogenic activity of benzyl salicylate, benzyl benzoate and butylphenylmethylpropional (Lilial) in MCF7 human breast cancer cells in vitro », *Journal of Applied Toxicology*, vol. 29, n° 5, 2009, p. 422-434.

KHEMAKHEM B. *et al.*, « Engineering of the alpha-amylase from *Geobacillus stearothermophilus* US100 for detergent incorporation », *Biotechnology and Bioengineering*, vol. 102, n° 2, 2009, p. 380-389.

LUJAN D. *et al.*, « Contact urticaria due to phenoxyethanol in an aftershave », *Dermatitis*, vol. 20, n° 4, 2009, E10.

YAZAR K. *et al.*, « Preservatives and fragrances in selected consumer-available cosmetics and détergents », *Contact Dermatitis*, prépublication électronique, 7 décembre 2010.

CHI M. C. *et al.*, « Engineering of a truncated alpha-amylase of *Bacillus* sp. strain TS-23 for the simultaneous improvement of thermal and oxidative stabilities », *Journal of Bioscience and Bioengineering*, vol. 109, n° 6, 2010, p. 531-538.

Réflexions & Débats

PÉREC G., *Les Choses, une histoire des années soixante*, Paris, Julliard, 1965.

DUPUY J.-P. et GÉRIN F., « Société industrielle et durabilité des biens de consommation », *Revue économique*, vol. 26, n° 3, 1975, p. 410-446.

CARON F., « Les sources de l'innovation dans une perspective historique », *in* BOUDON R. et CHAUNU P. (éd.), *Valeurs et modernité : autour d'Alain Peyrefitte*, Paris, Odile Jacob, 1996, p. 183-192.

ROCHE D., *Histoire des choses banales : naissance de la consommation dans les sociétés traditionnelles (XVIIe-XIXe siècles)*, Paris, Fayard, 1997.

GORZ A., *L'Immatériel : connaissance, valeur et capital*, Paris, Galilée, 2003.

ELMIR F., *Chimie et société de consommation*, Valence, Éditions Siress, 2005.

DOUGLAS M. et ISHERWOOD B., *Pour une anthropologie de la consommation : le monde des biens*, Paris, Institut français de la mode-Éditions du Regard, 2008.

BAUMAN Z., *L'éthique a-t-elle une chance dans un monde de consommateurs ?*, Paris, Flammarion, 2009.

COLLECTIF, *Sociologies pratiques : la consommation (tout) contre la société ?*, Paris, Les Presses de Sciences-Po, 2010.

Chapitre 10

La nanotechnoscience

Parlons dimensions. Dimensions d'espace, en premier lieu. L'unité est le mètre, qui se décline en sous-unités. Par exemple, le nanomètre, qui nous intéresse particulièrement ici, est un milliardième de mètre (10^{-9} m) : le million de kilomètres (10^{9} m) est au mètre ce que ce dernier est au nanomètre.

Pour tout ce qui touche aux atomes et aux molécules, il convient de se situer à l'échelle du nanomètre : leurs dimensions sont de cet ordre de grandeur.

Pour les dimensions du temps, l'unité est la seconde. Les processus chimiques de toutes sortes, des vibrations moléculaires à la radioactivité, couvrent une immense échelle des temps, qui va de la femtoseconde (10^{-15} s) au milliard d'années (10^{16} s), ce qui fait un écart de plus de trente puissances de 10.

La nanoseconde (10^{-9} s) est une unité de temps bien appropriée aux comportements dynamiques des molécules individuelles. À l'échelle de la molécule individuelle, bon nombre de transformations chimiques se déroulent en des temps de l'ordre de la nanoseconde. D'autres processus sont plus rapides encore, comme la vibration des atomes dans les molécules, qui est de l'ordre de la femtoseconde (10^{-15} s), ou la rotation d'une molécule sur elle-même dans un fluide, qui s'effectue en un temps de l'ordre de la picoseconde (10^{-12} s).

Un nanobrin de nanohistoire

La nanoscience et ses applications, les nanotechnologies, sont ainsi nommées car elles étudient des systèmes dont les dimensions sont nanométriques. Leur histoire est belle. Elle eut aussi sa préhistoire, j'y reviendrai.

En 1959, lors d'une conférence, le physicien Richard P. Feynman (qui fut lauréat du prix Nobel de physique en 1965) lança le défi suivant : installer le contenu complet des multiples volumes de l'*Encyclopædia Britannica* sur une tête d'épingle. Ce n'était pas une boutade, Feynman avait fait très convenablement son calcul d'ordres de grandeur. Il y avait été incité par les dimensions nanométriques d'un brin d'ADN associées à la quantité d'information qu'il porte – Watson et Crick avaient déterminé la structure en double hélice de l'ADN peu de temps auparavant. Feynman finança personnellement un concours pour la mise au point d'un nanomoteur. Compte tenu de sa personnalité et de son rayonnement, sa double initiative suscita de l'intérêt – sans plus. Elle ne déboucha pas d'emblée sur la montée en puissance d'une nouvelle sous-discipline, la nanoscience.

Une seconde racine de la nanoscience est issue d'un autre Richard : Richard E. Smalley, lui aussi Prix Nobel, mais en chimie. Je m'honore d'avoir eu Smalley parmi mes élèves, à Princeton. En 1985, conjointement avec Harold Kroto et Robert Curl, Smalley découvrit les fullerènes, dont C_{60} (aussi appelé « buckyball » en raison de sa forme et en hommage à Richard Buckminster Fuller, le créateur des dômes géodésiques), ce qui valut une renommée immédiate à ces trois chercheurs. Les fullerènes sont une forme moléculaire de l'élément carbone, dont les formes cristallines sont le diamant et le graphite.

Mais qu'est-ce qu'un fullerène ? C'est une architecture d'atomes de carbone tricoordinés (chacun des atomes de carbone est lié à trois autres), qui forment un dallage plan, tout comme un carrelage de tomettes, fait de cycles hexagonaux accolés indéfiniment les uns aux autres dans les deux dimensions du plan. C'est ce que l'on dénomme un « feuillet graphène », car le graphite est fait de l'empilement, en des plans parallèles, de tels feuillets. Chacun de ces feuillets compte un très grand nombre d'atomes de carbone. La découverte du graphène a valu le prix Nobel de physique 2010 à Andre Geim et Konstantin Novoselov, de l'université de Manchester.

Un fullerène diffère du graphite par diverses déformations des feuillets graphènes : ils peuvent par exemple se replier et former des cylindres creux, appelés « nanotubes », toujours avec de très nombreux atomes de carbone ; ils peuvent aussi s'organiser en des structures plus ou moins sphériques ou ellipsoïdales, auquel cas ils ne comportent que des nombres finis – et bien définis – d'atomes de carbone. C'est le cas de C_{60}, qui a la forme d'un ballon de football – ou, dans le langage des mathématiciens, d'un icosaèdre tronqué –, et de C_{70}, qui ressemble à un ballon de rugby. Mais il existe bien d'autres fullerènes globulaires, dont chacun possède un nombre fini d'atomes de carbone. Smalley comprit assez rapidement l'intérêt majeur des nanotubes de carbone.

La troisième racine des nanosciences et des nanotechnologies est une technique à la fois d'observation et de manipulation : la microscopie de force atomique (MFA). Son invention date, comme celle des nanotubes de carbone, de la fin des années 1980. Gerd Binnig et Heinrich Rohrer bâtirent un premier microscope à effet tunnel dès le début des années 1980, dans le laboratoire d'IBM Research à Zurich, ce qui leur valut le prix Nobel de physique en 1986. Ils mirent ensuite au point un modèle plus performant en 1986. Le premier instrument commercial date de 1989.

On doit prendre en compte la contribution des techniques à l'avancement des connaissances. La MFA en est un très bel exemple. L'historien des sciences de Yale, aujourd'hui disparu, Derek de Solla Price considérait que l'histoire des sciences se ramenait à une histoire des techniques : l'essor de la nanoscience à partir de l'introduction de la MFA lui donne entièrement raison.

Voici donc, fortement résumée, l'histoire de l'apparition de la nanoscience et des nanotechnologies. Qui eut, je le répète, une importante préhistoire que je m'apprête à présent à évoquer, moyennant une brève mention sur l'utilité publicitaire d'un préfixe bien choisi.

De l'importance de l'étiquetage

Les préfixes apportent parfois une valeur ajoutée, surtout lorsqu'ils sont d'origine grecque : ça fait cultivé. C'est le cas pour « hyper » et pour « méga ». « Mégapole » a plus d'allure que « très grande ville ». Alors que le XIXe siècle inventa les grands magasins, il revint au XXe d'avoir fait naître, en une inflation qui ne fut pas seulement lexicale, les supermarchés et les hypermarchés, sans compter les mégastores. Il est amusant de voir que, pour désigner de petits magasins, on se soit rabattu sur « superette ». À quand l'hyperette ? Mais cela est une autre histoire…

Le préfixe « nano » est à présent en vogue, grâce aux nanosciences et nanotechnologies, qui sont apparues il y a environ trente ans. Il s'agit de deux secteurs d'intense activité, encouragés et soutenus par de juteux financements, publics et, bien plus encore, privés. En effet, les investisseurs en attendent des retours lucratifs par le biais de start-up qui éclosent dans le giron des nanotechnologies : ces entreprises, petites et moyennes au départ, connaîtraient un développement accéléré pour devenir à terme – tel est l'espoir – de très puissantes sociétés, des multinationales – qui pourront dès lors, au moins dans les rêves de leurs financiers, prétendre à quelques appellations nouvelles, du genre « superentreprises » ou « mégacorporations ».

L'enthousiasme des investisseurs s'explique par le précédent, assez récent lui aussi, des biotechnologies. Issues de la biologie moléculaire, elles donnèrent naissance, effectivement, à quantité de start-up, dont certaines ont mûri pour devenir de prospères sociétés, qui commercialisent des découvertes scientifiques. De l'excellente science y sert de terreau à des applications aussi utiles que rémunératrices, santé publique oblige.

Il me faut corriger, avant de poursuivre : nanosciences et nanotechnologies sont bien nées dans les années 1980, comme je viens de le rappeler. Vues depuis l'intérieur de la communauté scientifique, elles sont apparues alors comme un phénomène de société. Ce dernier a d'ailleurs rapidement fourni le prétexte à des analyses sociologiques et à de savantes dissertations, servant à la louche du post-moderne et de la post-modernité. Mais n'importe quel chimiste vous dira que ces noms ne sont guère que des slogans publicitaires, une promotion hautement médiatisée, en fait une nouvelle appellation de la chimie permettant de contourner la chimiophobie ambiante. Au dire des chimistes, voilà bien longtemps que leur discipline a une dimension nanométrique.

Ce qui est strictement exact : nanosciences et nanotechnologies ont à peu près un siècle et demi d'âge. On peut dater leur origine : 1860, année durant laquelle se tint un congrès à Karlsruhe, réunissant les grands chimistes de l'époque et lors duquel fut lancée la chimie structurale, c'est-à-dire tout ce qui découle de la notion de molécule conçue comme un *édifice* d'atomes.

La construction d'une molécule peut dès lors s'envisager *ex nihilo :* une synthèse totale peut en être réalisée à partir de ses éléments constitutifs. On peut en dresser le plan sur le papier avant de l'exécuter sur la paillasse d'un laboratoire de chimie. On peut se faire une idée de cet objet moléculaire au moyen de véritables maquettes d'architecte : les modèles moléculaires. On peut aussi, au préalable, déterminer l'agencement des atomes qui constituent la molécule en question en coupant, par la pensée, les liaisons qui les relient les uns aux autres, au cours d'un processus appelé « analyse rétrosynthétique » et qui, tout logiquement, précède la synthèse.

Le point de vue des chimistes selon lequel nanosciences et nanotechnologies seraient bien plus anciennes qu'on ne consent à le dire relèverait-il d'une vision corporatiste et étriquée ? Nous le nuancerons plus loin, en particulier en relevant ce qui est authentiquement neuf dans ces deux domaines.

Mais il me faut, dans un premier temps, revenir sur l'appellation « technosciences ». Elle est utilisée surtout par des sociologues pour décrire la science d'aujourd'hui avec une connotation péjorative. Pour ce qui est de la chimie (non pas science mais industrie), de telles descriptions ne manquent pas d'être agrémentées par l'évocation de catastrophes industrielles – pollution chimique du Rhin, Seveso, Bhopal, explosion de l'usine AZF de Toulouse… –, la hantise de la guerre chimique, un écologisme rousseauiste aspirant au retour à la nature, un militantisme anti-OGM et anti-nanos nourri de « principe de précaution » et de « risque zéro ».

La chimie est-elle redevable du qualificatif « technoscience » ? Y a-t-il véritablement un continuum entre l'industrie chimique et la science qu'élaborent les laboratoires universitaires ? Un fossé ne sépare-t-il pas la science fondamentale des applications motivées par le profit et la loi du marché ? La chimie aurait-elle chuté si fort que les applications dicteraient désormais les thèmes de recherches universitaires ?

Je m'empresse de rassurer les lecteurs : la science chimique ne se porte pas si mal. Les chimistes continuent à faire de l'excellente science, mus par leur seule curiosité, par la tentation prométhéenne de bâtir une réalité artificielle et par des savoir-faire artisanaux. L'appellation « technoscience » appliquée à la chimie est un placage arbitraire. La paresse intellectuelle l'explique ; elle se double de la projection d'un concept étranger : la notion de technoscience, adéquate aux biotechnologies issues de la biologie moléculaire, est inopérante en matière de chimie, même lorsque cette dernière se déguise, pour mieux séduire, sous les maquillages des nanosciences et des nanotechnologies.

Mais décrivons à présent quelques impressionnantes réalisations concrètes qui viennent au crédit des nanosciences et des nanotechnologies.

Fils électriques à l'échelle du nanomètre

La nanoélectronique a grand besoin de « fils électriques » capables de conduire le courant électrique à l'échelle du nanomètre. Or bien des dispositifs servent déjà à les fabriquer.

On peut faire croître des monocristaux d'un solide conducteur. On obtient ainsi, par évaporation thermique, des nanofils d'oxyde de zinc ZnO ou wurtzite, de 80 nm de diamètre. Une technique semblable permet d'obtenir des nanocâbles coaxiaux fortement conducteurs faits d'oxyde d'étain SnO_2 et d'oxyde d'indium In_2O_3. La croissance cristalline peut s'organiser à partir de surfaces de verre ou de silice, des atomes d'or servant de germes à cette croissance. On peut ainsi former des filaments d'argent par immersion dans un bain contenant du nitrate d'argent. Une application extrêmement prometteuse en est l'augmentation de la capacité de mémoire informatique, qui pourrait être multipliée par un facteur 10 à 100 grâce à l'installation, autour de puces de silicium, de milliards de faisceaux de tels fils ultrafins, disposés en boucles autour desquelles glisseraient de minuscules aimants servant à lire les informations encodées. On appelle ce processus, né d'une idée de Stuart S. P. Parkin, physicien chez IBM, *racetrack memory* (« mémoire en forme de champ de courses »).

Décrivons une autre façon d'aligner des atomes de manière à ce qu'ils forment un fil dont on peut espérer qu'il conduira le courant électrique. Comme précisé plus haut, on appelle « graphène » un assemblage d'atomes de carbone à deux dimensions en forme d'hexagones contigus, formant un pavage du plan. L'obtenir est un jeu d'enfant : du ruban adhésif appliqué sur du graphite permet de décoller des pellicules de graphène. On peut aller plus loin : au moyen d'un faisceau d'électrons de haute énergie, on transforme tout d'abord du graphite en graphène, puis ce graphène en un fil linéaire d'atomes de carbone – une transformation elle aussi récente et novatrice.

Pour la réaliser, des chercheurs chinois ont exploité le flux d'électrons d'un microscope électronique à transmission. Ce microscope leur sert à la fois d'instrument d'observation et d'outil de manipulation. La focalisation du faisceau d'électrons sur une lamelle de graphite permet de l'amincir et d'obtenir ainsi du graphène. En poursuivant l'irradiation à haute énergie et haute intensité, il est possible de creuser deux trous adjacents dans la monocouche de graphène. Deux trous sont séparés par un nanoruban, dont il est alors possible de réduire graduellement la largeur par une irradiation électronique continue. Lorsque les deux bords du ruban sont sur le point de se rejoindre (et donc que le ruban est extrêmement mince), deux files d'atomes de carbone apparaissent. Ces chaînes atomiques, qui comprennent jusqu'à 16 atomes de carbone de longueur, ont une grande stabilité, avec une durée de vie d'une bonne centaine de secondes. Tiendrait-on là le fil électrique moléculaire qui servirait à la nanoélectronique de l'avenir ? Les théoriciens avaient prédit que de telles chaînes carbonées devraient être d'excellents conducteurs. Cela reste à établir expérimentalement.

À quoi peuvent servir ces nanofils ? Charles M. Lieber et ses collaborateurs, à l'université Harvard, les ont utilisés pour façonner un nouveau type de transistor, en forme de V. Il est suffisamment menu pour pouvoir être introduit dans des cellules vivantes et en sonder l'intérieur. Ce dispositif, décrit au mois d'août 2010, est plus petit que de nombreux virus. Il est cent fois plus petit que les sondes dont on disposait jusqu'ici. « Notre utilisation de ces transistors à effet de champ à l'échelle nanométrique représente la première approche totalement nouvelle des études intracellulaires depuis des décennies », a déclaré avec une évidente fierté le professeur Lieber.

Luddites

Les craintes suscitées par les nanotechnologies sont devenues particulièrement virulentes depuis que des interactions sont devenues possibles entre nanostructures et cellules vivantes. Et, effectivement, certaines de ces interactions se sont révélées extrêmement toxiques au niveau cellulaire. Faut-il pour autant bannir ces travaux et les applications que l'on peut en attendre, dont on peut prédire qu'elles seront d'une grande utilité ? L'histoire nous enseigne que toute nouvelle technologie rencontre ainsi des résistances irraisonnées, donnant lieu aux rumeurs les plus folles. À ses débuts, on imputa à la radio des actions délétères, elle fut accusée de rendre fou et de causer des cancers. Les premières voitures automobiles furent accusées de faire tourner le lait des vaches dans leurs pis quand elles passaient près d'elles.

L'aspect artificiel, et artificieux, des nanosciences lui vaut ces résistances, qui s'expriment par la résurgence de mythes familiers, en premier lieu ceux de l'apprenti sorcier et du docteur Frankenstein. Or, là encore, la nature nous montre l'exemple. De nombreuses nanostructures naturelles existent. Un seul exemple : les splendides couleurs des ailes de papillons proviennent de gyroïdes – pour un mathématicien, ce sont des surfaces minimales à trois dimensions, triplement périodiques et indéfiniment interconnectées – faits de nanocristaux associant de l'air et de la chitine, et qui ont ces étonnantes propriétés optiques.

Nanoaimants

La recherche de nouveaux matériaux aptes à servir de mémoire en informatique incite les chercheurs à mettre au point des nanoaimants. Le magnétisme provient généralement de la présence, dans un échantillon matériel même minuscule, de millions de centres métalliques dont chacun est porteur d'un électron non apparié. Je m'explique. Le plus souvent, les électrons présents dans la matière vont par paires. En effet, chaque électron possède une propriété dénommée « spin » : lorsqu'on le place dans un champ magnétique, il prend une orientation, soit dans le sens du champ, soit en sens contraire. Deux électrons ayant des spins opposés s'apparient. Mais il existe aussi parfois des électrons qualifiés de « célibataires », non appariés. Ce sont eux qui donnent naissance au magnétisme.

Les nanoaimants incorporent de tels spins électroniques, associés à des atomes métalliques. Ils peuvent être alignés par l'application d'un champ magnétique directeur et conserver indéfiniment cette orientation, ce dont on tire profit pour une mise en mémoire informatique (en jouant le rôle du oui/non du système binaire et donc de bits informatiques).

Par contraste avec ce magnétisme usuel, ont été mis au point des aimants unimoléculaires (ainsi dénommés par David Hendrickson en 1996), faits d'agrégats d'un nombre relativement petit d'atomes d'un métal dit « de transition » – l'ensemble des métaux de transition forme un sous-ensemble des métaux de la classification périodique. Ces aimants unimoléculaires présentent un magnétisme à très basse température. Du fait de leur taille infime, ils acquièrent des propriétés quantiques absentes des matériaux magnétiques que l'on connaissait jusqu'ici. Ces propriétés incluent à la fois un effet tunnel[11] de la magnétisation et ce que l'on désigne par une « interférence de phases », deux caractéristiques essentielles pour faire de tels nanomatériaux des unités d'information, autrement dit des bits quantiques, opérant à une échelle bien plus petite encore que les dispositifs utilisés jusqu'ici.

Leur avantage majeur est leur petitesse, comparée à celle des corpuscules magnétiques usuels, et l'aptitude d'une molécule unique à stocker une information. De ce fait, on envisage de passer d'une capacité de mémoire de l'ordre de 5 gigabits/cm^2 (soit 5×10^9 bits/cm^2) actuellement à 30 terabits/cm^2 (soit 30×10^{12} bits/cm^2), ce qui représente un gain d'un facteur 10 000.

Pour ces applications, les chercheurs se sont beaucoup focalisés sur des complexes du manganèse, dont le cœur est occupé par une molécule de $Mn_{12}O_{12}$, dont il fut déjà question au chapitre 6.

---

11. L'effet tunnel est un concept complexe de la mécanique quantique. Il concerne la possibilité, pour un objet quantique, de traverser une barrière de potentiel sans passer par-dessus, comme c'est le cas ordinairement.

Cantique des points quantiques

Au-dessous d'un nombre critique de constituants, les agrégats d'atomes se comportent comme des atomes isolés, avec des états d'énergie électronique quantifiés et discrets ; ils ne forment donc plus un continuum comme c'est le cas au sein des solides cristallins usuels. C'est pourquoi on les appelle « points quantiques ». Jusqu'à récemment, les plus petits d'entre eux étaient des nanocristaux, comptant un millier d'atomes environ pour un diamètre d'environ 10 à 12 nm.

En 2010, une équipe dirigée par Robert A. Wolkow, de l'université de l'Alberta à Edmonton, au Canada, a effectué une impressionnante percée, qui pourrait ouvrir la voie à des ordinateurs de nouvelle génération. Elle a découvert que ces nouveaux points quantiques se comportent comme des transistors, mais à l'échelle atomique. Leur obtention passe par la couverture préalable d'une surface de silice par des atomes d'hydrogène. Lorsqu'on retire l'un de ces atomes d'hydrogène, cela provoque la présence d'une charge électrique négative sur un atome de silicium, qui se comporte dès lors comme un point quantique. Si l'on retire un second atome d'hydrogène proche du premier, cela induit la formation d'une pseudo-molécule Si_2 dans laquelle un électron unique lie les deux noyaux de silicium. On peut poursuivre de la sorte, et constituer ainsi des pseudo-molécules Si_4, qui ne comportent que deux électrons de liaison. La stabilité de ces états électroniques est remarquable, même à température ambiante. Les applications pratiques sont d'autant plus prometteuses qu'il suffit d'énergies très faibles pour contrôler ces dispositifs.

Des points quantiques formés de séléniure de cadmium CdSe ont été beaucoup étudiés, car ils se caractérisent par une forte luminescence, mais ils sont très toxiques pour les cellules biologiques. On s'est donc tourné vers des points quantiques faits de silicium, dont on peut napper la surface de molécules organiques. Photoluminescents, ils sont utilisables dans le cadre de l'imagerie biologique et médicale, à l'échelle cellulaire.

Depuis leur invention en 1949 par Norman Joseph Woodland et Bernard Silver pour inventorier des stocks de denrées et être ensuite lus par des détecteurs à laser, les codes-barres font partie de notre quotidien. Mais comment les faire passer de l'échelle qui nous est familière, centimétrique, à l'échelle nanométrique ? Un tel gain, de sept ordres de grandeur, permettrait d'étiqueter des biomolécules, comme les acides nucléiques et les protéines.

Une telle miniaturisation est comparable à celle qui réduirait une tour Eiffel à une hauteur d'une quarantaine de microns. Pour jouer ce rôle de codes-barres micrométriques, des chercheurs de l'université de Toronto ont eu recours à des points quantiques d'un diamètre compris entre 4 et 20 microns seulement. La technologie actuelle permet de fabriquer des minuscules perles de ce type à partir de polymères diversement colorés. Leur fluorescence est excitable par un laser.

On dispose ainsi de codes-barres dont chaque élément émet sa fluorescence à une longueur d'onde prédéterminée (520, 580, 630 nm...). L'intensité de ces signaux lumineux, modulable, permet d'encoder l'information désirée avant d'étiqueter par ce moyen une molécule d'ADN, par exemple.

Nanobijoux

Dans le chapitre 6, nous avons rencontré ces toutes petites structures d'or moulées sur des frustules de diatomées. De façon bien plus générale, et à une échelle plus petite encore (nanométrique), de telles méthodes permettant d'organiser les atomes d'or suscitent un immense intérêt. On se sert assez souvent d'entités biologiques comme l'ADN, entre autres, ou comme les enveloppes protéiques de certains virus pour former des nanofils faits d'atomes d'or ou d'autres structures encore, par exemple des systèmes capables de provoquer le photoclivage de l'eau (voir le chapitre 4).

Par ailleurs, de petits amas d'atomes d'or avec typiquement des diamètres inférieurs à 3 nm (ce qui correspond à un nombre d'atomes compris entre 25 et 1 000) ont d'exceptionnelles activités catalytiques, qui augmentent lorsque la taille de ces agrégats nanométriques diminue.

Nano

Les nanoparticules sont des miettes de matière, ayant généralement un ordre de grandeur de quelques dizaines de nanomètres au plus. À quoi donc servent-elles ? Leurs applications sont d'une très grande diversité, on le verra sur quelques exemples.

On les utilise pour catalyser des réactions chimiques, d'intérêt industriel, ou pour des applications environnementales. Ainsi, on catalyse l'oxydation du monoxyde de carbone CO en dioxyde CO_2 au moyen de particules d'or, sur lesquelles on a greffé des chaînes soufrées, portées par une électrode. Des nanoparticules de sulfure de molybdène MoS_3 améliorent le pouvoir lubrifiant d'hydrocarbures.

Les oxydes métalliques forment une sous-catégorie fortement mise à contribution. L'une de leurs applications est la détoxification d'armes chimiques : par exemple, des nanoparticules d'oxyde de calcium désactivent l'ypérite et d'autres gaz de combat. Ou encore, avec de l'oxyde de magnésium (ou magnésie), on rend inoffensifs des composés phosphorés neurotoxiques.

Autre sous-catégorie aux applications multiples, les nanotubes de carbone. Ils servent, entre autres, à la nanoélectronique, comme pour la mise au point de nanocircuits, poussant davantage encore la miniaturisation des dispositifs les plus divers. Autre mise à contribution d'un très grand intérêt, leur capacité comme récipients d'hydrogène, dans la perspective d'une économie basée sur l'hydrogène – obtenu par exemple par photoclivage de l'eau.

Des nanoparticules semiconductrices sont étudiées pour des applications telles que des diodes émettrices de lumière (LED), des lasers, des senseurs et des écrans d'affichage. Des nanoparticules d'argent servent de siège à des réactions photochimiques, transformant l'énergie lumineuse en produits chimiques, souvent de décomposition.

Ce qui frappe dans toutes ces utilisations présentes ou futures des nanoparticules n'est pas seulement leur riche diversité. C'est aussi combien elles se coulent dans des problèmes techniques à l'ordre du jour, comment elles s'inscrivent au cœur de la société de consommation, qu'elles viennent encore développer, sinon améliorer.

Bref, elles participent de l'ingénierie, point de la science, qui pourtant leur donna naissance. Prises dans leur ensemble, elles témoignent d'un évident et pour moi troublant manque d'imagination.

Solides nanospongieux

Les chimistes se sont récemment dotés d'échafaudages dits « métaux-organiques » : il s'agit de réseaux comportant des atomes métalliques aux nœuds du réseau, les interconnexions entre atomes étant réalisées par des « bras » organiques. Ces ensembles poreux constituent de véritables éponges à l'échelle nanométrique, capables d'absorber des gaz comme H_2, CO_2 ou CH_4. Leurs surfaces internes, énormes, sont mesurées par la méthode BET, déjà évoquée dans le chapitre 4. Hélas, l'engorgement de ces éponges par des reliquats de gaz précédemment incorporés diminue grandement leurs capacités effectives de 1 à 2 ordres de grandeur. Étant donné leur prix de revient élevé, leurs applications pratiques – telles que le piégeage de CO_2 issu de combustions dans des centrales thermiques (pour éviter son émission dans l'atmosphère) ou dans des moteurs à hydrogène pour automobile (voir le chapitre 4) – imposeraient leur réutilisation un grand nombre de fois. Il faudrait donc pouvoir vider intégralement ces nanoéponges. Or une équipe de l'université Northwestern à Evanston (Illinois) a mis au point un protocole de lavage, d'abord à l'éthanol, puis par CO_2 liquide et enfin par CO_2 à l'état supercritique[12], à 31 °C et sous 73 atmosphères. Les résidus antérieurs sont dissous dans ces solvants et évacués de l'ensemble des cages dans lesquelles ils étaient durablement incarcérés.

---

12. Le point critique d'un corps pur se rapporte à un graphe reliant pression, température et masse volumique, tel que la transition de phase entre les états liquide et gazeux soit impossible. L'état supercritique est celui qui prévaut à des pressions et températures supérieures.

Biosenseurs nanométriques

Associer des biomolécules à des dispositifs nanotechnologiques bien conçus permet de détecter la fixation d'un substrat unique (médicament, hormone...) sur un récepteur biologique. Les métalloprotéines capables d'effectuer des oxydoréductions (réactions chimiques avec transfert d'électrons) peuvent être utilisées à cette fin. C'est le cas, par exemple, de la ferritine, du cytochrome c et du cytochrome P450, de la myoglobine et de l'hémoglobine, de la peroxydase du raifort, de la catalase, de la glucose oxydase et de la xanthine oxydase. Outre leur aptitude à transférer des électrons, les métalloprotéines peuvent rythmer leur activité d'oxydoréduction avec une périodicité fixe. Elles ont en outre des dimensions nanométriques, surtout s'il s'agit d'une molécule unique.

Prenons l'exemple de l'observation du fonctionnement d'une protéine. Pour avoir un bon contact électrique avec le substrat étudié, il est nécessaire d'y insérer des électrodes. Comment faire pour respecter l'intégrité de fonctionnement de la protéine ? Pour y parvenir, on pratique l'adsorption de métalloprotéines à la surface d'électrodes métalliques. La fixation de ces protéines sur ces électrodes assure un contact électrique et, par conséquent, un transfert d'électrons entre le métal et la protéine, dans un sens ou dans l'autre. Ces transferts électroniques sont rapides et efficaces dans les procédures récemment mises au point. Ils le sont suffisamment pour éviter que ne diffusent hors de la protéine des entités chimiques qualifiées de « redox », car elles interviennent ordinairement dans les processus d'oxydation et de réduction au sein de ladite protéine.

C'est ainsi que l'on élabore des biosenseurs nanométriques qui auront des myriades d'applications, à commencer par le suivi du fonctionnement de nos organes, en vraie grandeur.

Retour des crèmes hydratantes

Les cosmétiques sont d'ores et déjà un domaine d'application des nanotechnologies. D'assez nombreuses crèmes pour la peau, des crèmes solaires en particulier, ont des composantes nanométriques, dont les tailles vont de 50 à 5 000 nm. Ce sont des vésicules de type liposomes, qui servent à apporter des molécules actives sur la peau. Ce sont aussi, dans les crèmes solaires, des nanoparticules de dioxyde de titane ou d'oxyde de zinc, qui absorbent et diffusent les rayons ultraviolets.

Les nanodimensions vont de pair avec des rapports surface/volume élevés, qui augmentent l'efficacité de ces ingrédients. Ils augmentent aussi leur attractivité pour les utilisateurs qui préfèrent appliquer sur leur peau des préparations transparentes plutôt que des crèmes blanches. Mais ces préparations sont-elles exemptes de risques ? Ce n'est pas sûr. J'aborde le risque chimique de façon générale dans le chapitre 18 et je traite des cosmétiques dans leur ensemble dans le prochain chapitre.

Pour conclure celui-ci, je tiens à insister sur les trois points complémentaires qui furent abordés : la chimie est une nanoscience par essence et par définition ; la qualifier de « technoscience » est une simplification caricaturale ; l'avènement du règne du nano est une véritable cure de jouvence pour la science chimique, qu'elle soit fondamentale ou appliquée.

La convergence NBIC

Depuis presque une dizaine d'années, on nous annonce son imminence. De quoi s'agit-il, au juste ? De ce que nanoscience et nanotechnologies (N), biologie et médecine (B), informatique (I) et sciences cognitives (C) sont sur le point de fusionner – avec des conséquences révolutionnaires pour l'humanité, à commencer par la prévention et le traitement des cancers, des dégénérescences cérébrales, etc.

Mais verrons-nous cet avènement prochainement ? Il est permis d'en douter, ne serait-ce que du fait des conservatismes existants, dans des secteurs comme la médecine, justement, ou l'enseignement. Certes, les arguments des tenants de cette convergence, sur des centaines de pages de gros rapports d'organismes fédéraux américains, comme la National Science Foundation, se lisent comme de l'excellente science-fiction.

Pourquoi donc résister au plaisir de se croire déjà installés dans cette utopie ? Parce que la convergence NBIC fait trop penser à un titre à sensation dans un journal ; davantage encore au matraquage télévisuel des chaînes d'information en continu, avec leur constante création de pseudo-événements. Tout ce tintamarre médiatique nous a vaccinés, nous a dotés d'un solide scepticisme.

La convergence NBIC a, en sa faveur, un précédent monumental, Internet. Mais qui l'a annoncé ? Vers 1965 ? Dans toutes ses conséquences, comme la disparition des encyclopédies papier, le naufrage des journaux quotidiens ou hebdomadaires, l'avènement du livre numérique, le commerce de détail en ligne, et j'en passe ?

Parmi nous, bien peu sont prophètes, ce talent ne court pas les rues. Il est pourtant indispensable d'anticiper. Mais il nous faut raison garder, au sens fort : l'avancement des connaissances fait appel, certes, à l'imagination, mais à la raison aussi. Viennent seulement ensuite d'éventuelles innovations techniques.

La convergence NBIC ? Assurément. Mais pas sous les formes annoncées. Et plutôt après 2025 qu'avant.

Indications bibliographiques

Sources

FOURNIER-BIDOZ S. *et al.*, « Facile and rapid one-step preparation of quantum-dot barcodes », *Angewandte Chemie International Edition*, vol. 47, 2008, p. 5577-5581.

BORMAN S., « Molecule's atoms, bonds visualized », *Chemical & Engineering News*, vol. 87, n° 35, 2009, p. 6.

SULLIVAN P. A. et DALTON L. R., « Theory-inspired development of organic electro-optic materials », *Accounts of Chemical Research*, vol. 43, 2010, p. 10-18.

KIM W.Y. et KIM K. S., « Tuning molecular orbitals in molecular electronics and spintronics », *Accounts of Chemical Research*, vol. 43, 2010, p. 111-120.

SCHMIDT V., WITTEMANN J. V. et GO U., « Growth, thermodynamics, and electrical properties of silicon nanowires », *Chemical Reviews*, vol. 110, 2010, p. 361-388.

ZHOU X. *et al.*, « Size-dependent catalytic activity and dynamics of gold nanoparticles at the single-molecule level », *Journal of the American Chemical Society*, vol. 132, 2010, p. 138-146.

SHIOHARA A. *et al.*, « Chemical reactions on surface molecules attached to silicon quantum dots », *Journal of the American Chemical Society*, vol. 132, 2010, p. 248-253.

KUNDU P. *et al.*, « Nanoscale heterostructures with molecular-scale single-crystal metal wires », *Journal of the American Chemical Society*, vol. 132, 2010, p. 20-21.

VARNAVSKI O. *et al.*, « Critical size for the observation of quantum confinement in optically excited gold clusters », *Journal of the American Chemical Society*, vol. 132, 2010, p. 16-17.

CHHABRA R. *et al.*, « One-pot nucleation, growth, morphogenesis, and passivation of 1.4 nm Au nanoparticles on self-assembled rosette nanotubes », *Journal of the American Chemical Society*, vol. 132, 2010, p. 32-33.

WANG C. *et al.*, « Large-scale synthesis of SnO2 nanosheets with high lithium storage capacity », *Journal of the American Chemical Society*, vol. 132, 2010, p. 46-47.

PITTMAN D., « Power from motion », *Chemical & Engineering News*, 2 août 2010, p. 50-51.

LADD T. D. *et al.*, « Quantum computers », *Nature*, vol. 464, 2010, p. 45-53.

WALSER T., « Prospective life cycle assessment of nanosilver T-shirts », *Prospective Environmental Assessment*, École polytechnique fédérale de Zürich (ETH), 5 mai 2010.

HOCHBAUM A. I. et YANG P., « Semiconductor nanowires for energy conversion », *Chemical Reviews*, vol. 110, 2010, p. 527-546.

ROCO M. C. *et al.* (éd.), « Convergence of Knowledge, Technology and Society », *Beyond Convergence of Nano-Bio-Info-Cognitive Technologies*, Dordrecht ; Heidelberg ; New York ; London, Springer, 2013.

BAINBRIDGE W. S., ROCO M. C. (éd.), « Converging Technologies for Improving Human Performance », *Nanotechnology, Biotechnology, Information Technology and Cognitive Science*, Arlington, VA, National Science Foundation, 2002.

NEZHMETDINOVA F., « Global challenges and globalization of bioethics », *Croat Med J.*, 54, 2013, p. 83-85.

SERGEEV G. B., « Nanoparticles in science and technology », in *Nanochemistry*, Elsevier, Amsterdam, ch. 8, 2006, p. 175-208.

SCHEUFELE D. A., « Communicating science in social settings », *PNAS*, 2013, 110 (suppl. 3), p. 14040-14047 ; « Science communication as political communication », *PNAS*, 111 (suppl. 4), 2014, p. 13585-13592.

Réflexions & Débats

DUPUY J.-P., « Quand les technologies convergeront », *Revue du MAUSS*, n° 23, 2004, p. 408-417.

DUPUY J.-P., « Le problème théologico-scientifique et la responsabilité de la science », *Le Débat*, n° 129, 2004, p. 175-192.

HUBERT M. et SPIVAK L'HOSTE A., « Prendre la vague des nanotechnologies depuis la périphérie », *Revue d'anthropologie des connaissances*, vol. 2, n° 3, 2008, p. 441-468.

BONTEMS V., « L'imaginaire des nanotechnologies », *Études*, vol. 408, n° 4, 2008, p. 484-494.

KLEIN É. *et al.*, « Nanosciences : les enjeux du débat », *Le Débat*, n° 148, 2008, p. 65-79.

FLIPO F. et LARQUÉ L., « Ouvrir l'Université aux possibles démocratiques », *Revue du MAUSS*, n° 33, 2009, p. 306-326.

BENSAUDE-VINCENT B., *Les Vertiges de la technoscience : façonner le monde atome par atome*, Paris, La Découverte, 2009.

BENSAUDE-VINCENT B., « Nanotechnologies : une révolution annoncée », *Études*, tome 411, n° 6, 2009, p. 605-616.

PONCE DEL CASTILLO A. M., « La réglementation européenne en matière de nanotechnologies », *Courrier hebdomadaire du CRISP*, vol. 20, n° 2065, 2010, p. 5-40.

Chapitre 11

Cosmétiques et chimie

Voilà bien longtemps que la chimie est mise à contribution pour la conception et la fabrication des cosmétiques, puisque l'on peut remonter jusqu'à la préhistoire : nos prédécesseurs du Paléolithique usaient de peintures corporelles, tout comme le faisaient encore récemment les aborigènes d'Australie et diverses peuplades africaines, amérindiennes ou océaniennes. Les préhistoriens sont arrivés à cette conclusion à partir d'un impressionnant ensemble de données. L'ocre rouge, en particulier, était utilisé pour enduire la peau et sans doute aussi le pourtour des yeux : Henri de Lumley a trouvé des crayons d'ocre rouge – des pigments ferriques dispersés dans de l'argile – datant du Paléolithique inférieur (- 380 000 ans) sur le site de Terra Amata, à l'emplacement de l'actuelle ville de Nice. On pense que ces enduits n'étaient pas utilisés uniquement comme maquillage, mais aussi comme antibactériens et antiparasitaires.

Il semblerait que ces parures précédèrent les peintures pariétales. Les enduits utilisés pour réaliser ces peintures sont des pigments dispersés dans de la graisse animale ou des argiles : pour les rouges, de l'ocre obtenu à partir d'oxydes de fer comme l'hématite et la limonite ; pour les noirs, du charbon de bois et de l'oxyde de manganèse ; pour les blancs, du kaolin et de la craie. Dans un premier temps, ce sont les peintures des grottes qui ont attiré l'attention des préhistoriens sur le rôle que jouaient les couleurs chez les hommes du Paléolithique ; elles les ont ensuite mis sur la piste des peintures corporelles lorsque des vestiges les ont fortement suggérées.

Dans l'Antiquité, se farder participait du jeu, grave, de la séduction. Lorsque Inanna, déesse de l'amour physique des Sumériens, descend aux Enfers, elle a les yeux maquillés avec un fard dénommé « Qu'il vienne ! Qu'il vienne ! » et les seins avec un fard dénommé « Homme, viens ! viens ! ». Ses parures, comme Jean-Pierre Vernant le souligna, « étaient consubstantielles à son *numen* de divinité[13] » (le *numen* désignant le pouvoir d'un dieu dans le contexte des religions de l'Antiquité classique). Selon lui, le pouvoir de séduction de la déesse mésopotamienne était proche de la *charis* grecque (faite à la fois de grâce et de bienveillance).

Les fards des Égyptiens de l'Antiquité étaient fabriqués surtout à partir de divers minerais naturels dérivés du plomb (Pb) : la galène, qui est un sulfure (PbS), et la cérusite, faite de carbonate de plomb ($PbCO_3$). La première permettait d'obtenir des fards noirs et des khôls. La seconde, une poudre blanche, servait, par adjonction à la galène, à élaborer des fards plus clairs. D'autres dérivés du plomb qui sont, eux, des composés de synthèse, ont été retrouvés dans les

13. Jean-Pierre Vernant a souligné ce point dans une recension de l'ouvrage d'Éléna Cassin, *La Splendeur divine, introduction à l'étude de la mentalité mésopotamienne* (Paris ; La Haye, Mouton et Cie, 1968). Cette recension est parue dans la revue *L'Homme*, vol. 11, n° 1, 1971, p. 100-103.

fards de l'Égypte ancienne (entre - 2000 et - 1200) : la laurionite (PbOHCl) et la phosgénite ($Pb_2Cl_2CO_3$), que l'on ne trouve presque pas à l'état naturel. Des livres de recettes plus tardifs font mention de diverses méthodes pour les préparer. La malachite verte, l'ocre rouge ou le lapis-lazuli bleu – des minéraux plus ou moins abondants à l'état naturel – servaient de base à des fards à paupières.

On s'est interrogé sur ce recours intensif des Égyptiens à des dérivés du plomb, métal lourd et en principe toxique. On sait que de tels dérivés, la laurionite en particulier, étaient utilisés pour des soins, puisqu'ils entraient dans la composition de collyres – des traités médicaux grecs et romains de l'Antiquité en font état. Le mode d'action en a été élucidé en 2010, par le laboratoire de Christian Amatore de l'École normale supérieure : la laurionite induit la production d'oxyde nitrique (NO) par les cellules ; ce médiateur chimique stimule la production de macrophages (globules blancs), soldats de la guerre antibactérienne.

Le marché mondial des cosmétiques

Qu'en est-il aujourd'hui ? Commençons avec quelques données sur la dimension du marché des cosmétiques. À l'échelle de la planète, le marché total des cosmétiques est d'environ 140 milliards d'euros. À eux seuls, les États-Unis et le Japon représentent 45 % de ce total. La consommation *per capita*, qui est de l'ordre de 50 euros par an dans les pays riches, monte à plus de 170 euros par an dans les pays scandinaves. Elle est nettement plus faible en Chine, où elle est comprise entre 2 et 5 euros, mais où elle avoisine les 20 euros dans les grandes villes comme Pékin ou Shanghai. Malgré ces chiffres relativement bas, avec sa population de 1,3 milliard de personnes, la Chine se hisse au tout premier plan dans ce secteur, où elle est en passe de rattraper les États-Unis en dépense totale annuelle. Ce marché chinois vaudra bientôt à lui seul 4 milliards de dollars par an, pour un marché américain qui était de 3,6 milliards de dollars en 2006. Il est dominé par de grandes sociétés occidentales comme Procter & Gamble, L'Oréal et Dior. On peut escompter la montée en puissance de firmes chinoises dans les prochaines années. Le taux de croissance annuel, supérieur à 10 %, est plus du double de celui des États-Unis. Chez ces derniers, la production chimique tous azimuts (engrais, plastiques, colorants et cosmétiques) montre un gros excédent des exportations sur les importations et contribue donc à réduire le déficit du commerce extérieur de la première puissance mondiale.

Le marché mondial des cosmétiques est dominé par un petit nombre de multinationales, qui assurent à elles seules plus de la moitié des ventes. En effet, cette branche industrielle nécessite de lourds investissements de recherche et développement. Les plus gros vendeurs sont, dans l'ordre, l'américain Procter & Gamble (13 %), le français L'Oréal (10 %), les britanniques Unilever et Colgate-Palmolive, les américains Estée Lauder, Avon, Johnson & Johnson, l'allemand Beiersdorf et le japonais Shiseido.

Ce marché se structure selon des monopoles sur les divers segments du marché : chacun des acteurs s'efforce de délimiter un créneau qui lui soit propre afin d'y avoir les coudées franches. C'est un marché dynamique, avec un taux élevé d'innovations qui s'ancre dans la recherche, technologique surtout. Au niveau mondial, L'Oréal est celui qui affecte le plus fort pourcentage de ses ventes à la recherche (3,4 %), suivi de Shiseido (2,5 %).

La France reste le premier exportateur mondial de cosmétiques et de produits de toilette : 8 milliards d'euros en 2005. Pour fixer les idées, la commande par la SNCF de 860 rames de TER à la firme canadienne Bombardier en 2010 est d'un montant identique. Le chiffre des exportations américaines dans le même secteur était 3,8 milliards d'euros en 2005.

Faire bon visage

Le visage reçoit la plus grande part de cosmétiques, car c'est ce que nous montrons en priorité à autrui. Il est presque toujours nu, non masqué, pour ne pas occulter le regard, même si des lunettes le protègent. L'intensité et l'expression de notre regard jouent un rôle important dans la manière dont nous sommes perçus et dans notre communication avec nos interlocuteurs[14].

Les cosmétiques nous aident à faire bon visage. Dans une société où l'on nous répète à l'envi qu'avoir l'air jeune est un atout, il importe à beaucoup – en particulier aux femmes – de présenter un visage frais et avenant, dénué de rides. Ce fait de société est à la fois encouragé et exploité par les publicitaires et les commerciaux des grandes sociétés spécialisées, pour lesquelles il constitue une véritable mine financière.

---

14. Visage et vision ont partie liée. Le suffixe *-age* est d'ailleurs assez tardif : jusqu'au XVe siècle, on disait seulement « vis » – préservé par exemple dans la locution « vis-à-vis ».

Maquillage et tricherie

Dans son actuelle acception, le mot « maquillage » est récent : il ne date que des XIXe et XXe siècles. Il dérive du verbe « maquiller », qui, à l'origine, désignait des tours de main peu honnêtes pour gagner aux cartes. Ce sous-entendu de tricherie affecte toujours le sens du mot, dont il constitue le revers, le côté péjoratif : maquiller, c'est aussi dissimuler et tromper. D'ailleurs, la syllabe initiale *mak-* évoque des mots tels que « maquereau », « maquerelle », « maquignon », tous dénigrants.

Mais le mot est aussi porteur d'une image extrêmement positive, en particulier si on rapproche le maquillage du masque. Toujours selon Jean-Pierre Vernant, en Assyrie et à Babylone, les mots désignant la splendeur et le rayonnement d'une divinité incluent la médiation du masque. Osons la transposition : le maquillage vise à doter celui qui le porte d'une splendeur et d'un rayonnement évocateurs du divin. Dans le théâtre grec, les acteurs portaient des masques et les représentations s'apparentaient à des cérémonies religieuses. Le théâtre contemporain, où les comédiens sont costumés et fardés, constitue un lieu propice à la *catharsis,* qu'il suscite parfois. Quant aux médias, ils nous ont habitués au rituel obligé du maquillage avant tout « passage à la télévision », qui représente une sorte d'apothéose pour beaucoup.

Deux professions ont pratiqué de tout temps le maquillage outré : comédien et courtisane. L'acteur se grime et la cocotte se farde. L'un et l'autre le font pour se conformer à leur rôle.

Les soins de beauté

Doit-on associer ou, au contraire, opposer soins de santé et soins esthétiques ? Ne doit-on voir que complaisance dans les seconds et nécessité dans les premiers ? Pour ma part, je me situerais bien à l'encontre de cette position, que je vois comme une forme de puritanisme. Je considère en particulier que la médecine et, en particulier, la chirurgie esthétique réunissent ces deux domaines en se plaçant à leur frontière.

Les soins de beauté oscillent entre l'altruisme des professions de santé et le narcissisme lié à l'image de soi. J'en veux pour preuve le nom de la marque sous laquelle Estée Lauder commercialise un certain nombre de ses produits : Clinique.

Si simple !

La chimie dont relèvent les soins de beauté est parfois élémentaire, presque rudimentaire. Au début du XXe siècle, Helena Rubinstein, une des fondatrices de la cosmétologie moderne, déclarait, de façon un rien provocante et fort modeste, que tout son art se réduisait à de la graisse de bœuf et de la publicité. En une cinquantaine de millénaires, les choses ont bien peu changé. Mais cette simplicité peut s'approcher d'un art véritable. J'en veux pour preuve une des pierres de touche des coiffeurs, la permanente, qui n'est pas complètement tombée en désuétude, loin de là.

Le cheveu est constitué à 90 % d'une protéine, la kératine. Celle-ci est un biopolymère dont les modules constitutifs sont vingt acides aminés. L'un d'eux, la cystéine, porte un groupe soufre-hydrogène (SH) appelé « groupe thiol ». Lorsque deux cystéines sont suffisamment proches dans l'espace, elles peuvent s'apparier par des ponts reliant leurs atomes de soufre, ou ponts disulfures -S-S-. C'est l'oxygène de l'air qui permet à ce pontage de s'effectuer ; il s'agit donc d'une oxydation.

Lorsqu'un coiffeur effectue une permanente, il utilise dans un premier temps un réactif réducteur qui, agissant à l'inverse d'un oxydant, lui permet, telle une paire de ciseaux, de couper tous ces ponts disulfures. Ainsi rendue informe, la chevelure est alors aisée à modeler. Le second stade de la procédure consiste en une ré-oxydation, qui réinstalle des ponts disulfures et « verrouille » la configuration d'ensemble selon la nouvelle forme qui lui a été donnée par le coiffeur. En dépit de sa technicité (le pontage de fonctions thiols), cette manipulation est d'une totale simplicité, à la fois conceptuelle (on coupe puis on recolle) et opératoire.

Si complexe ?

Une autre chimie intéressante à observer, et qui, elle, est loin de la simplicité que je viens de mentionner, est celle des shampooings. Si le premier critère d'un shampooing est la détergence, ce n'est pas le seul : il ne doit être ni trop fluide ni trop visqueux, afin de s'écouler lentement – mais pas trop – dans la paume de la main, et cela dans une large gamme de températures ; il lui faut former une mousse abondante et durable, par adjonction d'air et d'eau ; il doit rester stable à l'air et à la lumière durant des mois, voire des années, afin de bien se conserver sur les étagères du commerçant et du consommateur. Son aspect, son onctuosité, sa fragrance sont également d'une grande importance. Des modes s'implantent et les diverses marques semblent se donner le mot pour élaborer des formulations très voisines – pas les emballages ! Une année, on ne trouve que des shampooings transparents. Une autre, tous sont aromatisés à la framboise ou au fruit de la passion. Sans oublier quelques conventions strictes : les shampooings pour blondes se doivent d'être « à la camomille ». Bien entendu, on demande surtout à un shampooing de laisser le cheveu propre, souple et brillant.

Mais entrons un peu dans le détail de la composition d'un shampooing bien réel, que nous appellerons « shampooing X ». Il comporte bon nombre d'ingrédients, comme en témoigne la longue liste, souvent assez illisible, qui donne sa composition au dos du flacon :

– du polyquaternium-10, un polymère dont le corps est composé de sucres réunis les uns aux autres, un peu comme dans la cellulose, et dont la tête est l'ammonium quaternaire, qui est à la fois un détergent dit « cationique » et un agent antistatique et filmogène, qui s'adsorbe sur la kératine du cheveu ;

– le sulfate de sodium laureth, un détergent (assez puissant) dit « anionique » cette fois-ci, fait d'une assez longue chaîne hydrocarbonée se terminant par une tête porteuse d'une charge électrique négative ;

– l'éthylène diamine tétra-acétate de sodium, un agent de séquestration des ions calcium : en cas de dureté de l'eau, sa présence assure au shampooing la conservation de son pouvoir moussant ;

– l'hexylène glycol, présent à la fois comme solvant et pour son pouvoir émulsifiant ;

– le carbomère (ou acide polyacrylique) : sa fonction est de stabiliser l'émulsion et de contribuer à sa viscosité ;

– le cocoamphodiacétate de sodium : ce composant au nom assez cocasse est un autre détergent anionique, dont la fonction est assez proche de celle du sodium laureth ; c'est aussi un agent moussant et un stabilisateur des mousses ;

– le DMDM-hydantoïne, un diamide cyclique porteur de deux branches CH_2OH ; c'est un antimicrobien dont le rôle majeur est la bonne conservation de la formulation, rôle qu'il remplit en libérant du formaldéhyde, autrement dit du formol ;

– un ester, produit de la condensation entre un acide et un alcool, l'un et l'autre dotés de longues chaînes hydrocarbonées, l'acide stéarique (celui dont on fait les bougies) et d'un alcool dont la molécule comporte vingt atomes de carbone ; il est à la fois émollient, agent émulsifiant, opacifiant, agent de contrôle de la viscosité et agent d'entretien de la peau ; il semble que son rôle principal soit l'homogénéisation du mélange, qui comporte à la fois des détergents anioniques, cationiques et neutres (lui-même), ainsi que de plus petites molécules ;

– l'une de ces petites molécules est l'isopropanolamine, une molécule hybride, à la fois alcool et amine, qui assure l'homogénéisation et la bonne conservation du mélange en ancrant, par des liaisons faibles, des molécules comportant des fonctions alcool ou glycol ;

– la benzophénone-3, une molécule au nom plus barbare encore, la 2-hydroxy-4-méthoxy-benzophénone ; ce composé est un filtre des UV ; il donne également de la stabilité au mélange.

Nous voilà arrivés à dix composants. Est-ce tout ? Non, loin de là ! La formulation comporte aussi du salicylate de benzyle, autre absorbant des UV ; de l'hexyl cinnamal, une aldéhyde ayant une odeur agréable, présente dans l'huile essentielle de camomille; du méthoxycinnamate d'éthyl-hexyle, un autre filtre à UV; du limonène, sélectionné pour son odeur de zeste d'agrume; du méthyl parabène, c'est-à-dire de l'hydroxy-4-benzoate de méthyle, un conservateur dont l'industrie alimentaire fait aussi usage; du linalool, qui se trouve être un messager chimique ubiquitaire pour de très nombreux organismes, qui contribue à l'arôme de certains vins et qui sert ici de déodorant; du tocophérol ou vitamine E, servant d'antioxydant, c'est-à-dire de piège à radicaux libres, ces entités hautement réactives responsables des processus de vieillissement; de l'huile de soja, comme émollient, hydratant et antioxydant; du lilial enfin ou butylphényl méthylpropional pour sa fragrance florale. Nous arrivons à un total de dix-neuf composants!

Bon nombre de ces molécules ont des réputations sulfureuses:

– en tant qu'allergènes: le DMDM-hydantoïne; le methyl parabène; le benzophénone-3; le sodium laureth sulfate; le limonène; l'hexylène glycol; le linalool; le butylphenylmethyl propional; le salicylate de benzyle; l'isopropanolamine; le tocophérol;

– comme irritants des yeux: le benzophénone-3; l'ethyl hexyl methoxycinnamate; le linalool; le butylphenylmethyl propional; le salicylate de benzyle; l'EDTA; le tocophérol;

– comme potentiellement cancérigènes: le tocophérol; le benzophénone-3; le méthyl parabène; l'EDTA; le limonène;

– pour sa neurotoxicité: l'hexyl cinnamal.

Cela peut faire frissonner. Pourtant, ce shampooing X est un produit grand public qui respecte les diverses réglementations, qu'elles soient internes à la profession ou externes (Communauté européenne).

Prenons l'exemple d'une molécule omniprésente dans les cosmétiques : la cocamidopropyl bétaïne. Son pouvoir détersif la fait utiliser tout particulièrement dans les shampooings et les savons liquides. Or sa fabrication fait intervenir de la 3-(diméthylamino) propylamine, ou DMAPA, qui est un allergène. Lorsque la cocamidopropyl bétaïne est contaminée par de la DMAPA du fait d'une négligence lors de la purification ou parce que la société productrice de cosmétiques économise sur la matière première et use de produits chimiques de qualité technique plutôt que de qualité pure, les consommateurs deviennent la proie de dermatites pénibles et défigurantes. On ne peut qu'espérer que de tels comportements seront frappés d'amendes suffisamment lourdes pour ôter aux sociétés coupables toute velléité de recommencer.

Les fabricants de cosmétiques déclarent que le shampooing X ou la cocamidopropyl bétaïne ne présentent aucun risque pour la santé des consommateurs, tandis que leurs opposants affirment que la plupart de ces produits chimiques sont nocifs. Qui croire ?

La réponse se trouve entre les lignes de mon analyse, délibérément détaillée, de la composition de ce shampooing commercial. Les cosmétiques abondent en produits chimiques à la fois indésirables question santé et déterminants question confort. Pour choisir en connaissance de cause entre ces deux pôles opposés et ne céder ni à une confiance aveugle ni à un alarmisme tout aussi excessif, il convient à mon sens de militer pour la mise en place d'ONG supranationales, neutres, dont les moyens matériels seraient comparables à ceux des multinationales productrices. Ces ONG seraient ainsi à même de procéder aux divers tests biologiques d'innocuité. Les organismes actuels de protection des consommateurs, nationaux, me semblent trop peu puissants pour tenir efficacement cette fonction. Mais leur mise en place, que j'appelle de tous mes vœux, risque de se faire à une échéance plutôt lointaine. D'ici là, il vaut mieux éviter de se tartiner trop fréquemment les cheveux et la peau de crèmes et d'onguents.

Autres traitements capillaires

Le shampooing nous fournit une belle illustration de certains dysfonctionnements du monde d'aujourd'hui. Fait pour des nantis, il satisfait à bien des exigences qui ne correspondent pas à de vrais besoins : pourquoi réunit-il autant de produits chimiques différents ? pourquoi sa formulation est-elle aussi complexe ? pourquoi un ingrédient actif y est-il flanqué d'une escorte d'auxiliaires ? quels sont leurs rôles ?

Comme tant d'autres biens de consommation courante, tout produit de beauté obéit à des règlements circonstanciés, conçus par des fonctionnaires, tels ceux de la Commission européenne, qui n'ont pas tous une formation scientifique. Il satisfait, par ailleurs, à un cahier des charges très diversifié – peut-être trop ? –, édicté par des commerciaux. Le résultat est une formulation cumulant des composés chimiques très divers.

Cela vaut, *a fortiori*, pour les teintures des cheveux. Si vous trouvez que la formule du shampooing X se présente comme une énumération un rien lassante, je vous passe celle d'une teinture, qui ressemble à un véritable catalogue de produits chimiques. Sans entrer dans le détail, il me suffira d'indiquer que le principe actif est un colorant, souvent une amine aromatique comme l'amino-4-phénol ou l'amino-4-hydroxy-2-toluène. Ces colorants sont des composés inquiétants, potentiellement allergènes, mutagènes et cancérigènes. Des dizaines d'autres ingrédients les accompagnent, à commencer par de la soude ou de l'ammoniaque, qui ont pour rôle de maintenir un pH basique afin de ne pas inactiver l'amine. Celle-ci doit non seulement être protégée d'une protonation (c'est-à-dire de la fixation d'un proton, ce dernier étant une particule acide inactive vis-à-vis de cette amine), mais aussi d'une oxydation à l'air, d'où la présence d'antioxydants. Des adjuvants servent à modifier la couleur impartie par le colorant au cheveu. La formulation d'une teinture inclut encore des savons et des shampooings, des agents mouillants et moussants, d'autres servant à fixer la coloration de façon plus ou moins permanente, des adoucissants de la texture de la chevelure, et j'en passe.

Pourquoi une telle accumulation de produits chimiques ? Les deux raisons principales, bien qu'intellectuellement peu satisfaisantes, sont la continuité dans la tradition et la législation des brevets. On se teignait déjà les cheveux dans l'Antiquité ; les formulations actuelles ont donc une longue histoire derrière elles, et leur évolution s'est faite par ajout graduel d'ingrédients plutôt que par remise à zéro et élaboration de recettes s'affranchissant des normes antérieures. Si les fabricants se copient les uns les autres, ils veillent aussi à respecter les règles formelles de la propriété intellectuelle et introduisent donc des ingrédients visant à donner un caractère « original » à chacune de leurs formulations, afin de ne pas encourir de procédure en justice pour contrefaçon.

La lutte contre le vieillissement

La chimie permet aujourd'hui aux soins du visage de connaître un nouveau départ. On assiste en effet à une dé-chirurgicalisation du lifting. Non pas que les chirurgiens esthétiques renoncent à leur pouvoir et à leurs (importants) revenus, mais ils ont tendance à privilégier désormais l'acte médical, qui remplace l'acte chirurgical et les quelques heures en bloc opératoire qu'il implique.

Un lifting, on le sait, consiste à exciser une certaine portion de l'épiderme du visage et à le tirer au-dessus des os de la face. Cette technique a un inconvénient : le résultat obtenu donne une expression figée, bien éloignée de la mobilité et de la souplesse qui caractérisent la jeunesse.

La technique qui concurrence l'acte opératoire consiste à injecter une substance sous la peau, de manière à la retendre. Les praticiens ont recours pour cela à l'acide hyaluronique, un biopolymère de la grande famille des sucres – un glycosaminoglycane pour être précis, c'est-à-dire un mucopolysaccharide, de la famille du mucus qu'excrètent nos narines ou du liquide synovial de nos articulations.

Il existe une autre grande procédure antirides, qui consiste elle aussi en une injection : celle de toxine botulique, d'où son nom de botox. Elle induit une paralysie de l'ensemble des muscles du visage, qui, de ce fait, prend des allures de masque parfaitement rigide. Je la considère comme une solution de désespoir et ne peux que souhaiter que ce traitement barbare ne perdurera pas.

Convertisseur d'énergie

Depuis la préhistoire, nous nous mettons des produits sur la peau, afin d'améliorer notre apparence. Où en sommes-nous à présent ? Je prendrai l'exemple des crèmes solaires. On parle d'écran, ce qui porte à imaginer une protection par une sorte de volet ou de panneau, voire de grillage. Ce n'est pas le cas, il s'agit plutôt d'un convertisseur d'énergie, ce qu'il me faut expliquer. Avant d'y venir, quelques rappels sont nécessaires.

Le marché des crèmes solaires se répartit entre une ou deux douzaines de grandes marques qui, d'ailleurs, diffèrent (un peu) suivant les pays. Citons chez nous Avène, La Roche-Posay, L'Oréal, Nivéa, Roc, Sephora, Vichy… Je n'ai pas à vous en recommander une plus particulièrement, adressez-vous à un organisme de consommateurs, comme l'UFC Que Choisir ?

Il importe de se protéger, une exposition prolongée trop fréquente pouvant induire à la longue un cancer de la peau. Mais, à l'inverse, l'esprit des vacances d'été et celui des sports d'hiver aussi encouragent le hâle. Depuis l'après-Seconde Guerre mondiale et la révolution sexuelle subséquente, la nudité, partielle ou totale, est entrée dans les mœurs.

Lors de la grande migration estivale, depuis l'Europe du Nord et les îles Britanniques, vers l'Europe du Sud et de nombreux pays du soleil, plus lointains encore, les épidermes se dorent sur les plages, poitrines des dames y compris. Le conflit entre la grande peur du cancer et le conformisme incitant à être vu(e) bronzé(e) alimente le marché des crèmes solaires.

Mais quelle est la chimie sous-jacente ? Prenons le cas de L'Oréal, avec sa gamme de produits étiquetés « Sublime Sun ».

La composition de l'un d'eux est la suivante : eau ; glycérine ; octocrylène ; dioxyde de titane, en particules de taille nano, et en particules plus grosses ; alcool dénaturé ; sébaçate de di-isopropyle ; butyl-méthoxydibenzoyl méthane ; aluminium ; amidon ; succinate d'octényle ; diméthicone ; CI 77891 ; drometrizole trisiloxane ; benzoate d'alcoyle, à chaînes C12 à C15 ; CI 77491, CI 77492 ; oxydes de fer ; acide stéarique ; éthylhexyl triazone ; méthoxyphényl triazine ; éthylhexyloxyphénol ; phosphate potassique de cétyle ; acide palmitique ; stéarate de peg-100 ; stéarate de glycéryle ; phénoxyéthanol ; alcool cétylique ; triéthanolamine ; glycol caprylique ; **acide téréphtalylidène dicamphre sulfonique** ; hydroxyde d'aluminium ; cocoyl sarcosinate de sodium ; carbomère ; tromethamine ; salicylate de benzyle ; huile d'argania épineuse ; huile des noyaux d'argania épineuse ; caféine ; tocophérol ; tyrosine ; gomme xanthanne ; alcool benzylique ; EDTA disodique ; linalool ; limonène ; cpumarine ; parfum.

Soit presque cinquante ingrédients ! Premier commentaire : comme l'industrie automobile, la production de cosmétiques procède par additions successives – de composés chimiques, dans ce cas, et non de pièces mécaniques. Tel est le poids de la tradition. Mais aussi, nécessité d'une formulation complexe pour, à la fois, se distinguer de la concurrence et – grande obligation – protéger le produit par des brevets.

Arrêtons-nous sur un seul de ces ingrédients, le plus récent, noté en caractères gras ci-dessus. Il s'agit d'une grande innovation de L'Oréal, depuis une dizaine d'années seulement. Dans tous ces ingrédients, celui-ci – dénommé « ecamsule » – sert à bloquer les UVA.

Rappel : les fabricants de crèmes solaires ont eu à éduquer les consommateurs. D'où la distinction entre UVA et UVB. Les premiers vont de 320 à 400 nm, les seconds de 280 à 320 nm. Les UVB causent les coups de soleil, tandis que les UVA, plus insidieux, pénètrent la peau plus profondément, jusqu'au derme. Ils sont responsables à la longue (décennies) du vieillissement de la peau et des rides. Les uns et les autres interviennent dans la cancérisation.

L'ecamsule protège dans toute l'étendue allant de 290 à 400 nm, avec une efficacité maximum à 345 nm, c'est-à-dire dans la région des UVA. Parmi ses avantages, cette molécule est photostable, elle n'est pas dégradée par le rayonnement solaire. Ce dernier cause une isomérisation de l'ecamsule, c'est-à-dire une réorganisation de la disposition de ses atomes, qui est réversible à l'ombre. Le bilan net est une conversion de l'énergie solaire ainsi absorbée en énergie thermique – le réchauffement perçu par la peau reste insignifiant, je ne vous infligerai pas le petit calcul.

Niosomes

L'Oréal a introduit une innovation séduisante au début des années 1980, empruntée à une technique de biophysique. On connaissait déjà les liposomes, de petites vésicules sphériques d'un diamètre de l'ordre du nanomètre, que des phospholipides forment spontanément en milieu aqueux ; la lécithine du jaune d'œuf en est un exemple. Ces molécules se présentent sous forme d'une tête polaire (chargée électriquement) et d'une longue chaîne hydrocarbonée, souvent double. Elles s'assemblent en bicouches semblables à celles des membranes cellulaires : les têtes polaires demeurent au contact du milieu aqueux extérieur, tandis que l'intérieur de la bicouche, huileux, est composé de chaînes hydrocarbonées. Un liposome a une structure en oignon : il est formé par une succession de sphères de bicouches concentriques. Cette structure le rend apte à servir d'enveloppe à de petites molécules comme celles de médicaments très divers, qui peuvent s'insérer dans les bicouches. Une telle encapsulation permet aux molécules de médicament d'être larguées lentement par les liposomes, ce qui leur confère une action prolongée. C'est le cas, en particulier, d'un certain nombre d'anticancéreux.

Les liposomes « artificiels » ou niosomes introduits par L'Oréal ont pour originalité d'être constitués non de phospholipides, mais de lipides non ioniques, les lipo-polyglycérols, qui comportent une seule chaîne hydrocarbonée, longue de 12 à 18 atomes de carbone. Les niosomes peuvent par exemple accueillir des molécules faisant écran aux rayons ultraviolets ; les crèmes solaires ainsi réalisées ne nécessitent qu'une seule application quotidienne au lieu d'une toutes les deux heures. L'Oréal a commercialisé toute une gamme de produits utilisant les niosomes, comme des crèmes antirides.

Dirais-je que les zélateurs du risque zéro, les militants du boycott des nanotechnologies sont en retard d'une guerre ? Cela fait à peu près trois décennies que les lessives ont eu discrètement recours aux OGM, et cela fait trois décennies aussi que les cosmétiques utilisent avantageusement liposomes et niosomes, à savoir une nanotechnologie. Le débat qui fait rage dans notre pays au sujet d'une éventuelle interdiction ou d'un moratoire sur les nanotechnologies aurait avantage à tenir compte de tels précédents, qui ont eu le temps de faire la preuve de leur totale innocuité.

En guise de conclusion

La peau est un organe perméable et d'une grande sensibilité. Les formulations des cosmétiques ne sont donc pas dénuées de risques. Ma recommandation est d'user de crèmes cosmétiques avec prudence et parcimonie.

Tout cosmétique représente le summum de l'artifice. Et l'attitude de ses consommateurs est non respectueuse du naturel et souvent sans méfiance à l'égard de l'artificiel. J'espère que ce chapitre incitera certains à une plus grande réserve et, surtout, à s'éduquer, par exemple via les sites pertinents de la Toile, afin de mieux appréhender les dangers potentiels de tel ou tel produit de beauté.

Les produits alimentaires sont-ils aussi bien surveillés que les cosmétiques ? Avons-nous à redouter leur toxicité, à présent qu'ils comportent tant d'additifs chimiques ? Peut-on se rendre malade dans un restaurant trois étoiles, comme le clament les détracteurs de la gastronomie moléculaire ? Ce que nous apprendrons dans le prochain chapitre.

Indications bibliographiques

Sources

VANDERMEERSCH B., « Découverte d'un objet en ocre avec traces d'utilisation dans le Moustérien de Qafzeh (Israël) », *Bulletin de la Société préhistorique française*, tome 66, n° 5, 1969, p. 157-158.

BALSAM M. S. et SAGARIN E., *Cosmetics Science and Technology*, New York, John Wiley & Sons, 1972.

AZMIN M. N. *et al.*, « The effect of non-ionic surfactant vesicle (niosome) entrapment on the absorption and distribution of methotrexate in mice », *Journal of Pharmacy and Pharmacology*, vol. 37, n° 4, 1985, p. 237-242.

ZANOTTI F. *et al.*, « Experimental design applied to the formulation of lipsticks with particular features », *International Journal of Cosmetic Science*, vol. 20, n° 4, 1998, p. 217-221.

HA J. H. *et al.*, « Allergic contact cheilitis from D&C Red no 7 in lipstick », *Contact Dermatitis*, vol. 48, n° 4, 2003, p. 231.

« A study of the european cosmetics industry », Executive summary, prepared for European Commission, directorate general for enterprise and industry, prepared by Global Insight, Inc., novembre 2007, 24 p.

KNOPP E. et WATSKY K., « Eyelid dermatitis : contact allergy to 3-(dimethylamino)propylamine », *Dermatitis*, vol. 19, n° 6, 2008, p. 328-333.

LUNDOV M. D. *et al.*, « Contamination versus preservation of cosmetics : a review on legislation, usage, infections, and contact allergy », *Contact Dermatitis*, vol. 60, n° 2, 2009, p. 70-78.

POUILLOT A., POLLA B. et POLLA A., « REACH : impact on the US cosmetics industry ? », *Journal of Cosmetic Dermatology*, vol. 8, n° 1, 2009, p. 3-7.

VARVARESOU A. *et al.*, « Self-preserving cosmetics », *International Journal of Cosmetic Science*, vol. 31, n° 3, 2009, p. 163-175.

SHAW D. W., « Allergic contact dermatitis from carmine », *Dermatitis*, vol. 20, n° 5, 2009, p. 292-295.

DE GROOT A. *et al.*, « Formaldehyde-releasers in cosmetics : relationship to formaldehyde contact allergy. Part 1. Characterization, frequency and relevance of sensitization, and frequency of use in cosmetics. Part 2. Patch test relationship to formaldehyde contact allergy, experimental provocation tests, amount of formaldehyde released, and assessment of risk to consumers allergic to formaldehyde », *Contact Dermatitis*, vol. 62, n° 1, 2010, p. 2-31.

COLIGE A. *et al.*, « A full-UV spectrum absorbing daily use cream protects human skin against biological changes occurring in photoaging. », *Photodermatol Photoimmunol Photomed*, 16 (4), 2000, p. 147-155.

L'ALLORET F., CANDAU D., SEÏTÉ S. *et al.*, « New combination of ultraviolet absorbers in an oily emollient increases sunscreen efficacy and photostability », *Dermatol. Ther*, Heidelberg, 2(1), 4, 201.

Réflexions & Débats

LANOË C., « La céruse dans la fabrication des cosmétiques sous l'Ancien Régime (XVIe-XVIIIe siècles) », *Techniques & Culture*, n° 38, 2002, 156 p.

COCHENNEC M., « Le soin des apparences. L'univers professionnel de l'esthétique-cosmétique », *Actes de la recherche en sciences sociales,* n° 154, 2004, p. 80-91.

BORDAT P., « Cosmétiques, vers une troisième catégorie de produits ? », *Les Tribunes de la santé,* n° 6, 2005, p. 29-36.

CHATRIOT A., « La construction récente des groupes de luxe français : mythes, discours et pratiques », *Entreprises et Histoire,* n° 46, 2007, p. 143-156.

LE HÉNAFF Y. *et al.*, « Hématomes, éraflures, cicatrices. Les marques corporelles (involontaires ?) comme *métis* du rugby », *Revue du MAUSS,* n° 32, 2008, p. 553-574.

AROUCA BELAS C. *et al.*, « *Natura* et les vendeuses d'herbes de Belém : cosmétique éthique contre savoirs traditionnels », *Autrepart,* n° 50, 2009, p. 33-50.

Chapitre 12

La gastronomie moléculaire

La gastronomie moléculaire doit sa popularité à Hervé This, son inlassable propagandiste, télégénique et charismatique, qui n'en est pas moins un scientifique, physico-chimiste de formation. Sa meringue à l'azote liquide est le symbole de cette manière révolutionnaire de cuisiner.

En quoi la cuisine moléculaire relève-t-elle de la chimie ? Que peut-on en attendre ? Est-elle en passe de révolutionner la cuisine et la gastronomie ? Certaines de ses réalisations sont-elles nocives, comme le clament ses détracteurs ?

La gastronomie moléculaire a pour objectif de faire de la cuisine une science, sans pour autant la délaisser en tant qu'art. Son ambition première fut, il y a de cela une vingtaine d'années, d'appliquer la physico-chimie aux préparations culinaires.

Hervé This, qui fit plus qu'aucun autre pour prôner cette théorisation du savoir-faire des chefs, releva un défi posé de longue date. La corporation des chimistes était victime d'un préjugé : d'autres scientifiques, les physiciens en premier lieu, rebutés par tout ce qui, dans la chimie, leur restait inexpliqué, accusaient les chimistes de se comporter en cuisiniers : ils se contenteraient d'appliquer des recettes – entendez, ils suivraient des protocoles expérimentaux, des modes opératoires – sans trop en comprendre le bien-fondé.

Hervé This retourna cette diffamation pour la muer en une fierté légitime : je montrerai, proclama-t-il à tout venant, que la chimie permet justement d'analyser et de légitimer les gestes du cuisinier. Pour ce faire, il retrouva un chapitre assez largement oublié de l'histoire récente de la chimie. À la fin XIXe et au début XXe siècle, des physico-chimistes s'intéressèrent à un état de la matière qualifié de « colloïdal » (car illustré par les colles). Cet état n'est ni solide ni liquide, mais fluide. Il est fait de particules en suspension dans un liquide et présente néanmoins un aspect homogène. Les particules sont de taille suffisante pour être arrêtées par des membranes semi-perméables. Or, justement, la cuisine fait largement usage de colloïdes (lait ou gélatine, par exemple) et en prépare de nombreux (crème caramel ou gelée de framboises, par exemple).

Les colloïdes forment un chapitre devenu relativement obscur de l'histoire de la chimie. Leur étude n'avait pas vraiment abouti, car elle était prématurée. La biologie moléculaire naquit dans les années 1930 des cendres de la chimie colloïdale. L'une des branches de cette dernière fut responsable de cet ensemencement, en raison de sa focalisation sur divers biopolymères (comme la cellulose, ou d'autres polysaccharides, ou comme les protéines).

Hervé This eut ainsi le double mérite de prendre en charge l'étude scientifique de la cuisine et de ressusciter la chimie des colloïdes, plus oubliée que discréditée. Dès que sa thèse de doctorat fut achevée, il rejoignit deux laboratoires du Collège de France, ceux de Jean-Marie Lehn (chimiste) et de Pierre-Gilles de Gennes (physicien), tous deux lauréats du prix Nobel. Le prestige attaché à ces deux noms aida This à s'imposer comme porte-parole de la nouvelle sous-discipline qu'il s'empressa de baptiser « gastronomie moléculaire ». Elle s'inscrivait tout naturellement dans ce champ nouveau de la physique que de Gennes avait commencé d'explorer et qu'il avait nommé « physique de la matière molle » – qui inclut donc aussi, bien entendu, l'état colloïdal.

Le programme initial

La cuisine traditionnelle, celle que nous associons à des noms de grands chefs de l'entre-deux-guerres comme Georges Auguste Escoffier, Alexandre Dumaine, Fernand Point et André Pic, était prodigue en préparations colloïdales, qui sont autant d'antécédents à la gastronomie moléculaire que Hervé This était résolu à édifier.

Citons, au nombre de ces préparations témoignant d'un impressionnant savoir-faire et souvent associées à de véritables tours de mains : les liaisons (à l'œuf, à la farine, au beurre, au tapioca...) ; les émulsions, comme la mayonnaise ou la sauce hollandaise ; les polymères culinaires, comme les plats à base de fromage cuit (fondue savoyarde, gratinée à l'oignon, aligot...) ; les mousses (au chocolat, par exemple) et les flans (crème caramel).

Hervé This résolut de comprendre par le menu – le jeu de mots est irrésistible – chacune de ces procédures, pour établir ce qui, dans les recettes, était nécessaire ou ne l'était pas. Il était résolu à sortir de la superstition, déterminé à analyser les recettes au laboratoire, de comprendre leur bien-fondé ou d'établir l'absence de raisons valables à tel ou tel ingrédient ou tour de main.

Émulsions

Je viens de citer les émulsions. De quoi s'agit-il ? De la combinaison de deux aspects de la matière, appelés « phases », par exemple deux liquides qui ne se mélangent pas, comme l'eau et l'huile. Sous l'action d'un agent nommé « émulsifiant », on parvient à disperser l'une des deux phases, qualifiée par conséquent de « discontinue », dans l'autre phase, qualifiée de « continue ». Ainsi, pour garder notre exemple, il existe aussi bien des émulsions huile-dans-l'eau que des émulsions eau-dans-l'huile. Toutes deux ont, à première vue, un aspect homogène ; mais chacune consiste en une dispersion de microgouttelettes de la phase discontinue au sein de la phase continue. Une vinaigrette est une émulsion d'huile dans l'eau (cette eau provenant du vinaigre), mais instable.

L'aïoli est aussi une émulsion. On ignore souvent que le véritable aïoli n'a comme ingrédients que des gousses d'ail écrasées au fond d'un mortier et de l'huile d'olive. Lorsqu'on agite cette préparation, des substances naturelles de la famille des savons contenues dans l'ail permettent d'émulsionner l'huile d'olive, l'eau provenant de la pulpe de l'ail.

La mayonnaise est, quant à elle, une émulsion stable « huile dans l'eau ». Comme on le sait, les ingrédients en sont une huile et du jaune d'œuf. Ce dernier, on s'en serait un peu douté, comprend 50 % d'eau, contribuant ainsi à l'émulsion. Il contient en outre de la lécithine, qui joue un rôle d'émulsifiant. Ce tensioactif –

autrement dit, un détergent naturel – forme la fraction grasse, lipidique, du jaune d'œuf.

Ce détergent est une molécule bicéphale électriquement parlant : elle comporte deux têtes, l'une à charge électrique positive, l'autre à charge électrique négative. Elle est aussi bicaudale : elle comporte deux longues queues pouvant se déployer ou se pelotonner, faites l'une et l'autre de longues chaînes hydrocarbonées. Les tablettes de chocolat contiennent de la lécithine pour maintenir la stabilité du mélange cacao-beurre de cacao.

En milieu aqueux, ces molécules détergentes sont capables de s'assembler pour former des architectures très diverses, qui varient en fonction de la concentration et de la température : feuillets doubles comme ceux qui forment les membranes cellulaires ; suspensions huile-dans-l'eau ; structures lamellaires ou globulaires, comme les liposomes, largement utilisés en cosmétologie…

Pourquoi la gourmandise se nourrit-elle de tant d'émulsions ? En quoi cela répond-il à un besoin ? Est-ce la sensation d'onctuosité que nous recherchons ? ou la quête de saveurs dispersées au sein de la phase discontinue ? Nous voilà incités à nous interroger sur notre sensualité.

Sensualité du gourmet

Passons donc à cet autre aspect fondamental de la gastronomie moléculaire, celui qu'évoque, justement, le mot « gastronomie ». Une sorte de puritanisme tend à nous faire censurer tout ce qui concerne la sensualité liée au plaisir du bien-manger, à la jouissance associée à la rencontre de la nourriture et de la bouche, et à l'érotisme qui l'accompagne. S'il fallait un seul témoignage pour achever de nous convaincre de la charge érotique liée à la bouche, je laisse à Vladimir Nabokov le soin de le faire :

> « "Je peux prêter ma langue", dit-elle, et fit-elle. Une belle fraise bouillie encore bien chaude. Il l'aspira aussi profond qu'il put. Il la tint enlacée et lapa son palais.
> Leurs mentons se mouillèrent abondamment. »

Vladimir Nabokov, *Ada or Ardor*
(dans ma traduction)

Les organes buccaux sont finement et fortement innervés – une rage de dents ou une gingivite nous le rappellent cruellement. Ils constituent aussi autant de barrières corporelles, que nous partageons avec une grande partie du règne animal : ils nous protègent de l'ingestion de substances dangereuses, trop chaudes ou dans un état de décomposition trop avancé. Les récepteurs gustatifs de la bouche (papilles) et les récepteurs olfactifs du nez nous en alertent. Mais ils ne communiquent pas uniquement dans le registre de l'alarme avec le cerveau, ils lui envoient aussi des signaux relevant de la convoitise gourmande.

Cette dernière a de multiples composantes : l'odeur, ou plutôt la fragrance des mets ; leur saveur ; leur température ; leur texture (lisse, croquante, charnue, juteuse, farineuse, dure, molle, fluide, élastique, crémeuse, sablée, homogène/hétérogène, globuleuse…). Pour ce qui est de leur goût, déterminé par les saveurs et les arômes, les épithètes abondent, il suffit d'évoquer la description d'un vin par un œnologue : « Couleur dense, aux reflets bleutés. Nez complexe et volumineux de fruits mûrs, déjà épicé et relevé de notes de violette, de réglisse et de chocolat. Attaque moelleuse et grasse harmonieusement soutenue par une structure tannique au grain très fin. Finale persistante et d'une grande longueur. Vin complet, monumental même, dont le bouquet, malgré la chaleur du millésime, ne déploie que les arômes nobles, classiques du cru, déjà presque au stade balsamique, mélange subtil d'épices, de rose ancienne, de cerises. Le tanin est d'une finesse et d'un éclat prodigieux. » (description d'un château-margaux).

La gastronomie moléculaire s'intéresse à ces attributs non seulement pour les identifier et les caractériser de manière scientifique, mais aussi afin d'innover, de mettre au point de nouveaux plats, soit en accommodant de manière nouvelle des denrées traditionnelles, soit en élaborant savamment de l'« ingoûté » – je propose ce néologisme, construit sur le modèle de l'inédit et de l'inouï.

Nombreux sont ceux qui associent la grande cuisine à la France. Si la gastronomie a partie liée avec notre pays, ses rituels, ses restaurateurs, voire ses ouvrages de référence (*Guide Michelin*, *Larousse gastronomique*, *La Cuisinière provençale*, et j'en passe), l'étude scientifique de l'art culinaire a elle aussi élu domicile en notre pays, de longue date. Louis Pasteur ne crut pas déchoir en s'intéressant aux vins et à la fermentation alcoolique. Plus près de nous, Hervé This eut un prédécesseur, lui aussi français, un grand pionnier qui resta largement méconnu de son vivant, le lorrain Louis-Camille Maillard (1878-1936). Médecin et docteur ès sciences, Maillard publia, à partir de 1911, une série de notes dans les *Comptes rendus de l'Académie des sciences*. Il s'intéressa aux arômes, propices à une abondante salivation préprandiale et à ce petit frisson d'anticipation dont le cerveau l'accompagne, ceux des grillades, du pain qui sort du four, des croissants chauds et de la pâtisserie, des grains de café et des fèves de cacao fraîchement torréfiés… L'art gastronomique met sur le même plan la richesse des saveurs et celle des arômes, la bouche et le nez. Les publications de Maillard portaient sur des réactions chimiques entre des acides aminés, présents dans des protéines, et des sucres – ingrédients que l'on trouve dans de très nombreux aliments. Ces réactions résultent de la cuisson lorsque la température dépasse 145 °C. Elles créent des arômes qui ne préexistaient pas dans les nutriments avant leur cuisson.

Importance de la texture

Le plaisir du gourmet – titillé par les arômes avant même que les saveurs soient au rendez-vous – est renforcé par les textures qu'explorent les lèvres, les dents et la langue. L'onctueux d'une crème ou d'une sauce, le velouté d'un potage, le moelleux d'un légume ou d'une viande bien cuits procurent de fréquentes satisfactions. Dans la catégorie opposée, on peut citer le croquant d'une salade, de la croûte d'un pain suffisamment cuit, de croûtons qu'on a hâte de mettre en bouche avant qu'ils ne mollissent, d'une pâte brisée faisant ressortir l'onctuosité des fruits cuits au four… Le gourmand tire aussi son plaisir de ces contrastes – dur/mou en l'occurrence.

D'autres manifestations modulent encore ce plaisir, comme la rencontre avec le doux-amer de certains plats – du gibier aux airelles ou du lapin aux pruneaux, par exemple – ou encore comme l'émerveillement renouvelé devant une bouteille de ketchup qui n'accepte de relâcher son contenant que si elle est adéquatement secouée ; car cette sauce fait preuve d'une propriété rare et complexe de certains matériaux, la thixotropie : au repos, ils sont à l'état solide, et ils retrouvent de la fluidité après avoir été brassés ou secoués.

Isoler une saveur ?

Avant d'en venir à la pratique de la gastronomie moléculaire par des grands chefs, je souhaite ajouter un mot sur le goût de certains pour des saveurs distinctes, isolées, non mêlées à d'autres saveurs. Ce désir de goûter à une saveur pure suscite, quand il est satisfait, un contentement gourmand ; il s'inscrit dans le prolongement de satisfactions procurées par des compositions élémentaires. Au nombre de ces plaisirs simples, j'évoquerai : la moelle tartinée sur une tranche de pain grillée et frottée d'une gousse d'ail ; du beurre persillé qui commence à fondre sur un steak saisi au grill... Nombre de mousses permettent d'apprécier d'autant mieux une fine saveur que les particules qui en sont porteuses ont été dispersées. C'est le cas des sabayons, grâce auxquels nous pouvons déguster de façon peu habituelle les parfums de divers vins, mieux encore qu'en les buvant au verre.

Qu'est-ce qu'un sabayon ? Sa matière première est le jaune d'œuf que l'on fouette tout en le chauffant légèrement – Hervé This a déterminé la température idoine : 68 °C. Le fouet a pour rôle d'aérer le jaune d'œuf, de le remplir de minibulles d'air et, ce faisant, de le gonfler, tandis que l'élévation de température – assez basse pour ne pas cuire le jaune d'œuf – sert à charpenter l'assemblage à l'aide de minipoutrelles de lécithine. Ces dernières peuvent, dans un premier stade, s'éloigner les unes des autres, puis se mettre en place les unes par rapport aux autres, formant une architecture à l'échelle nanométrique faite de minuscules dômes géodésiques que l'on peut comparer à ceux qui agrémentent le Palais des sports de Bercy, celui de la Foire de Paris à la porte de Versailles ou leurs nombreux congénères, moins imposants, que les enfants escaladent dans des cours d'écoles. On parfume ensuite cette mousse par adjonction d'un peu de vin d'Alsace ou de Marsala – nous reviendrons sur les mousses lorsque nous introduirons d'autres matières premières que la lécithine du jaune d'œuf.

Faire mousser une omelette relève du même geste. Ce qui m'évoque une image familière à certains : à l'entrée du restaurant *La Mère Poulard*, au Mont-Saint-Michel, on découvre un marmiton assis sur une chaise, un compotier entre les cuisses dans lequel il fouette bruyamment une omelette. Son action patiente et inlassable vise à l'aérer, à la gonfler et à la faire mousser pour qu'elle soit légère à souhait.

La cuisine note à note

Nouvelle initiative de l'ami Hervé This, qu'est la cuisine note à note ? Je ne peux faire mieux que reprendre sa définition : une cuisine, ayant recours à des molécules pures. Précisons : des molécules odorantes.

Des exemples ? Le limonène, avec son odeur caractéristique d'agrumes, de la famille de l'orange et du citron. Le 3-octénol, avec son odeur de champignons des bois. Le sotolon, une lactone à cycle pentagonal, énol simultanément, à l'odeur typique, concentrée, de fenugrec ou de curry, mais diluée, signifiant davantage le sirop d'érable ou le caramel.

D'où nous vient cette apparente innovation ? En droite ligne du *Meilleur des mondes* d'Aldous Huxley, publié il y a presque un siècle (1932). J'y vois aussi l'influence d'une habitude tellement française, qui nous fut impartie dès la petite enfance : bien saucer d'un bout de pain les reliquats dans l'assiette. Et la distante descendance de Rabelais, avec l'épisode – fortement socialement connoté – du porte-faix qui mangeait son pain à la fumée d'un rôt.

Hervé This s'est spécialisé depuis quelques décennies dans ce que la science chimique peut contribuer à la gastronomie, tout particulièrement haut de gamme, celle des restaurants trois étoiles et des chefs couronnés, comme son ami Pierre Gagnaire. Lui-même – comme certains des grands chefs dont il affectionne la fréquentation – n'est pas immun au reproche de vedettariat, il adore se mettre en avant, mais pour une bonne cause, la promotion de la chimie ! Après la gastronomie moléculaire, il nous donne donc, à présent, cette cuisine note à note.

Hypothèse de base de la cuisine note à note, un soupçon de limonène nous donnerait la délicate impression d'avaler de l'orange. Hélas, la notion est bien trop rudimentaire.

Quel est, en effet, l'état des connaissances en la matière ? Lorsque je mords dans un quartier d'orange, la saveur est multiple. Y participent pas moins de 300 – je dis bien « trois cents » – composants volatils. Même en réduisant ce nombre au minimum des molécules olfactives que nous percevons consciemment, il en reste encore une bonne trentaine : quatorze aldéhydes, sept esters, cinq terpènes, six alcools et quatre cétones.

La nature est tellement plus généreuse que l'artifice, elle nous prodigue toute une symphonie, et non quelques notes isolées, chichement octroyées. Modéliser de façon convaincante cette saveur de jus d'orange exige, pour le moins, d'user de 23 odorants. Un seul est très loin d'y suffire.

Hervé This, avec son initiative la plus récente, propose en fait un renoncement, une ascèse, alors que la grande cuisine offre une fête sensuelle, un élargissement. Il y a là une contradiction manifeste.

Autre lacune majeure de la cuisine note à note : l'accent qu'elle met sur l'olfaction (les arômes), sans tenir compte des autres jouissances sensorielles – et sensuelles ! – de la bouche. Le plaisir à faire craquer une framboise, un grain de raisin sous les dents. Mastiquer un bout de viande, ce faisant en extraire le jus tout en percevant les fibres dont il est issu. Allier la saveur d'un mets au goût d'un vin.

Je vois pointer aussi, sous la cuisine note à note, cette version de l'individualisme, qui nous vient d'Amérique et de la civilisation des loisirs, où tout un chacun se définirait par une litanie de termes « j'aime » (le poulet, la glace à la vanille, le café de Colombie…) ; et par une autre litanie de termes « je déteste » (les tripoux, le brocoli, le cresson…).

Ce luxe de nantis, chez nous, date de l'après-guerre. Il s'est revigoré, ces dernières années, grâce aux cookies d'Amazon et autres négociants en ligne, espionnant nos goûts affichés, pour constamment nous proposer d'autres produits à commander : « on est ce qu'on achète » est la philosophie s'affichant de la sorte. Morale ou totale amoralité ? Elle encourage cette caricature de l'individualisme, le repli sur soi.

Cela m'amène à une dernière remarque, plus générale : lorsqu'une technologie est jeune, lorsqu'elle commence à s'implanter, on observe trop souvent – comme ici avec le commerce en ligne – historiquement parlant, que l'analyse commence par prendre le pas sur la synthèse.

Autre exemple, au tout début des enregistrements musicaux en stéréo, les amateurs trouvaient plaisir à distinguer, dirons-nous, la clarinette à gauche, les cymbales à droite – ou vice-versa. Cette aimable manie est en fait une aberration : à quoi sert un chef d'orchestre, en effet, sinon à marier toutes ces sonorités ? Cette primauté de l'analyse fut de relativement courte durée. Au bout de quelques années, les musiciens convainquirent les techniciens de replacer l'accent en bonne place, celle de l'accord, et non du distinguo ; de la synthèse, et non de l'analyse.

Or, pour revenir à la cuisine note à note, n'appelle-t-on pas « chef », lui aussi, un grand cuisinier ? Son talent, comme celui du chef d'orchestre, consiste à harmoniser les saveurs, à organiser certes des contrastes, mais dans leur fusion, point dans une gustation note à note.

Il n'en reste pas moins qu'on doive saluer l'intuition de Hervé This : oui, la chimie a beaucoup à apporter au plaisir multiforme de la nutrition. Il serait bien avisé de voler au secours non pas des grands chefs, qui, forts qu'ils sont de leurs traditions et de techniques parfaitement maîtrisées, n'en ont aucunement besoin, mais de l'industrie alimentaire dont nous autres, consommateurs de base si j'ose dire, sommes tellement et de plus en plus tributaires.

Améliorer l'ordinaire de tout un chacun me paraît tellement plus important que l'invention de quelques pauvres variantes à ce qui reste extraordinaire, et sans doute doit le rester : un repas dans un restaurant étoilé, ou tout bonnement à une bonne table comme il continue de s'en trouver abondamment dans nos régions !

Qu'est-ce qu'une liaison ?

Dans la cuisine traditionnelle, de type Escoffier ou *Larousse gastronomique*, les agents de consistance d'une sauce ou d'élaboration d'une mousse, d'un soufflé et autres gourmandises gonflés à l'air, à la vapeur d'eau ou à la vapeur d'alcool sont en assez petit nombre : le beurre et la crème ; la farine, faite d'amidon, qui est un polysaccharide (famille des sucres) ; le tapioca ; les œufs, qui contribuent par leur jaune (lécithine, un phospholipide, comme on l'a vu) et/ou leur blanc (albumine, une protéine).

Leurs combinaisons forment les fondements des livres de cuisine. Je prends les gels en exemple. On nomme ainsi toute substance qui, à l'instar d'une gelée ou d'une confiture, n'est ni solide ni liquide, mais dans un état hybride : elle ne s'écoule pas comme le ferait un liquide tout en étant dénuée de la dureté ou de la résistance mécanique d'un solide. Si on l'observe à l'échelle microscopique, on remarque qu'un gel est constitué de particules formant un réseau tridimensionnel et réunies par des forces attractives responsables de la cohésion d'ensemble. Nombreux sont les gels qui possèdent cette caractéristique de thixotropie que nous avons mentionnée plus haut.

Les gels, surtout les hydrogels (ou gels emplis d'eau), constituent depuis la nuit des temps une partie importante de l'art culinaire. Outre la pectine, présente dans des fruits (les pommes et les coings en sont particulièrement riches) et utilisée dans les gelées et les confitures, la gélatine est l'un des agents gélifiants les plus importants. Elle est obtenue en faisant bouillir des ossements animaux. Elle est en effet issue de la cuisson lente du collagène qu'ils contiennent. Une plaque de gélatine placée dans un bocal d'eau plusieurs heures durant absorbe l'eau, s'y dissout et forme un gel. À l'échelle moléculaire, les protéines qui constituent la gélatine lancent des liens entre elles, formant ainsi une sorte de toile d'araignée tridimensionnelle, suivant l'image heureuse de Hervé This.

D'autres gélifiants proviennent de végétaux. C'est le cas des alginates qui, comme leur nom le suggère, proviennent des algues. On peut également citer l'amidon, fourni par diverses farines et par des fécules de différentes provenances, comme le tapioca, issu du manioc, qui constitue une partie importante de l'alimentation en Amérique latine, dans des pays comme le Brésil ou le Paraguay.

Dans le monde animal, les œufs de certaines pontes sont inclus dans une sorte de gel, soit de manière individuelle, comme les œufs de saumon, soit rassemblés en grappe, comme les œufs de grenouilles.

Pour revenir à l'élaboration culinaire, le gel n'y est pas nécessairement une fin en soi : c'est parfois un passager clandestin, une étape intermédiaire ou latente demeurée inaperçue, comme lors de la confection d'un roux. Souvenez-vous : pour le réaliser, on fait fondre de la matière grasse, beurre ou huile, au fond d'une casserole, que l'on saupoudre d'un peu de farine. On remue ensuite le tout à feu doux jusqu'à ce que la farine blondisse. Son changement de teinte signale une transformation chimique : sous l'action de la chaleur, le polymère qu'est l'amidon s'est hydrolysé : tel un collier de perles rompu, il s'est coupé en petits morceaux, appelés « amyloses » et « amylopectines » ; lorsqu'on ajoute de l'eau, ces derniers gonflent, formant un gel plus ou moins épais et opalescent, qui peut atteindre 30 fois le volume initial de la farine ou de la fécule.

Mucilages

Il existe aussi de nombreux gels naturels qui s'offrent aux artistes culinaires. C'est le cas, par exemple, des mucilages des plantes, qui servent à celles-ci de réservoir d'eau. Les plantes grasses stockent ainsi l'eau, ce qui ralentit son évaporation. En milieu aquatique, les algues ont paradoxalement besoin de conserver l'humidité interne à leurs cellules. Un exemple de mucilage familier aux gourmands est la guimauve, qui servait et continue de servir aux pâtissiers à fabriquer la pâte du même nom, débitée en petits parallélépipèdes aux couleurs pastel.

Les algues rouges fournissent l'agar-agar, un sucre fait de chaînes polymériques de galactose (l'un des sucres du lait). Dans les préparations alimentaires, il a l'avantage de servir de porteur neutre, c'est-à-dire dépourvu de toute valeur nutritive : comme nous ne possédons pas d'enzymes permettant de le digérer, il transite par le tube digestif pour en ressortir intact. On l'emploie en cuisine comme substitut à la gélatine. Les dentistes s'en servent aussi pour prendre des empreintes.

L'une de ses utilisations familières est la confection de pâtes de fruits. Les carraghénanes sont des substances naturelles elles aussi issues d'algues rouges. Elles servent à la fabrication de nombreux desserts industriels lactés.

Les algues brunes de la famille des laminaires fournissent des alginates, qui sont des sels solubles de métaux alcalins (de sodium et de potassium). Comme l'agar-agar et les carraghénanes, ces alginates sont un sucre complexe de la famille des polysaccharides. Leur consistance est onctueuse. L'industrie alimentaire en fait grand usage pour des yaourts, des crèmes glacées, etc. C'est aussi un polymère réunissant des monomères faits d'acide guluronique (dérivé d'un sucre de la famille des hexoses) et d'acide mannuronique (dérivé du mannose, un autre sucre de la même famille).

La toque et l'éprouvette

La chimie est foncièrement une science qui crée son propre objet, comme Marcelin Berthelot le remarqua brillamment. Elle ne se contente pas d'étudier ce qui est, le monde si vaste et passionnant des substances naturelles ; elle le complète par l'ensemble, bien plus vaste encore, des substances artificielles.

L'étude détaillée et minutieuse des pratiques culinaires réalisée par Hervé This ne pouvait donc que lui suggérer de nouvelles pistes à explorer. Il sut, pour ce faire, obtenir la collaboration d'un chef éminent, Pierre Gagnaire. Ensemble, ils entreprirent un travail d'édification de nouvelles formes. On trouve sur la Toile une correspondance publique des deux hommes. La contribution typique de This est du style : « J'ai observé tel résultat au laboratoire, qui me suggère qu'on pourrait sans doute essayer ceci... » La réponse de Gagnaire se situe le plus souvent dans le registre : « J'ai mis en pratique cette suggestion, elle est tout à fait positive, surtout si je lui apporte tel ou tel aménagement. »

En même temps que le chimiste et le cuisinier dialoguaient, le chef catalan Ferran Adrià se hissait au pinacle avec son restaurant *El Bulli* et sa carte, « ingoûtée » au sens fort. L'innovation gastronomique est sa marque de fabrique. Il utilise de nouveaux ingrédients – gels, gommes, mucilages et autres oléorésines, ignorés ou dédaignés jusqu'ici. Il a érigé le spumeux (qui a l'aspect et la consistance de l'écume) en catégorie fondamentale du plaisir gourmet :

« Toutes (les) caractéristiques (des *espumas*) sont fort appréciables dans une société qui accorde une importance croissante à une alimentation saine, source de plaisir sans prise de poids. En ce sens, les écumes sont véritablement emblématiques de notre époque. »

Ferran Adrià veut explorer lui-même ces contrées vierges. Aussi fonctionne-t-il en passant chaque année six mois en laboratoire à élaborer ses mises au point, son restaurant étant ouvert durant les six autres mois.

Certains de ses confrères ne se privent pas de le critiquer de manière virulente, l'accusant même de rendre les gens malades. Jalousie professionnelle devant son succès et son aura médiatique ? Inquiétude devant des pratiques pouvant conduire à une désaffection de la clientèle ?

Institutionnalisation

En bref, la gastronomie moléculaire n'est pas seulement une mode éphémère qui aurait succédé à la nouvelle cuisine. Ce n'est pas non plus, ou tout au moins pas encore, une sous-discipline de la chimie, avec ses armes et ses bagages, ses périodiques spécialisés et ses réunions de spécialistes. C'est l'une des multiples formes de la chimie appliquée, tout comme le sont la parfumerie, la cosmétologie ou les nanosciences. C'est, pour l'heure, la forme contemporaine de la chimie alimentaire et de la chimie culinaire telles que les écoles hôtelières les enseignent. Aux États-Unis, elles ont leur place dans des départements universitaires anciennement appelés *home economics* et dont la nouvelle appellation pourrait être « écologie humaine », du nom de l'un des départements de l'université Cornell (dans l'État de New York).

Si je mentionne ici les États-Unis et le statut universitaire plutôt que les écoles professionnelles, c'est pour mettre l'accent sur un aspect spécifique de la gastronomie moléculaire : c'est un outil de promotion sociale pour les enseignants et les chefs cuisiniers. Ces derniers passent en effet du statut de travailleurs manuels – et l'on sait le discrédit que de tels artisanats subissent depuis l'Antiquité grecque – à celui d'intellectuels et de chercheurs, devenant ainsi des cousins des biologistes et des astronomes. Cet aspect sociologique explique en partie la vogue actuelle de la gastronomie moléculaire.

Cette dernière s'est donné pour tâche d'améliorer notre compréhension des phénomènes physico-chimiques intervenant dans la confection, puis dans la cuisson d'un plat. Ces phénomènes sont parfois simples, mais souvent d'une très grande complexité. Une comparaison paraît s'imposer avec l'étude scientifique de ces autres domaines de l'art que sont la peinture et la sculpture. Dans un laboratoire comme le C2RMF (Centre de recherche et de restauration des musées de France), que Madeleine Hours créa au Louvre en 1950, les chercheurs scrutent les œuvres avec une panoplie d'outils physiques : microscope optique, infrarouges ou ultraviolets, rayons X ou autres rayonnements (synchrotron, EXAFS, ESCA), résonance magnétique nucléaire, chromatographies diverses, thermoluminescence, canons à électrons et à ions (accélérateur linéaire AGLAE)… Cela leur permet non seulement d'authentifier les œuvres, mais aussi de reconstituer la manière dont elles ont été réalisées, ce qui donne de précieuses indications concernant leur conservation et leurs éventuelles restaurations.

Cela ne va pas toujours sans friction avec le milieu des conservateurs. Ceux-ci, parfois encore influencés par ces grands connaisseurs de l'art que furent Bernard Berenson ou, plus près de nous, Thomas Hoving, tendent à ne jurer que par le regard éduqué de l'expert. Ayant en mémoire un grand nombre d'œuvres de maîtres, l'expert a une connaissance intime et une assurance difficilement transmissibles, qui peuvent s'affranchir de ce que révèlent des instruments relevant de la haute technologie. Bien entendu, les deux approches se complètent admirablement.

La gastronomie moléculaire encourt de similaires tensions. Les cuisiniers traditionnalistes, passés par le moule d'Escoffier et de ses descendants, ont de merveilleux et impressionnants savoir-faire. Ils peuvent considérer l'analyse scientifique comme une intruse et concevoir comme un affront toute remise en cause des procédures traditionnelles, même si ces remises en cause n'ont, en fait, aucune raison d'être. Pourquoi chercher la difficulté dans l'élaboration de nouvelles recettes avec des ingrédients eux aussi non traditionnels, alors que l'art culinaire a déjà atteint des sommets ?

On le voit, il s'agit là d'une nouvelle querelle des Anciens et des Modernes, dont les médias font, assurément, leurs choux gras.

Indications bibliographiques

Sources

MAILLARD L. C., « Action des acides aminés sur les sucres ; formation des mélanoïdines par voie méthodique », *Comptes rendus de l'Académie des sciences*, vol. 154, 1912, p. 66-68.

FAIRCLOUGH J. P. A. et NORMAN A. I., « Structure and rheology of aqueous gels », *Annual Reports on the Progress of Chemistry*, Sect. C, vol. 99, 2003, p. 243-276.

ESTROFF L. A. et HAMILTON A. D., « Water gelation by small organic molécules », *Chemical Reviews*, vol. 104, 2004, p. 1201-1218.

KAAYLA T. D., *The Whole Soy Story : The Dark Side of America's Favorite Health Food*, Winona Lake, Indiana, New Trends Publishing, 2005.

KUMAR R. et KATARE O. P., « Lecithin organogels as a potential phospholipid-structured system for topical drug delivery : a review », *American Association of Pharmaceutical Scientists-PharmSciTech*, vol. 6, n° 2, 2005, E298-E310.

LÉAL-CALDERON F., SCHMIDTT V. et BIBETTE J., *Emulsion Science : Basic Principles*, Heidelberg, Springer, 2007.

Fan G. *et al.*, « Characterization of Aroma Active Compounds in Fruit Juice and Peel Oil of Jinchen Sweet Orange Fruit (*Citrus sinensis* (L.) Osbeck) by GC-MS and GC-O », *Molecules*, 13(6), 2008, p. 1333-1344.

Chen X. *et al.*, « A gustotopic map of taste qualities in the mammalian brain », *Science*, 333(6047), 2011, p. 1262-1266.

This H., *La Cuisine note à note*, Paris, Belin, 2012.

Réflexions & Débats

Brillat-Savarin J.-A., *Physiologie du goût*, Paris, Flammarion, coll. « Champs », 2009 [1825].

Pitte J.-R., *Gastronomie française : histoire et géographie d'une passion*, Paris, Fayard, 1991.

Flandrin J.-L. et Montanari M., *Histoire de l'alimentation*, Paris, Fayard, 1997.

Hladik C. M. et Pasquet P., « Évolution des comportements alimentaires : adaptations morphologiques et sensorielles », *Bulletins et Mémoires de la Société d'anthropologie de Paris*, vol. 11, n° 3-4, 1999, p. 307-332.

This H., *Traité élémentaire de cuisine*, Paris, Belin, 2002.

This H. et Gagnaire P., *La cuisine c'est de l'amour, de l'art, de la technique*, Paris, Odile Jacob, 2006.

Robuchon J. *et al.*, *Le Grand Larousse gastronomique*, Paris, Larousse, 2007.

Revel J.-F., *Un festin en paroles : histoire littéraire de la sensibilité gastronomique de l'Antiquité à nos jours*, Paris, Tallandier, 2007.

Bonnefons N. de, Gagnaire P. et This H., *Alchimistes aux fourneaux*, Paris, Flammarion, 2007.

MAX D. T., « A man of taste. A chef with cancer fights to save his tongue », *The New Yorker*, 12 mai 2008.
HEIMBURGER F., « Retrouver les saveurs », *La Recherche*, n° 443, 2010.

Chapitre 13

L'aventure spatiale et la chimie

L'aventure spatiale peut s'entendre de deux manières : l'une est médiatisée à outrance (*Star Wars, Star Trek…*) ; l'autre – celle de la NASA, de l'Agence spatiale européenne ou des astronomes – est infiniment plus discrète. Mais toutes deux s'appuient sur la chimie et ses applications.

Les lanceurs sont des fusées propulsées par des moteurs. Ces derniers sont analogues à des réacteurs d'avions, mais ils développent des poussées bien plus fortes durant des temps plus brefs, afin de s'affranchir du champ gravitationnel terrestre et de hisser la fusée sur son orbite.

Le système de propulsion d'Ariane et son agencement en étages successifs valent d'être décrits.

L'étage 0 développe 2 640 t de poussée durant 130 s. Pour ce faire, il a recours à la « combustion » de poudre d'aluminium : il s'agit d'une oxydation de ce métal, mais, au lieu de la réaliser à l'aide d'oxygène ou d'air, on utilise un oxydant énergique, le perchlorate d'ammonium, que la fusée peut embarquer. Ces deux ingrédients, 18 % de la masse totale pour la poudre d'aluminium et 68 % pour le perchlorate d'ammonium, sont dispersés dans 14 % d'un liant polymérique, un polybutadiène (voir le chapitre 8).

L'étage 1, Vulcain, développe une poussée de 114 t durant 570 s. Il fait appel à la réaction de formation d'eau par combinaison de dihydrogène et de dioxygène, dans un rapport de 1 à 6, soit 26 t de dioxygène pour 132 t de dihydrogène. Vulcain engloutit 1 250 kg/s de gaz chaud à 3 300 °C sous une pression de 110 bars; 516 injecteurs pulvérisent l'hydrogène et l'oxygène sous haute pression. La chambre de combustion est elle-même refroidie par de l'hydrogène liquide prélevé dans le circuit. La tuyère du moteur permet d'orienter les gaz éjectés à la vitesse impressionnante de 4 km/s (14 400 km/h). Il s'agit en fait d'un enroulement en hélice de 456 tubes dans lesquels circule de l'hydrogène liquide afin de refroidir la chambre de combustion et d'éviter ainsi qu'elle ne fonde.

L'alimentation du moteur de Vulcain se fait grâce à deux turbopompes (pompes à haute vitesse) : la pompe à hydrogène, qui tourne à 33 000 tr/min (tours par minute) et qui développe une puissance de 15 MW (mégawatt ; 1 MW = 10^6 W), soit 21 000 CV (chevaux) – l'équivalent de la puissance de deux rames de TGV ; et la pompe à oxygène, qui tourne à 13 000 tr/min, avec une puissance de 3,7 MW. Ces deux pompes sont alimentées par un générateur de gaz chauds. Cette turbine, semblable à une seconde chambre de combustion, prélève environ 3 % du combustible pour propulser les deux pompes.

L'étage 2, enfin, utilise un moteur à propergols liquides, qui peut être allumé en vol. Il a une poussée très inférieure à celle des deux étages précédents, mais peut fonctionner durant un temps très long : 1 100 s, soit près de 20 min. Son énergie lui vient d'une troisième réaction chimique d'oxydoréduction, où l'oxydant est le peroxyde d'azote et le réducteur est la monométhylhydrazine. Ce sont des composés très instables l'un et l'autre.

Imaginons donc avoir échappé à l'attraction terrestre. Vers quel corps céleste allons-nous nous diriger pour en explorer les contours chimiques ?

La proche banlieue

Je choisis la Lune en premier lieu, parce que c'est le corps céleste le plus proche, la banlieue en quelque sorte. Il est aisé de déterminer la composition chimique de sa surface : il suffit d'y expédier une brouette munie d'un petit excavateur, puis d'examiner les échantillons prélevés avec des instruments *ad hoc*, un spectromètre de masse, par exemple. C'est ce que firent les astronautes de la mission Apollo, qui rapportèrent avec eux une petite cargaison de pierres de Lune.

La Lune n'offre guère de surprises, elle ressemble à la Terre comme deux gouttes d'eau. Oui, mais l'eau, justement ? Ne constitue-t-elle pas une différence notoire entre notre planète et son satellite ? La Lune en recèle-t-elle ? Il faut croire que c'est une bonne question, car les spécialistes s'étripent à son propos (comme c'est souvent le cas pour toutes les questions de science, qui ne sont jamais entièrement établies). D'aucuns considèrent que la Lune est aussi sèche, archi-sèche que les proverbiales chaussettes de l'archiduchesse. D'autres sont tout aussi convaincus que la Lune est humide encore aujourd'hui.

Un argument joue en faveur de la première thèse : le rapport des isotopes 37 et 35 du chlore diffère fortement, dans les cailloux lunaires, de celui que l'on trouve dans les cailloux terrestres. Or cela pourrait s'expliquer par le fait que les roches lunaires se seraient formées par refroidissement d'un magma primitif, hors de toute présence d'eau.

Et, bien sûr, il existe aussi un argument jouant en faveur de la seconde thèse : on a découvert des radicaux HO· dans de l'apatite (un phosphate de calcium) présent dans un échantillon de basalte lunaire rapporté en 1971 par les astronautes à bord d'Apollo 14. Leur présence implique celle de molécules d'eau : il suffit en effet de retirer un atome d'hydrogène à une molécule d'eau pour former un radical HO· Et, à l'inverse, il suffit de chauffer des radicaux hydroxy HO· pour que de l'eau H_2O se forme. Cet apatite lunaire est semblable en tout point aux apatites terrestres. La quantité de radicaux HO· est certes faible, 1 600 ppm (parties par million), soit 0,16 % de la masse – ce qui correspond à un litre d'eau par tonne de sol lunaire –, mais néanmoins indéniable.

D'autres observations militent aussi pour la présence de ces radicaux HO· et de molécules d'eau à la surface de la Lune : celles effectuées par spectroscopie dans la lumière visible et dans le proche infrarouge par Chandrayaan-1, première mission lunaire de l'Inde ; des données similaires obtenues lors du survol de la Lune par la sonde *Cassini* en 1999 ; les spectromètres de la fusée *Deep Impact* de la NASA lors de son récent survol de la Lune ; l'impact, en novembre 2009, du navire *LCROSS* de la NASA avec la Lune.

L'une des hypothèses sur l'origine de cette eau lunaire est séduisante. Le vent solaire bombarde la Lune de protons H^+. Lorsqu'il rencontre le sol lunaire, ce flux de protons de haute énergie interagit avec les minéraux localement présents et en éjecte des atomes d'oxygène O qui se combinent alors avec les protons pour former les radicaux hydroxy HO·

Je reviendrai plus loin sur cette quête de l'eau dans les astres. Pour mieux comprendre où elle prend son origine, il nous est utile de nous demander d'où nous vient l'eau sur notre propre planète, celle des océans et des mers, des calottes glaciaires et des nuages dans le ciel, et par conséquent celle des cours d'eau. Le consensus des scientifiques est qu'une fois la Terre formée à partir de la nébuleuse primitive, des collisions répétées avec des comètes l'ont graduellement enrichie en eau ; une eau qu'elle a pu retenir car son attraction gravitationnelle est suffisante – à la différence de celle de la Lune.

Le pain quotidien des scientifiques

Toute controverse entre chercheurs réjouit et agace à la fois ceux qui sont en dehors de la communauté scientifique. Elles fournissent un bon prétexte aux décideurs politiques pour ne pas prendre l'avis des scientifiques, ce qui leur évite de devoir trancher entre des opinions contraires.

Il est en outre tellement aisé de susciter de tels désaccords. L'industrie chimique mena ainsi des actions de retardement, avant-hier contre l'interdiction du DDT et des insecticides chlorés, hier contre celle des fréons destructeurs de la couche protectrice d'ozone stratosphérique, aujourd'hui contre celle du bisphénol A et d'autres composés hormono-mimétiques (simulant l'activité des hormones).

Les journalistes se régalent de ces joutes entre scientifiques. Elles leurs permettent d'animer leurs présentations ; ils ne se privent pas de faire ainsi au moins sourire leurs lecteurs, auditeurs ou téléspectateurs. Et cela leur évite d'avoir à creuser la question.

Or, loin d'être l'exception en matière de science, la controverse est la règle. Tout chercheur qui se respecte n'a aucun respect pour les dogmes. Nourri d'esprit critique, il met systématiquement en doute – c'est la grande leçon de Descartes et du cartésianisme – tout ce qu'affirment ses collègues, que ce soit oralement, dans leurs séminaires ou lors de communications à des congrès, ou par écrit, dans leurs publications. Ces dernières sont soumises au contrôle par des pairs, c'est-à-dire à la critique systématique des résultats, de leur signification, de la méthodologie suivie pour les obtenir, bref à la mise à l'épreuve de leur validité.

Cette « suspicion légitime », pour reprendre une expression juridique, est la seule manière de vérifier si une conclusion inédite est vraie ou, au contraire, fausse. Le philosophe des sciences Karl Popper en fit le ressort principal de l'activité scientifique tout entière : une théorie est d'autant mieux fondée qu'elle résiste aux diverses tentatives de réfutation. Il intitula d'ailleurs l'un de ses livres majeurs *Conjectures and Refutations.*

C'est cette attitude antidogmatique généralisée qui suscite les querelles opposant les chercheurs et leur vaut d'être parfois tournés en ridicule ou, à tout le moins, de ne pas être compris : « Qu'est-ce que ces savants qui sont supposés détenir le savoir et qui passent leur temps à se démolir les uns les autres, au lieu de nous dire ce qu'il en est ? »

La planète rouge, et d'autres voisins proches

La présence d'eau sur Mars est une question débattue depuis des siècles. On se rappelle en particulier les fameux canaux martiens, qui ne furent qu'une illusion – on voit ce que l'on veut voir. Nous savons à présent à quoi nous en tenir, de manière assez précise. Comme la Terre, Mars s'est formé à partir de la nébuleuse primitive, il y a environ 4,6 milliards d'années.

Pendant 1 milliard d'années, durant une période appelée le Noachien, l'eau coulait en abondance à la surface de Mars. Aujourd'hui encore, on en voit des traces patentes, qui résultent d'une érosion par des cours d'eau. La période qui suivit le Noachien, appelée l'Hespérien, connut un volcanisme intense et se termina il y a 2 milliards d'années. Durant la période actuelle, l'Amazonien, Mars est devenu une planète glaciale, ressemblant à maints égards à notre Antarctique. Faite de gaz carbonique, l'atmosphère martienne est ténue.

Que savons-nous d'autre concernant la géologie, la minéralogie et l'histoire martiennes ?

On trouve à la surface de cette planète des silicates foliaires, analogues à nos argiles. Ils datent sans doute du Noachien. En revanche, d'assez grandes étendues martiennes sont faites de terrains comportant de l'olivine, ainsi nommée pour sa couleur vert olive, un silicate de fer et de magnésium. Or l'olivine est le premier minéral à cristalliser lorsqu'un magma refroidit. Il est souvent présent dans les basaltes. Formé à de hautes températures et en l'absence d'eau, il est très sensible aux agents atmosphériques, à leur altération en présence d'eau. La présence d'olivine indique que, au moins là où elle se trouve, il n'y avait pas d'eau au moment de sa formation.

À d'autres emplacements, comme la région proche du pôle Nord martien, on trouve du carbonate de calcium et des ions perchlorates. Le carbonate de calcium résulte généralement de processus se déroulant en milieu aqueux.

Ce tableau contrasté suggère qu'il y eut de l'eau sur Mars à certains emplacements et à certaines époques, mais de façon ni généralisée ni permanente.

Vénus est une autre planète pour laquelle se pose la question de la présence d'eau. Il existe une probabilité significative d'en trouver, au moins dans l'atmosphère vénusienne : en effet, la sonde *Vénus Express* de l'Agence spatiale européenne (ESA) y a détecté des radicaux HO·.

Et Mercure ? Nous saurons prochainement à quoi nous en tenir. Le 18 mars 2011, la sonde *Messenger* (Mercury Surface, Space Environment, Geochemistery and Ranging) s'est placée en orbite autour de cette planète. Elle a déjà permis de cartographier la surface mercurienne grâce à la multitude de clichés qu'elle en a pris. Ceux-ci ont montré des traces d'activité volcanique. Mercure possède une caractéristique curieuse, qui la différencie de la Terre et de Mars : elle ne contient apparemment pas de fer.

Ailleurs ?

En 1789, William Herschel découvrit Encélade, un satellite de Saturne, le sixième par la taille (avec un diamètre de 500 km) et le quatorzième par l'éloignement. Encélade émet des jets semblables à des geysers, que la sonde *Cassini* a pu analyser par spectrométrie de masse : ils sont composés de microcristaux de givre dont 6 à 7 % contiennent de fortes teneurs en sels. Ces jets sont faits d'une sorte d'eau minérale, une eau carbonique mélangée à des gaz naturels. Ils pourraient provenir de poches de vapeur d'eau sous pression situées sous la surface, à la manière des geysers terrestres.

Des puisatiers ?

Pourquoi la recherche d'eau revêt-elle une telle importance ? Parce qu'elle est nécessaire à la vie telle que nous la connaissons. Cette réponse, standard, mérite d'être commentée. Oui, les chercheurs en quête d'eau sur des planètes ou sur leurs satellites le font par conformisme. De plus, ce faisant, ils devancent l'attente du grand public et donc celle des médias. Ils espèrent obtenir un effet d'annonce, propice au financement de leur laboratoire, voire une renommée qui peut être éphémère ou durable.

Si l'on trouve de l'eau sur un corps céleste, cela ne signifie pas pour autant que la vie y est présente : si la condition est nécessaire, elle n'est pas suffisante.

Mais est-elle vraiment nécessaire ? L'affirmer présuppose que la vie soit partout dans l'Univers telle que nous la connaissons sur Terre. Ce qui est faire preuve d'un terrible manque d'imagination. La recherche scientifique est en effet prodigue en surprises. L'astrochimie ne fait pas exception.

On imagine très bien – c'est mon cas, par conséquent celui aussi de nombreux autres chimistes – que, si nous définissons la vie par le fait de croître et se multiplier, elle puisse se dérouler dans un milieu au sein duquel le méthane CH_4 ou l'ammoniac NH_3 jouerait un rôle équivalent à celui de l'eau. On pourrait aussi écrire des scénarios basés sur le fer et ses oxydes. Ou encore élaborer une biochimie du silicium plutôt que du carbone.

La recherche d'eau dans des localités extraterrestres est le fait de sourciers – devrais-je dire de puisatiers ? – mus par un mélange d'ethnocentrisme et de géocentrisme. Si je suis sévère à leur encontre, c'est que, pour un scientifique, manquer d'imagination est rédhibitoire, et mener ses recherches dans le but d'en tirer une éventuelle gloriole médiatique est un péché contre l'esprit, qui doit être dénoncé.

Une question de vocabulaire

Je traite ici d'astrochimie. Pourquoi cette discipline n'a-t-elle pas la cote ? Quand j'ai tapé les mots « astrophysique » et « astrochimie » sur Google, le premier terme suscita 1 530 000 réponses, le second seulement 55 000, soit 27 fois moins. Même chose lorsque l'interrogation se fait en anglais : *astrophysics* reçoit 11 300 000 réponses, ce qui bat largement les 82 700 réponses à *astrochemistry*. L'astrochimie est le parent pauvre – à l'inverse de ce qui se passe entre la biophysique et la biochimie.

Les astronomes ont le cosmos pour terrain de jeux. Ils s'intéressent aux informations de tous ordres sur ses constituants, leur évolution, leur passé et leur avenir, et leurs multiples interactions. Ils ne sont en rien responsables de l'absence de curiosité envers l'astrochimie, qui n'existe pas vis-à-vis de l'astrophysique. L'explication serait plutôt à trouver, à mon avis, dans la vulgarisation. Un éditeur se met plus volontiers à la remorque de célébrités comme

Galilée, Newton, Einstein ou Stephen Hawking qu'à celle de ces inconnus du grand public, qui n'en sont pas moins des géants de la science, que sont Otto Struve, Gerhard Herzberg, Pol Swings ou Jamie Elsila Cook, des chimistes ayant tous apporté des contributions majeures à l'astronomie.

La responsabilité en revient également à nous, les chimistes. Le public est fasciné par les trous noirs, la matière cachée, les supernovas et les origines de l'Univers. Pourquoi ne lui proposons-nous pas les mystères passionnants dont regorge aussi notre discipline. Sortons-les de nos placards!

Des timbres-poste?

Si l'astrophysique a un plus grand retentissement que l'astrochimie, cela s'explique aussi par la proximité entre l'astronomie et la physique. Ce qui me permet d'enchaîner avec la célèbre boutade d'Ernest Rutherford, le physicien atomiste du premier tiers du XXe siècle: « Toute science est soit de la physique, soit de la collection de timbres. »

Jusqu'à présent, l'astrochimie s'apparente effectivement à de la collection de timbres; tout au moins à de la collecte de données brutes sur les espèces chimiques présentes dans le cosmos. Mais, d'un point de vue épistémologique, toute science ne commence-t-elle pas dans la récolte de données empiriques, comme ce fut le cas, par exemple, avec l'histoire naturelle?

À cette première étape, descriptive, succède une étape systématique, une classification des données. Linné et ses émules en eurent le mérite pour la biologie. Ce n'est qu'ensuite que peuvent se mettre en place de grandes théorisations, comme celles de Cuvier ou de Darwin pour cette même discipline.

Jusqu'à présent, l'astrochimie a surtout répertorié les entités chimiques présentes dans l'Univers – principalement des assemblages d'atomes formant des molécules – et accessibles à nos observations. Pour les mener, les instruments à notre disposition sont principalement des radiotélescopes. Ils détectent les ondes radio nous parvenant de l'extérieur du Système solaire. Or il suffit qu'une molécule pivote sur elle-même pour qu'elle émette des ondes dans le domaine des radiofréquences. Chaque molécule est caractérisée par un ensemble de radiofréquences, qui constitue donc la *signature spectrale* d'une espèce moléculaire et d'une seule.

Chimie du cosmos

Quelles sont les molécules présentes dans l'espace ? À tout seigneur, tout honneur, commençons par ce que l'on trouve un peu partout : de la poussière et de la suie. Dans sa célèbre conférence donnée dans le grand amphithéâtre de la Sorbonne en 1864, Pasteur montra que, sur Terre, la poussière est ubiquitaire – elle est partout –, et qu'elle est porteuse de germes microbiens. Bactéries mises à part, il en va de même dans l'espace. Les queues des comètes se composent de glace sale, un mélange fait de glace et de neige carbonique enrobant des grains de silicates ou de carbone. Environ 40 000 t de poussières cosmiques s'abattent tous les ans sur la Terre.

La suie est elle aussi omniprésente dans le cosmos. Ses composantes les plus facilement identifiables sont, d'une part, des hydrocarbures aromatiques polycycliques de la famille du benzène (l'un des plus simples, à 10 atomes de carbone, est le naphtalène protoné) et, d'autre part, des fullerènes comme C_{60} et C_{70} (voir le chapitre 10). On a trouvé ces composantes dans une nébuleuse planétaire riche en carbone, c'est-à-dire une étoile proche de l'extinction.

La radioastronomie dans le domaine des ondes millimétriques et submillimétriques a permis de découvrir, à partir des années 1970, la plupart des molécules interstellaires. La première à avoir été ainsi observée, qui est aussi la plus abondante après celle du dihydrogène H_2, fut celle du monoxyde de carbone CO. On a ainsi trouvé bien d'autres molécules carbonées, dont du méthane CH_4, de l'éthanol C_2H_5OH, de l'acide acétique CH_3COOH, de l'acétone CH_3COCH_3 ou de la dihydroxyacétone $(CH_2OH)_2CO$. Une équipe de chercheurs européens a aussi détecté du propène C_3H_6 au sein du nuage moléculaire du Taureau, un nuage sombre formé principalement de poussières et dépourvu d'étoiles, relativement voisin du Système solaire (à une distance de 450 années-lumière).

La molécule la plus complexe découverte jusqu'ici est une longue chaîne carbonée à 13 atomes, le cyanodécapentayne $HC_{11}N$. Elle fait partie de la famille des cyano-poly-ines, dont tous les éléments les plus simples (HC_3N, HC_5N, HC_7N et HC_9N) ont également été détectés dans le milieu interstellaire.

Bien des espèces chimiques interstellaires sont porteuses de charges électriques, le plus souvent positives. Bon nombre de tels cations moléculaires ont été détectés, comme CH^+, SO^+, H_3^+, HCO^+, HCS^+, N_2H^+, H_3O^+, $HOCO^+$, H_2COH^+, $HCNH^+$, HC_3NH^+. Cela représente un total d'environ 140 espèces chimiques différentes.

L'une des molécules interstellaires parmi les plus grosses – elle comporte 10 atomes – est la glycine. C'est aussi l'acide aminé le plus simple, de formule $H_2N\text{-}CH_2\text{-}COOH$. Sa présence est attestée au sein de la comète Wild-2, et d'autres détections de cette molécule restent controversées. Or sa présence est particulièrement intéressante, car ce type de molécule est indispensable pour l'élaboration prébiotique de précurseurs des organismes vivants.

Exoplanètes

Le terme « exoplanète » désigne une planète située hors du Système solaire. La chimie de telles planètes nous est devenue accessible par analyse spectroscopique : on compare les flux de radiations émanant d'une étoile en temps normal et lorsque la planète visée passe derrière cette étoile ; les informations provenant de la planète étant alors occultées, on peut les déduire de celles des premières observations qui ont disparu.

J'en donnerai ici deux exemples, qui suffiront à montrer qu'en la matière la surprise est la règle et que nos raisonnements par analogie sont notoirement insuffisants : ce sont des mondes parfois semblables à ceux du Système solaire et parfois étranges.

L'exoplanète HD 189733b, une géante gazeuse semblable à Jupiter, gravite autour de l'étoile HD 189 733 dans la constellation du Petit Renard, à 63 années-lumière de la Terre. On a détecté de la vapeur d'eau dans son atmosphère. C'est la seconde exoplanète dans ce cas, après HD 209458b. Son atmosphère inclut aussi du méthane CH_4 et du CO_2.

GJ 436b est une exoplanète située à environ 30 années-lumière, comparable à Neptune. Au lieu de l'atmosphère attendue, à savoir une atmosphère contenant beaucoup de méthane et très peu de monoxyde de carbone, les chercheurs ont détecté les proportions inverses (peu de méthane et beaucoup de monoxyde de carbone). En outre, les principaux constituants de la planète semblent être plutôt étranges : on a pu observer la présence d'une « glace chaude », qui reste solide à cause du champ gravitationnel de la planète, en dépit de sa température de 250 °C.

Tout un programme

Il nous reste à présent à élucider les interactions chimiques possibles entre ces diverses molécules interstellaires ; non pas dans l'espace, où leurs densités sont bien trop faibles pour que leur rencontre et donc leur combinaison aient quelque chance de se faire, mais au sein des comètes et de leurs petits manteaux de glace sale, dans lesquels les noyaux de silicates peuvent peut-être catalyser des transformations chimiques. Ce sont nos meilleurs modèles pour représenter les réactions chimiques qui s'accomplirent dans la nébuleuse primitive et furent sans doute à l'origine de la vie sur Terre.

Jouer les Cassandre

À ce stade de mon propos, je ne peux m'empêcher de me poser la question du maintien de la vie sur Terre. Serons-nous contraints, dans un temps plus ou moins lointain, d'abandonner notre planète, parce qu'elle aura été rendue inhabitable, pour un temps ou à jamais, par la stupidité des Terriens – guerre nucléaire ou biologique ? Cette éventualité ne peut être totalement écartée. Où ? Quand ? Comment ?… Nous efforcerons-nous alors de coloniser une planète proche, comme Mars ou Vénus ? Ce serait le plus vraisemblable – ou le moins invraisemblable. Le vaisseau spatial, nouvelle arche de Noé, n'embarquerait pas des individus représentatifs de leur espèce, végétale ou animale, mais sans doute leurs seuls génomes, accompagnés de quelques cultures de cellules souches.

Plutôt qu'un tel scénario de science-fiction qui, hélas, n'est pas totalement à exclure tant l'humanité s'ingénie à creuser sa tombe collective, nous devrions nous attacher à organiser au mieux notre survie. C'est le sujet du chapitre suivant, qui porte sur le développement durable.

Indications bibliographiques

Sources

SNYDER L. E., « Interferometric observations of large biologically interesting interstellar and cometary molécules », *Proceedings of the National Academy of Sciences of the United States of America*, vol. 103, n° 33, 2006, p. 12243-12248.

HEAD J. W., MARCHANT D. R. et KRESLAVSKY M. A., « Formation of gullies on Mars : link to recent climate history and insolation microenvironments implicate surface water flow origin », *Proceedings of the National Academy of Sciences of the United States of America*, vol. 105, n° 36, 2008, p. 13258-13263.

SWAIN M. R., VASISHT G. et TINETTI G., « The presence of methane in the atmosphere of an extrasolar planet », *Nature*, vol. 452, n° 7185, 2008, p. 329-331.

REDFIELD M. *et al.*, « Sodium absorption from the exoplanetary atmosphere of HD 189733b detected in the optical transmission spectrum », *The Astrophysical Journal Letters*, vol. 673, n° 1, 2008, L87-L90.

POSTBERG F. *et al.*, « Sodium salts in E-ring ice grains from an ocean below the surface of Enceladus », *Nature*, vol. 459, 2009, p. 1098-1101.

WAITE J. H. Jr. *et al.*, « Liquid water on Enceladus from observations of ammonia and ^{40}Ar in the plume », *Nature*, vol. 460, 2009, p. 487-490.

RICKS A. M., DOUBERLY G. E. et DUNCAN M. A., « The infrared spectrum of protonated naphthalene and its relevance for the unidentified infrared bands », *The Astrophysical Journal*, vol. 702, n° 1, 2009, p. 301-306.

MCCUBBIN F. M. *et al.*, « Nominally hydrous magmatism on the Moon », *Proceedings of the National Academy of Sciences of the United States of America*, vol. 107, n° 25, 2010, p. 11223-11228.

JONES B. M. *et al.*, « Formation of benzene in the interstellar medium », *Proceedings of the National Academy of Sciences of the United States of America*, vol. 108, n° 2, 2011, p. 452-457.

Réflexions & Débats

LACHIÈZE-REY M., « Cosmologie scientifique », *Revue de métaphysique et de morale*, n° 43, 2004, p. 399-411.

LEHN J.-M., « Entretien avec Jean-Marie Lehn sur les possibles naturels en chimie », *Revue de métaphysique et de morale*, n° 43, 2004, p. 371-380.

VENEZIANO G., « Les nouveaux défis de la cosmologie moderne », *Revue de métaphysique et de morale*, n° 43, 2004, p. 413-424.

LACHIÈZE-REY M., « Vers une nouvelle cosmologie », *Études*, n° 402, 2005, p. 197-208.

ARNOULD J., « Nouvelles frontières de l'Espace », *Études*, n° 406, 2007, p. 347-357.

NARDON L., « L'espace, un nouveau champ stratégique », *Politique étrangère*, vol. 2, 2007, p. 249-251.

NARDON L., « Où va le programme spatial français ? », *Politique étrangère*, vol. 2, 2007, p. 293-305.

GOUNELLE M., *Les Météorites*, Paris, PUF, coll. « Que sais-je ? », 2009.

SOURBÈS-VERGER I., « Espace et géopolitique », *L'Information géographique*, vol. 74, n° 2, 2010, p. 10-35.

DUBOST T., « Exploration spatiale et imaginaire populaire américain, 1957-2009 », *Bulletin de l'Institut Pierre-Renouvin*, n° 31, 2010, p. 31-45.

Chapitre 14

Développement durable et chimie

Se préoccuper de développement durable est une gageure. L'expression n'est-elle pas contradictoire dans les termes ? Dans le passé, tout développement économique, à commencer par celui qui fut induit par la révolution industrielle, ne s'est-il pas accompagné de fléaux écologiques d'une ampleur telle que poursuivre eût été désastreux ? Le développement durable ne constituerait-il donc qu'un vœu pieux ?

L'expression « développement durable » est un slogan politique vide de sens. Un instant de réflexion suffit pour s'en apercevoir. En effet, le développement implique nécessairement un besoin accru d'énergie et donc l'altération de l'environnement et l'épuisement graduel des ressources naturelles. La production et l'utilisation de l'énergie s'accompagnent, entre autres, de la libération de mégatonnes de CO_2 et de l'acidification des océans (voir le chapitre 15). L'expression « développement durable » est donc contradictoire dans les termes (c'est un oxymore). En toute logique, l'adjectif « durable » n'admet comme substantifs associés que des mots tels que « sobriété », « parcimonie » ou « croissance zéro ».

Avant d'examiner la part que les chimistes pourraient néanmoins avoir dans sa réalisation, une précaution rhétorique s'impose. S'efforcer d'avoir une vue prospective est certes estimable, mais se heurte à une constatation empirique : en règle générale, l'avenir déjoue toutes les prévisions, et les catastrophes annoncées ne sont jamais au rendez-vous. Ce sont plutôt celles qui n'ont pas été envisagées qui, pour cette raison même, présentent de réels dangers.

Citons un exemple de chaque type : la famine prédite en Inde dans les années 1950 fut empêchée par la « révolution verte » ; en revanche, les fréons, dont on n'avait pas perçu la dangerosité, détruisirent une partie de la couche protectrice d'ozone dans la stratosphère jusqu'à ce que, en 1987, le protocole de Montréal mette fin à leur utilisation. Ce paradoxe inciterait à faire la sourde oreille aux Cassandre, surtout lorsqu'elles se lamentent en chœur ; et à tabler sur l'ingéniosité de l'humanité à se tirer des mauvais pas dans lesquels elle s'engage.

Une aberration

Les princes qui nous gouvernent n'ont que la notion de croissance économique en tête. Pour eux, elle représente la panacée. Jouent en sa faveur l'accroissement démographique, d'une part, et le monde des affaires, d'autre part, puisque les dividendes versés aux actionnaires et les primes allant aux dirigeants sont fonction des bénéfices. N'oublions pas le plein-emploi, cet objectif mythique qui se laisse mieux approcher dans l'expansion que dans la récession. Mais la croissance indéfinie, que les décideurs convoitent, présuppose des ressources illimitées et une planète (océans et atmosphère compris) capable d'absorber sans dommages l'ensemble des pollutions. On en est loin.

Comme le Club de Rome nous y conviait dès 1960, en prônant l'accroissement zéro, il est grand temps de réexaminer quelques données fondamentales.

À commencer par le vocabulaire. J'ai ouvert ce chapitre en remarquant que l'expression « développement durable » est en fait un oxymore. Les Verts nous ont enseigné à penser en termes de ressources renouvelables. La question qui se pose est : sommes-nous véritablement confrontés à un risque d'épuisement des matières premières ?

Pic pétrolier ?

Le premier exemple qui vient à l'esprit est celui du pétrole. Il nous préoccupe sans doute davantage que les autres matières premières menacées, parce qu'il touche au porte-monnaie de chacun : renchérissement de l'essence à la pompe, augmentation de la facture de fioul pour le chauffage. Cette préoccupation est encore accrue par l'insistance des médias à en faire leurs manchettes. En fait, le doublement ou le triplement du prix du baril de brut durant la première décennie de ce millénaire est une excellente chose. Il incite à économiser cette ressource, qu'il est stupide de brûler et qu'il faudrait affecter presque uniquement à la pétrochimie comme matière première (j'y reviendrai). Il incite aussi à exploiter les gisements offshore (Vietnam, Brésil…) et les roches pétrolifères telles que les schistes bitumineux (Alberta).

D'autre part, les pétroliers ne font de la prospection que lorsque les réserves avérées diminuent. Ils nous ont habitués à un optimisme cyclique, lorsque les discours apocalyptiques cèdent le pas à des informations rassurantes sur la découverte de nouveaux gisements. Nous ne sommes sans doute pas encore confrontés à l'épuisement prochain de cette denrée, devenue essentielle pour nos économies depuis un siècle et demi environ.

Un précédent

Lorsque nous considérons ainsi des problèmes à l'échelle planétaire, nous devrions méditer *Les Considérations sur les richesses de l'Espagne*, ouvrage qui renferme les réflexions de Montesquieu sur l'Espagne et son appauvrissement dû à l'exploitation forcenée de l'or des Amériques. Dans ce livre publié en 1729, Montesquieu montre que le recours des Espagnols à l'or et à l'argent des mines du Potosi ne leur assure que peu d'avantages, du fait du renchérissement des biens consommables qui accompagne mécaniquement l'arrivée en Europe de ces métaux précieux. En outre, s'enrichir est alors devenu l'objectif des Espagnols, qui délaissèrent le commerce et l'industrie au profit de l'administration et des biens de consommation. Montesquieu dénonce vigoureusement l'amalgame qui a pu être fait entre la richesse véritable et une apparente richesse monétaire, qui en est déconnectée :

« De toutes les marchandises qu'un État peut avoir, celles de fiction ou de signe sont celles qui l'enrichissent le moins, car ces signes étant très durables et se consommant et se détruisant peu, comme il convient à leur nature de signe, il arrive que plus ces sortes de richesses augmentent, plus elles perdent de leur prix parce qu'elles représentent moins de choses. »

Ces intuitions de Montesquieu furent corroborées, durant la seconde moitié du XXe siècle, par le suivi de l'argent espagnol par activation neutronique, une instrumentation qui permet de suivre à la trace les métaux précieux qui furent extraits du Potosi depuis le XVIe siècle : au bout de quelques décennies seulement, cet argent, propriété initiale des seuls Espagnols, avait abouti essentiellement dans les mains des Néerlandais, qui, en Europe occidentale et à cette époque de la Renaissance, dominaient le commerce international.

La leçon est claire : dans le monde d'aujourd'hui, la possession de richesses minérales, le pétrole pour les pays du golfe Persique, toutes sortes de minerais pour l'Australie, se ramène à une véritable calamité économique en incitant ces pays à se reposer sur cette rente plutôt qu'à investir dans le travail des hommes, qui est la seule richesse. La quasi-banqueroute de Dubaï, fin 2009-début 2010, fait écho à la banqueroute de l'Espagne de Philippe II en 1557, 1575 et 1596 – le début de l'exploitation des mines d'argent du Potosi datait de 1545 seulement !

Les piles électriques

Les chimistes préparent activement l'après-pétrole, pour ses deux utilisations principales : l'approvisionnement énergétique et l'utilisation comme matière première pour la fabrication des polymères (fibres et matières plastiques). Les jours sont comptés pour le moteur à explosion, qu'il soit à l'essence ou au diesel. Comment l'industrie automobile pourrait-elle le remplacer, en se plaçant dans la perspective de sa propre survie et donc du maintien durable de déplacements individuels fréquents dans un rayon de quelques dizaines de kilomètres ? Il est peut-être encore prématuré d'envisager la substitution des hydrocarbures par l'hydrogène. La transition viendra sans doute de la propulsion électrique – les véhicules hybrides d'aujourd'hui en sont un signe avant-coureur –, à partir de piles rechargeables sur des prises alimentées par le nucléaire, comme indiqué plus loin.

Depuis sa découverte, en 1800, par Alessandro Volta, la pile électrique s'est installée dans notre quotidien, dans deux catégories : sous la forme de lourds accumulateurs au plomb pour les voitures ; et sous la forme des « petites » piles sèches du type de celles que l'on utilise pour les lampes de poche. La qualité de ces dernières a reçu un coup de fouet avec l'apparition du baladeur (ou walkman) en 1979. Avec l'arrivée de cette première forme de bidule électronique à destination du grand public, des jeunes en particulier, on demanda aux piles sèches d'être durables, éventuellement rechargeables, légères et bon marché.

Dès lors, il fallait s'attendre à ce que le plus léger des métaux, le lithium – il suit l'hydrogène et l'hélium dans la classification périodique, et compte donc parmi les éléments les plus légers –, soit mis à contribution. On le trouve à l'état naturel dans certains minéraux comme la pegmatite (que l'on trouve en Australie), qui sont d'ores et déjà exploités. En outre, les océans renferment des sels de lithium (en particulier du chlorure de lithium) en abondance. Des évaporites – des marais salants, anciens ou actuels – d'Amérique du Sud recèlent ainsi la moitié environ des ressources en lithium identifiées, en Argentine (Salar de Olaroz), au Chili (désert d'Atacama) et en Bolivie (Salar de Uyuni). Ces gisements suffiraient aux besoins durant le demi-siècle à venir. Et après ? Il est trop tôt pour s'alarmer, et sans doute trop tard pour basculer prestement sur un autre métal que le lithium.

Dès les années 1970, Michael Stanley Whittingham travailla sur des piles sèches à ions lithium. Les travaux du physicien John B. Goodenough (qui exerça à Oxford, puis à l'université du Texas à Austin) permirent de faire une percée. En 1991 naissait la pile ions lithium-oxyde de cobalt de 3,60 V, avec une densité énergétique de 110 à 190 Wh/kg. C'était une amélioration notable par rapport aux accumulateurs au plomb, qui emmagasinent seulement 40 Wh/kg. En 1996, la société Motorola introduisit son téléphone portable de 88 g seulement, mu par une pile aux ions lithium + hydrures de divers métaux de 75 g seulement.

Le baladeur, le téléphone portable, le iPod d'Apple, qui sont des technologies dont l'impact social est majeur, étaient déjà annoncés par l'invention du transistor en 1947, ce dernier ayant permis les premières miniaturisations.

Pour revenir aux piles à ions lithium, elles connurent de nouveaux perfectionnements techniques au début du XXIe siècle, qui sont suffisants pour préparer leur installation sur des voitures électriques, dont une voiture de sport propulsée par un groupe de centaines de piles à ions lithium, et une autre voiture propulsée par une pile lithium-métal + polymère de seulement 110 Wh/kg, mais avec une longévité d'une décennie. De son côté, la Chine mise à fond sur la production de voitures hybrides et tout électriques.

Voitures électriques

Bill Gates (Microsoft), Steve Jobs (Apple), Jeff Bezos (Amazon), et d'autres grands entrepreneurs visionnaires, outre un autoritarisme forcené, ont en partage une qualité, l'utopie « tangencielle » : savoir jusqu'où aller trop loin, transcender les possibilités techniques, mais en les frôlant, bref extrapoler sans réelle discontinuité.

La Tesla, bien qu'elle ne soit pas la toute première voiture électrique, est celle qui en possède une valeur iconique. Elle est l'équivalent dans le conscient collectif d'aujourd'hui de ce que fut la Ford modèle T : tout un chacun rêve d'en avoir une.

Son extravagance même fit son succès. Elle tire son énergie d'un plateau de milliers de piles électriques (6 831, pour être précis). Ce chiffre astronomique correspond cependant à un coût restant acceptable pour chaque véhicule, environ 12 000 dollars. Le génie du concepteur Elon Musk est d'avoir, non pas cherché à innover et à doter la Tesla d'un accumulateur jusque-là inédit, mais d'avoir tout bonnement tiré parti à la fois du succès et de l'optimisation technique des piles existantes et rechargeables, aux ions lithium, alimentant les téléphones et ordinateurs portables (*laptops*). Musk les a tout simplement ajoutées les unes aux autres, pour un poids total inférieur à 500 kg.

Mais qu'est-ce qu'une pile à ions lithium ? C'est tout d'abord une réponse de bon sens : alléger les accumulateurs traditionnels, faits de plomb et d'acide sulfurique, en substituant au plomb, métal lourd, le lithium, le plus léger des métaux.

Le tout premier modèle, qui date de 1970 (Whittingham, de la firme Exxon), utilisait du lithium métallique. Or, celui-ci souffre d'une grande inflammabilité à l'air. Les modèles ultérieurs usèrent donc de composés du lithium n'ayant pas ce défaut. En 1979, John Goodenough et Mizushima Koishi, à l'université d'Oxford, mirent au point une pile rechargeable, avec un oxyde mixte de cobalt et de lithium comme électrode positive, c'est-à-dire libérant des ions lithium, capturés par l'électrode négative, encore produite à l'époque de lithium métallique. Cet oxyde, à la formule $LiCoO_2$, est en effet stable à l'air.

Nous n'en sommes plus là. A l'heure actuelle, l'électrode positive est composée d'un phosphate mixte de fer et de lithium, de formule $LiFePO_4$. De nombreuses autres améliorations techniques – dopage de l'électrolyte par des métaux comme l'aluminium ou le zirconium pour en augmenter la conductivité, diminution à moins de 100 nm de la taille des particules de $LiFePO_4$ – sont intervenues pour augmenter la capacité et la durée de vie de ces piles.

Pour revenir à la Tesla, l'idée plutôt géniale d'Elon Musk fut d'enter son succès à un autre succès, préexistant, d'en faire une greffe. Ce type d'innovation n'est pas nouveau. Ne remonte-t-il pas à Cyrano de Bergerac ? Encore fallait-il s'en saisir.

L'épuisement des phosphates

Les phosphates, qui sont utilisés en particulier pour produire les superphosphates (des minéraux phosphates modifiés chimiquement pour servir d'engrais) indispensables à l'agriculture mondiale, constituent une autre matière première que l'or, l'argent ou le lithium, qui représentent également une richesse minérale considérable. Ils sont hélas une source de sous-développement plutôt que d'enrichissement pour les pays qui les détiennent, parfois aussi de conflits armés, comme la guerre du Pacifique (1879-1884), durant laquelle le Chili s'empara des gisements de phosphates et de salpêtre boliviens. La Jordanie et le Maroc, deux nations qui en abritent d'importantes réserves, n'en sont pas riches pour autant, loin de là. Mais le fait de posséder de tels gisements a néanmoins une forte signification géopolitique. Ces deux pays ont, par exemple, des régimes politiques d'une stabilité impressionnante. La mainmise par le Maroc sur le Sahara occidental, à la suite de la Marche verte conduite par le roi Hassan II en 1975, s'explique en partie par la richesse en phosphates du territoire annexé.

Or les phosphates s'épuisent, et cela est plus préoccupant encore que l'épuisement du pétrole et du gaz naturel. Au rythme de consommation actuel et en l'absence de tout recyclage, les réserves identifiées seraient consommées dans quelques décennies, au plus tard dans un siècle ou deux. Trois autres pays, en plus des royaumes chérifien et hachémite, détiennent la majeure partie des réserves mondiales de phosphates : la Chine, les États-Unis et l'Afrique du Sud. Si ces réserves venaient à s'épuiser, une famine mondiale serait inéluctable. Que faire ?

L'impressionnante quoique relativement brève prospérité de l'île de Nauru, dans le Pacifique, nous souffle une échappatoire : cette île est couverte du guano, riche en phosphates, déposé par les oiseaux migrateurs de passage dans leur périple entre la Sibérie et l'Australie. L'urine et les excréments animaux représentent une source de phosphates. On y viendra, j'en suis convaincu. Pour les seuls États-Unis, les animaux d'élevage se soulagent d'environ 40 t de défécations à la seconde. C'est une véritable manne potentielle.

Miser sur les microalgues

D'ores et déjà, les besoins énergétiques des pays riches exigent le recours à l'énergie nucléaire, en dépit du problème posé par l'enfouissement des déchets radioactifs, qui doit être sûr durant des millions d'années. Les énergies douces – géothermique, hydraulique, marémotrice, éolienne, solaire... – n'y suffiront pas. Quant aux centrales thermiques, elles souffrent du renchérissement du pétrole, de l'approvisionnement limité en gaz naturel et, si elles brûlent du charbon, de l'émission insupportable de particules radioactives, sans parler du dégagement de gaz carbonique CO_2 contribuant, par l'effet de serre, au réchauffement climatique.

L'apport des technologies douces de production d'énergie ne doit néanmoins pas être sous-estimé : il nous faut faire feu de tout bois, comme le dit si justement le dicton. La chimie, sans aucun doute, y prendra une grande part. Cela vaut, en particulier, pour ce qui concerne l'utilisation de l'énergie solaire, au moins sous les latitudes où elle abonde.

On le sait, les panneaux solaires représentent un investissement onéreux que leur durée de vie effective permet à peine de rentabiliser. Mais il existe d'autres manières de tirer parti de l'énergie du soleil. Les deux modalités que je souhaite mentionner ici sont, d'une part, la photosynthèse par les plantes au moyen de la chlorophylle et, d'autre part, le photoclivage de l'eau.

La première modalité pourrait s'exploiter via la culture de microalgues. Il ne s'agit de rien d'autre que d'imiter le processus naturel d'élaboration du pétrole. Celui-ci n'est après tout que le résidu fossile des parois cellulaires de bactéries et d'algues bleues microscopiques ayant vécu dans des temps géologiques reculés.

Décrivons ce que pourrait être la production d'une telle biomasse, avec pour objectif de la substituer au pétrole comme source d'énergie. Les microalgues cultivées dans ce but appartiennent aux familles des cyanophycées (algues bleues) et des algues vertes. Il y a deux millénaires déjà, en période de famine, les Chinois se nourrissaient du nostoc, une cyanophycée que l'on trouve partout; par exemple, si l'on glisse sur une souche dans un sous-bois, c'est parce qu'elle est recouverte de nostoc. Ces micro-organismes sont des usines à protéines (qui représentent 70 % de leur poids sec), riches en antioxydants (acide gamma-linolénique, phycocyanine, tocophérol, carotène, sélénium et zinc) et en substances régulatrices des métabolismes lipidique et glucidique (et donc particulièrement indiqués en cas de diabète). Ils produisent des acides gras oméga-3 à longues chaînes hydrocarbonées, polyinsaturées. Leurs autres avantages incluent l'absence de compétition avec la production alimentaire, l'utilisation d'eau en quantité modérée, le faible dégagement de gaz à effet de serre ainsi que, potentiellement au moins, le recyclage de certains déchets urbains et industriels. Une première application de cette nouvelle technologie serait la production de microalgues du genre *Arthrospira* (souvent incorrectement dénommées *Spirulina*) pour la nutrition humaine. Cette alguoculture s'effectue en milieu aqueux alcalin (avec un pH élevé, voisin de 10), à une température comprise entre 30 et 35 °C. La production journalière est de l'ordre de 20 g/m^2. La productivité annuelle est d'environ 50 t/ha et le coût de production est compris entre 30 cents et 30 euros par kilogramme.

On pourra s'inspirer utilement des réalisations nipponnes. En effet, grâce à leur expérience dans la brasserie (production de bière), les Japonais excellent dans la microbiologie ainsi que dans la pisciculture, pour laquelle ils sont particulièrement performants et sur laquelle l'alguoculture s'est greffée tout naturellement. Les microalgues dont on pourra tirer des biocarburants sont celles qui sont potentiellement les plus riches en hydrocarbures. Elles appartiennent aux genres *Nannochloropsis*, *Nitzschia* et *Schizochytrium*. Les hydrocarbures qu'elles contiennent représentent environ la moitié de leur poids sec. Le rendement escompté en huile est de l'ordre de 100 000 l/ha, soit 100 fois plus que ce que l'on obtient par le biais d'autres cultures comme celles du maïs ou du soja. Quant au coût de l'obtention d'un litre d'huile, il serait de l'ordre de 3 ou 4 euros (évaluation faite en 2007), ce qui semble plutôt prometteur.

La seconde modalité que j'ai évoquée concerne l'obtention d'hydrogène par photoclivage de l'eau, réalisable à l'aide de mutants de *Chlamydomonas reinhardtii* (une algue verte). Les résultats déjà obtenus sont prometteurs : on obtient en 15 jours environ un demi-litre d'hydrogène par litre d'eau traitée, soit 2 ml/h pendant 120 heures et une production moindre par la suite.

Quel est le processus mis en jeu ? La molécule d'eau H_2O est clivée en ses deux éléments, le dihydrogène H_2 et le dioxygène O_2, grâce à des catalyseurs adéquats et à des photons énergétiques (donc situés surtout dans l'ultraviolet). Les catalyseurs les plus prometteurs sont naturels plutôt qu'artificiels : il s'agit des hydrogénases, qui sont des enzymes présentes dans certaines microalgues telles que *Chlamydomonas* que nous venons de citer. Ces algues sont peu performantes quant à leur rendement (le rendement en dihydrogène produit par photoclivage de l'eau est de 7 %), mais leur culture n'exige que peu d'investissements et relève d'une technologie douce.

La biochimie mise en œuvre dans ce processus remplace la transformation habituelle du CO_2 en sucres lors de la photosynthèse par la production d'hydrogène. On appelle « photosystème II » du mutant du *Chlamydomonas* utilisé lors de ce processus le système qui assure tant la fixation du CO_2 que la production d'hydrogène. Le problème technologique est de dissocier dans le temps les productions d'hydrogène et d'oxygène, car ce dernier inactive les hydrogénases qui catalysent la réaction.

Le groupe de Gilles Peltier, du Commissariat à l'énergie atomique (à Cadarache), a commencé à élaborer une procédure alternant les phases anoxiques (sans oxygène) de production d'hydrogène à la lumière et les phases oxiques (avec oxygène) de respiration, par addition de cuivre dans le milieu de culture, qui bloque la synthèse par l'algue de son photosystème II.

Une unité pilote de production d'hydrogène, par un système combinant des algues vertes et des bactéries photosynthétiques, fonctionne déjà à Nanko, dans la province d'Osaka, au Japon.

Des résultats exploratoires témoignent d'une production simultanée d'hydrogène et d'oxygène par photoclivage de l'eau effectuée par une cyanobactérie fixatrice d'azote, *Anabaena cylindrica*, sous atmosphère d'argon, avec pour enzyme une nitrogénase.

Des firmes industrielles se tournent déjà vers ces biotechnologies. En France, une grosse société spécialisée, forte d'un demi-siècle d'expérience de production d'amidon pour l'industrie textile et d'hydrolyse enzymatique de l'amidon, avec 6 000 employés répartis dans le monde entier, dont 400 chercheurs, s'intéresse à la chimie organique de la biomasse, qui va peu à peu se substituer à la pétrochimie. On peut escompter que, dans un siècle, si l'on table sur une énergie nucléaire abondante et bon marché, les microalgues remplaceront le pétrole comme matière première pour la chimie des polymères.

Et le solaire ?

La chimie, sans nul doute, aidera à résoudre les problèmes aigus qui se poseront bientôt à l'humanité pour son alimentation, son énergie et la qualité de son mode de vie.

En ce qui concerne l'énergie solaire, que nous venons de mentionner à propos de la culture des microalgues et de l'obtention d'hydrogène par décomposition de l'eau, elle est également source d'énergie électrique.

La première modalité de la conversion de l'énergie solaire en énergie électrique existe déjà : il s'agit du photovoltaïque, une application de l'effet photoélectrique. Selon l'Agence internationale de l'énergie, fin 2007, les installations mises en place dans le monde fournissaient près de 10 GW (gigawatts ; 1 GW = 10^9 W), dont 40 % pour la seule Allemagne. Le marché du photovoltaïque est en expansion rapide : on prévoit 300 GW pour 2030.

Le Soleil fournit environ 100 000 TW (térawatts ; 1 TW = 1 012 W) à la Terre, ce qui équivaut à 10 000 fois le taux actuel de consommation d'énergie. Il est à la fois logique et tentant de tirer parti de cette énergie prodiguée à notre planète. En plein soleil, 1 m^2 de panneaux photovoltaïques reçoivent 1 kW d'énergie. Mais le kilowattheure photovoltaïque est onéreux : il coûte environ 40 cents en individuel et 25 cents en collectif (centrales), contre 8 cents seulement pour l'éolien. Les panneaux les plus performants et dont la longévité est la meilleure (trente-cinq ans) sont polycristallins : ce sont des dispositifs faits de silicium, cristallin ou amorphe, qui exploitent le savoir-faire de l'industrie des semi-conducteurs, et qui fonctionnent à partir des jonctions entre porteurs de charge électrique positive, d'une part, et négative, d'autre part.

Le kilowattheure photovoltaïque étant d'un coût élevé, des cellules basées sur des films minces de silicium amorphe (déjà mentionnés) ou d'alliages CuInSe et CdTe (Cu = cuivre ; In = indium ; Se = sélénium ; Cd = cadmium ; Te = tellure) sont de plus en plus utilisées.

On commence aussi à tirer parti de jonctions tridimensionnelles (plutôt que bidimensionnelles) entre couches semi-conductrices, au sein de cellules photovoltaïques à colorant sensibilisateur. Les photons (paquets de lumière quantifiés) y sont capturés par des colorants, servant de « sensibilisateurs », qui libèrent des électrons dans un réseau semi-conducteur formé de nanoparticules d'oxydes. Telle est essentiellement la source d'énergie électrique. Mais, lorsque l'impact d'un photon crée un électron, il en résulte simultanément la création d'un trou dans la structure du semi-conducteur, ce trou étant de charge électrique opposée à celle de l'électron, positive donc. C'est une conséquence de la conservation de la neutralité électrique. Il faut donc empêcher ou tout au moins ralentir la recombinaison électron-trou positif, pour récupérer ces électrons et en faire un courant électrique.

Soit l'exemple des cellules photovoltaïques mises au point à l'École polytechnique fédérale de Lausanne, dans le laboratoire du professeur Michael Grätzel, dont je suis les travaux de longue date (voir le chapitre 4). Elles font appel à des nanocristaux d'oxyde de titane (ainsi nommés car leurs dimensions sont de l'ordre du nanomètre). Cet oxyde existe sous deux formes cristallines, l'anatase et le rutile. Grätzel fait appel à l'anatase, dont des solutions colloïdales permettent de récolter des nanocristaux. Le rôle de cet oxyde de titane est de capturer les électrons produits à la suite de l'impact des photons sur les molécules du sensibilisateur. Lorsque des électrons sont produits dans cette couche de colorant monomoléculaire accrochée à son substrat, un film mince d'oxyde de titane, ils sont piégés par cet oxyde, puis parviennent dans une solution électrolytique où naît un courant électrique.

Il faut éviter la dissolution du colorant dans l'eau de pluie. On a donc recours à un colorant hydrophobe. Il faut que le panneau solaire soit durable, en particulier qu'il résiste à l'échauffement créé par le rayonnement solaire. On remplace donc le solvant de l'électrolyte par un gel plus visqueux. De telles cellules atteignent d'ores et déjà des rendements de l'ordre de 10 %. Leur originalité tient à la séparation physique entre les milieux transporteurs des électrons et les trous positifs.

Que retenir de ce tour d'horizon ? Du pessimisme mâtiné d'optimisme. Le premier tient à la nature humaine et à sa cupidité. On peut prévoir, sans grand risque, des conflits armés au Maroc, en Argentine et en Bolivie – puisque ces pays riches en phosphates n'ont pas l'arme nucléaire, qui serait dissuasive à l'encontre de leurs agresseurs – et dans bien d'autres lieux. L'optimisme, lui, est motivé par notre inventivité. Elle assurera la poursuite de l'aventure humaine pour quelque temps encore. Nous y serons aidés par les nouvelles espèces biologiques domestiquées pour récolter une menue partie de l'énergie solaire.

J'ai mis l'accent sur la pénurie prévisible de matières premières essentielles – hydrocarbures fossiles, lithium et phosphore. La photosynthèse nous sauvera la mise énergétique. Pour stocker l'énergie électrique ainsi produite, nous pourrons recourir à de nouvelles piles – à ions sodium ou mieux encore potassium, moins inflammable, plutôt que lithium, lorsque ce dernier se raréfiera –, qu'il reste à mettre au point, ainsi qu'à la force motrice de l'eau, qui sera pompée la nuit pour être montée en altitude, dans des retenues hydroélectriques, et turbinée durant la journée.

Le problème des phosphates (et donc des engrais) est, à mon sens, à la fois le plus urgent et le plus grave. Mais est-il plus grave que le réchauffement climatique ?

Le Soleil et le vent

On convoque l'utopie, mais elle vous pose un lapin. Scientifiques et ingénieurs l'élaborent, l'opinion publique la craint confusément, et les décideurs la remettent à plus tard. Pour ne pas l'éconduire, ils lui concèdent un lopin.

De puissants intérêts, multinationales du pétrole et monarques du golfe Persique, veillent à maintenir leur domination économique, fondée sur la combustion d'hydrocarbures et l'émission de CO_2. Est-ce tenable ? Que mettrons-nous à la place ?

D'où ce passage sur d'autres sources d'énergie que les carburants. « Énergies renouvelables », comme on dit sottement, en un oxymore (elles ne sont pas renouvelables, puisqu'on en use). « Énergies alternatives », en une autre expression, indûment raccourcie : production d'électricité autre que par des centrales thermiques ou nucléaires.

Ce début du XXIe siècle connaît la rivalité entre deux empires. Les Américains créent l'innovation, les Chinois l'exploitent. La conception est américaine – par exemple, piégeage de photons dans une photopile, à l'efficacité ainsi accrue –, la fabrication/commercialisation est chinoise. Cette répartition des tâches est d'ores et déjà malsaine. J'en veux pour exemples les panneaux solaires, d'une part ; les éoliennes, d'autre part. Dans les deux cas, la Chine organise un monopole à son profit.

Les panneaux solaires – autrement dit, le secteur du photovoltaïque. Comme tout un chacun le « sait » par la fréquentation des médias, leur espérance de vie est d'environ vingt-cinq ans seulement. Au-delà, leur rendement de conversion d'énergie solaire en électricité diminue fortement. De plus, il faut environ trois ans pour rentabiliser l'investissement initial.

En 2012, 80 % des panneaux solaires installés en Europe venaient de Chine. Cette nation s'est installée à la tête du marché mondial, avec 71 % de la production mondiale en 2012 (contre 34 % en 2007). Pour y parvenir, la Chine, en comparaison d'autres pays, a des prix avantageux (30 % moins élevés), ce qui la fit accuser de dumping.

À supposer une répartition moins monopolistique de la fabrication des panneaux solaires, quel est l'avenir du photovoltaïque ? Les chercheurs étudient la conversion de l'énergie solaire en énergie chimique, plutôt qu'en électricité. D'où les réalisations de feuilles artificielles, ayant comme modèle la photosynthèse par les feuilles des arbres. Il s'agit ainsi de coupler capture des photons solaires et production d'hydrogène, par exemple, par photoclivage des molécules d'eau, avec des rendements maximaux à l'heure actuelle de l'ordre de 18 %.

Une application prometteuse du photovoltaïque, à ce qu'il me semble, est l'insertion de micropanneaux dans les vêtements : cela fournirait l'alimentation électrique de l'ensemble des bidules électroniques dont les gens garnissent leur nid d'autistes, leur bulle individuelle : téléphone portable, iPod et iPad, et j'en passe. Ce gadget-là, auquel des chercheurs travaillent, ne saurait tarder à nous arriver.

Pour revenir sur la conversion d'énergie, soit par des plantes cultivées, soit par des dispositifs photovoltaïques, l'efficacité de ces derniers est plus grande d'un ordre de grandeur, environ 10 % contre 1 % – mais la durée de vie des champs cultivés est beaucoup plus longue !

Intéressons-nous brièvement à la terminologie. En français, on parle de « centrales solaires », par analogie avec les centrales nucléaires ou thermiques. En anglais, on parle de « fermes solaires » (*solar farms*), ce qui souligne la concurrence du photovoltaïque et de l'agriculture pour des sites à la campagne ; ou encore d'« usine solaire » (*solar plant*), ce qui met l'accent sur l'activité de conversion d'une forme d'énergie en une autre. Cela devient, en allemand, *Solaranlage* ou *Solarpark*.

Justement, un groupe d'éoliennes se dit, en français, un « parc » ; *Windpark* en allemand ; *windfarm* en anglais. Mais comment ces éoliennes convertissentelles l'énergie mécanique du vent, qui les fait tourner, en électricité ?

Par de puissants aimants au néodyme, inventés dans les années 1980 et utilisés pour la production d'électricité, tant par les voitures hybrides que par les éoliennes, des dispositifs tenus pour écologiques.

Le néodyme est une terre rare. Un véhicule hybride, une Toyota Prius pour fixer les idées, en consomme 1 kg. Il en faut des centaines de kilogrammes pour chaque éolienne. La consommation globale actuelle excède 10 kilotonnes par an.

Doit-on craindre désormais une raréfaction accrue de cette ressource minérale ? Bien qu'il s'agisse d'un élément qualifié de « terre rare », il est relativement abondant. Le principal problème est géopolitique : la Chine a monopolisé à plus de 90 % la production et le marché des terres rares. Ces deux applications, voitures hybrides et éoliennes, visent l'une et l'autre à lutter contre le réchauffement global (nuisance A), elles appauvrissent le patrimoine minier collectif, même avec un taux de recyclage de 90 % (nuisance B).

Ce n'est pas tout. L'indispensable purification du néodyme exige de le séparer d'autres éléments lourds. D'où de dangereux rejets radioactifs, mal surveillés, qui polluent l'environnement et intoxiquent ceux qui les manipulent (nuisance C). Les lieux d'extraction étant africains ou chinois, les nantis des pays du Nord ne s'en préoccupent aucunement.

Il nous faut examiner de manière critique des actions que l'on croit à tort aller dans le bon sens, être un progrès, une énergie douce contribuant à un développement durable, en langage novelangue d'Orwell. Ne nous voilons pas la face : le plus souvent une innovation technique conduit à un transfert de nuisances, à un simple changement d'étiquette.

Oui ! Cessons de faire l'autruche. Il est grand temps de regarder les choses en face et d'évaluer toute technique d'un regard froid, celui du scientifique. Il nous faut lutter contre les lavages de cerveaux, contre l'angélisme et la simplification à outrance, qu'ils nous viennent des politiques ou des médias.

Indications bibliographiques

Sources

MEADOWS D. H. *et al.*, *The Limits to Growth,* New York, Universe Books, 1972.

LE ROY-LADURIE E. *et al.*, « Sur les traces de l'argent du Potosi », *Annales,* vol. 45, n° 2, 1990, p. 483-505.

HAMELINCK C. N. et FAAIJ A. P. C., « Outlook for advanced biofuels », *Energy Policy,* vol. 34, 2006, p. 3268-3283.

SEMELSBERGER T. A., BORUP R. L. et GREENE H. L., « Dimethyl ether (DME) as an alternative fuel », *Journal of Power Sources,* vol. 156, 2006, p. 497-511.

CHISTI Y., « Biodiesel from microalgae », *Biotechnology Advances,* vol. 25, 2007, p. 294-306.

EZEJI T. C., QURESHI N. et BLASCHNEK H. P., « Bioproduction of butanol from biomass : from genes to bioreactors », *Current Opinion in Biotechnology,* vol. 18, 2007, p. 220-227.

SURZYCKI R. *et al.*, « Potential for hydrogen production with inducible chloroplast gene expression in *Chlamydomonas* », *Proceedings of the National Academy of Sciences of the United States of America,* vol. 104, n° 44, 2007, p. 17548-17553.

VACCARI D., « Phosphorus : a looming crisis », *Scientific American Magazine*, juin 2009.

FOER J. S., « Défécations des animaux d'élevage », in *Eating Animals,* New York, Back Bay Books-Little, Brown and Co., 2010.

ROQUETTE M., « La chimie organique sans pétrole : le défi de Roquette Frères », *Le Journal de l'École de Paris du management*, n° 82, 2010.

WHITTINGHAM M. S., « Electrical Energy Storage and Intercalation Chemistry », *Science*, 192(4244), 1976, p. 1126-1127.

NAZRI G., PISTOIA G., *Lithium batteries : science and technology*, Boston, Kluwer, 2004.

BALBUENA P. B., WANG Y. X. (éd.), *Lithium Ion Batteries : Solid Electrolyte Interphase*, Londres, Imperial College Press, 2004.

GENIÈS S., GLEIZE C., *Les Accumulateurs électrochimiques au lithium, haute température et à circulation d'électrolyte : principes, technologies et applications*, Lisieux, Hermès Science Publications, 2013.

DOUBLET M.-L. *et al.*, « Li4NiTeO6 as a positive electrode for Li-ion batteries », *Chemical Communications*, 49, 2013, p. 11376-11378.

AGRAWAL R. *et al.*, « Sustainable fuel for the transportation sector », *PNAS*, 104(12), 2007, p. 4828-4833.

KICILUOMA J., LU X., MCELROY M. B., « Global potential for wind-generated electricity », *PNAS*, 106(27), 2009, p. 10933-10938.

FAN S., RAMAN A., YU Z., « Fundamental limit of nanophotonic light trapping in solar cells », *PNAS*, 107(41), 2010, p. 17491-17496.

LASZLO P., « La science sert aussi à évaluer la technique », *Le Monde*, samedi 17 novembre 2012.

BUONASSISI T. *et al.*, « Modeling integrated photovoltaic-electrochemical devices using steady-state equivalent circuits », *PNAS*, 110(12), 2013, p. E1076-E1082.

Réflexions & Débats

HARRIBEY J.-M., « Les impasses de la croissance et de la décroissance infinies », *Mouvements*, n° 32, 2004, p. 113-119.

DIAMOND J., *Effondrement : comment les sociétés décident de leur disparition ou de leur survie*, Paris, Gallimard, 2006 (et coll. « Folio Essais », 2009), traduit de *Collapse : How Societies Choose to Fail or Succeed*, New York, Viking, 2005.

CLAVAL P., « Le développement durable : stratégies descendantes et stratégies ascendantes », *Géographie, Économie, Société*, vol. 8, n° 4, 2006, p. 415-445.

TEULON H., « Patagonia, le succès avec ou malgré le développement durable ? », *Entreprises et Histoire*, n° 45, 2006, p. 116-134.

JÉGOU A., « Les géographes français face au développement durable », *L'Information géographique*, vol. 71, n° 3, 2007, p. 6-18.

BENABDELI K. et HARRACHE D., « Quels indicateurs du développement durable en milieu industriel pour conforter la gestion du risque ? », *Vie & Sciences économiques*, n° 179-180, 2008, p. 9-21.

HOURCADE J.-C., « Enjeux géopolitiques du développement durable », *Études*, n° 408, 2008, p. 175-186.

DIDIER-FÈVRE C., « Villes et développement durable sur le net », *L'Information géographique*, vol. 74, n° 3, 2010, p. 100-104.

PAPPALARDO M., « Le développement durable en action : entretien avec Madame le commissaire général au développement durable, Michèle Pappalardo », *Revue française d'administration publique*, n° 134, 2010, p. 267-275.

Chapitre 15

Le réchauffement climatique

Avec ce chapitre, je souhaite compléter le déluge d'informations dispensées par les médias durant la décennie écoulée. Mon point de départ est que le réchauffement est une réalité à court et moyen termes ; qu'il résulte en grande partie de l'émission de gaz à effet de serre par diverses activités humaines ; et que les chimistes aideront à pallier une bonne part de ses conséquences néfastes.

Éviter la myopie

Se focaliser seulement sur l'anhydride carbonique CO_2 serait une erreur. Comme je l'ai exposé dans un précédent ouvrage[15], les dégagements de méthane CH_4 sont aussi à prendre en compte. En un inventaire à la Prévert, ils proviennent des ruminants, des rizières d'Asie du Sud-Est ainsi que des marécages et des mangroves. Leurs tonnages cumulés sont très inférieurs à ceux du CO_2 issu du défrichement, des centrales thermiques et des transports. Cependant, à masse égale, la contribution du méthane à l'effet de serre est 23 fois plus importante (sur une durée d'un siècle) que

---

15. Dans le chapitre « L'intrus » de *Terre & eau, air & feu* (Paris, éditions Le Pommier, 2009).

celle du CO_2 ; aussi sa contribution au réchauffement climatique est-elle de l'ordre de 10 à 30 %.

Comment réduire les dégagements de méthane dans l'atmosphère ? En mettant à l'amende les pétroliers sans scrupule qui dégazent à qui mieux mieux – les Russes se distinguant particulièrement dans ce laisser-aller – ; en éduquant les consommateurs des pays riches dès l'école primaire afin qu'ils réduisent la part carnée de leur alimentation, à l'origine de grands déséquilibres tant économiques qu'écologiques ; en éduquant également les habitants des pays du tiers-monde où le riz est l'aliment de base, pour les inciter à diversifier leurs apports nutritifs – des farines produites par des micro-algues mentionnées au chapitre précédent pourraient servir de complément, voire d'aliment de substitution.

La sonnette d'alarme est tirée depuis longtemps

Les chimistes jouèrent un rôle précoce à propos du réchauffement climatique. L'un des plus éminents d'entre eux, qui fut aussi l'un des tout premiers Prix Nobel, le Suédois Svante Arrhenius (1859-1927), annonça le réchauffement climatique dès 1896, donc vers les débuts de sa brillante carrière, dans une publication extrêmement astucieuse. Des décennies avant que l'on ne dispose de spectromètres dans l'infrarouge, Arrhenius détermina le spectre d'absorption du CO_2 dans cette gamme de longueurs d'onde. Pour y parvenir, il eut recours à des photos de la Lune effectuées à divers moments, ce qui lui permit de construire, point par point, la courbe d'absorption par le CO_2 des longueurs d'onde dans l'infrarouge. Il en tire les conséquences climatiques : « La température augmenterait de 8 à 9 °C dans les régions arctiques si le taux de CO_2 s'accroissait de 2,5 à 3 fois la valeur actuelle. » Ce qui était prophétique.

Brûlis

Le chimiste suédois mit l'accent sur l'activité industrielle et la combustion du charbon qu'elle induit comme causes de l'enrichissement de l'atmosphère en gaz carbonique, ce qui fut effectivement le cas.

S'y ajoutent le défrichement et la disparition graduelle de la forêt vierge en Amazonie, en Afrique et ailleurs. Les brûlis sont une cause à la fois directe et indirecte d'augmentation du gaz carbonique dans l'atmosphère. Citons l'un des grands connaisseurs français des atteintes à l'environnement, Jean-Marc Jancovici : « En pratique, le changement d'utilisation des sols qui engendre des émissions de CO_2 significatives est la déforestation : la plupart du bois coupé est brûlé (l'exploitation forestière ne représente qu'une petite partie du bois coupé, même si les forestiers créent des chemins qui sont ensuite utilisés par les paysans locaux qui défrichent le reste), ce qui conduit à des émissions de CO_2, puis le sol libère du CO_2 additionnel lorsqu'il est labouré (le labourage expose l'humus à l'air, ce qui conduit à une oxydation accélérée du carbone du sol). »

Je peux témoigner du désastre que constitue la déforestation, pour avoir été témoin de celle d'Haïti. Les habitants ont transformé les forêts de leur pays en charbon de bois, de façon à se procurer du combustible pour leurs besoins domestiques. Cela a produit des paysages dévastés, lunaires. Vus d'avion, ils contrastent avec l'abondante végétation tropicale qui caractérise la république Dominicaine, la nation voisine, qui partage la grande île de Saint-Domingue avec Haïti. C'est consternant ! En conséquence, le tourisme, qui est l'une des principales ressources de la république Dominicaine, était inexistant en Haïti avant même le séisme de 2010.

Lépidoptères

Les espèces animales et végétales peuvent être utilisées comme indicateurs du réchauffement climatique. Je choisis de prendre l'exemple des papillons (ou lépidoptères), ce choix relevant de raisons personnelles. Je vis une partie de l'année en Californie, dans le piémont de la sierra Nevada, dans Mariposa, un bourg qui porte justement le nom du papillon en espagnol. On y rencontre en effet encore aujourd'hui de nombreux lépidoptères – y compris le monarque, célèbre pour ses migrations qui regroupent des millions d'individus sur des milliers de kilomètres. Par ailleurs, j'éprouve une grande admiration pour deux personnages qui furent de grands collectionneurs de papillons : l'écrivain Vladimir Nabokov et le grand mathématicien Laurent Schwartz.

Ma fréquentation du premier date de l'automne 1962. Je fus encouragé à le lire lorsque, prenant un café au Faculty Club de l'université Princeton en compagnie d'amis américains, je leur demandai de me recommander un livre à lire sur les États-Unis. L'un d'eux me conseilla vivement *Lolita;* je découvris ainsi avec délectation l'écriture élégante et constamment inventive de Nabokov. Près de quatre décennies plus tard, j'eus l'occasion de suivre, avec émotion, des séminaires dans les lieux mêmes où Nabokov avait eu son bureau et enseigné, dans le bâtiment des humanités de Cornell.

Ma fréquentation de Laurent Schwartz est un peu antérieure. Au tout début des années 1960, j'avais suivi, avec un succès mitigé, son cours brillant intitulé « Méthodes mathématiques de la physique », à Paris, à l'institut Henri-Poincaré. C'est là que j'ai appris le peu que je connais sur les distributions, ce bel outil mathématique pour les sciences physiques inventé par Laurent Schwartz, et qui lui valut la médaille Fields. À l'époque, Laurent Schwartz était admirable aussi pour son opposition retentissante à la guerre d'Algérie, qui le fit alors démettre par le ministre de tutelle de son poste de professeur de mathématiques à l'École polytechnique.

Lorsque, en 1986, je fus moi-même nommé professeur dans cette même école, elle tirait une grande fierté de son département de mathématiques : Laurent Schwartz l'avait sinon créé, du moins hissé aux premiers rangs mondiaux et y avait entièrement rénové l'enseignement des mathématiques. J'avoue aussi une certaine fierté familiale : mon plus jeune frère, Yves Laszlo, a présidé jusqu'à récemment aux destinées de ce centre illustre.

Deux de mes héros personnels étaient donc de fervents amateurs de lépidoptères. Je ne les ai pas chassés moi-même, armé de l'un de ces filets qu'enfant j'admirais dans la vitrine du magasin de jouets *Le Nain Bleu*, une boutique à la clientèle aisée, ce qui n'était pas notre cas, mais je fus cependant épris des papillons tout au long de mon existence.

J'aime les voir voleter de-ci de-là, composer avec les courants d'air. Mon goût pour l'observation des planeurs rejoint le plaisir que j'éprouve à observer le vol des papillons. Ils sont d'une évidente fragilité, ce qui ne les empêche pas d'accomplir des prouesses migratrices et de parcourir des distances immenses entre leurs quartiers d'hiver et d'été. J'admire aussi leurs ailes chamarrées, ces menues images si sophistiquées qui sont pour moi le pendant des enluminures d'un manuscrit médiéval.

Indicateurs de climat

Une corrélation existe entre la date de la première apparition des papillons en un lieu donné, dans l'année, et les températures de printemps. Sur 35 espèces étudiées en Grande-Bretagne, on en aperçoit d'ores et déjà 26 plus tôt que ce n'était la coutume ; et c'est aussi le cas pour l'ensemble des 17 espèces suivies en Espagne. En Californie également, 16 espèces sur 23 se montrent plus tôt que d'habitude, avec une avance moyenne de plus de trois semaines.

Les sceptiques à l'égard du réchauffement climatique seraient bien avisés d'être plus attentifs à de tels phénomènes biologiques. En Europe occidentale, les deux tiers des espèces de papillons ont repoussé leurs aires de peuplement vers le nord de 35 à 240 km. *Heodes tityrus*, un papillon originellement catalan, fut identifié en Estonie pour la première fois en 1998, et il a maintenant atteint les rives de la Baltique. Certaines espèces se sont déplacées non seulement en latitude, mais aussi en altitude, pour trouver des températures moins chaudes. De même, en Amérique du Nord, plus de 40 % de la population d'*Euphydryas editha* a disparu entre 0 et 2 400 m, alors que, entre 2 400 et 3 500 m, il en reste plus de 85 %.

Le réchauffement global provoque aussi toutes sortes d'interactions écologiques. Qu'advient-il lorsqu'une espèce de papillons parvient à résidence avant l'apparition de sa plante hôte ? Cette absence de synchronisation la menace d'extinction. À l'inverse, l'amélioration de la synchronisation d'un parasite et de l'hôte de ce dernier va aussi dans le sens de l'extinction de l'hôte. Ainsi, la petite guêpe *Cotesia militaearum*, un parasite du papillon *Militaea cinxia*, sera d'autant plus nocive à son encontre qu'elle migrera avec succès en même temps que lui.

Bref, 15 % de toutes les espèces encore vivantes sur Terre sont menacées d'extinction d'ici 2050 seulement. Mais les facultés d'adaptation des papillons ne peuvent manquer de nous donner un certain optimisme. J'en veux pour exemple l'espèce *Polygonia c-album*, nommée communément robert-le-diable. Elle est phytophage, c'est-à-dire qu'elle se nourrit exclusivement de plantes. Alors que, au début du XIXe siècle, on la trouvait dans toute la Grande-Bretagne, elle en avait entièrement disparu au tournant du XXe siècle, exception faite d'une bande étroite à la frontière entre l'Angleterre et le pays de Galles. Est-ce une conséquence de l'industrialisation ? Pas tout à fait. Le robert-le-diable se nourrissait jusque-là du houblon dont on faisait la bière. Or, au cours du XIXe siècle, les houblonnières disparurent peu à peu d'Angleterre, les agriculteurs s'étant tournés vers d'autres cultures. Le petit âge glaciaire qui sévit fin XIXe contribua aussi à la régression de ces papillons, comme d'ailleurs d'autres espèces de lépidoptères. Début XXe, avec le réchauffement climatique qui s'amorça, le robert-le-diable repeupla une grande partie des îles Britanniques. Il s'était donné un autre régime alimentaire, plus diversifié, dans lequel les orties et l'orme de montagne (*Ulmus glabra*) étaient venus s'ajouter au houblon, qu'ils avaient supplanté au menu de ces papillons.

Les océans n'épongent-ils pas l'excédent de CO_2 ?

Aujourd'hui, l'activité humaine injecte du CO_2 dans l'atmosphère environ 10 000 fois plus vite que les processus naturels ne peuvent en ôter. Ce retrait naturel du CO_2 se fait essentiellement par sa transformation en carbonates au sein de l'océan ; c'est ce processus qui, à la longue, produit des roches calcaires. L'enrichissement atmosphérique en CO_2 est 100 fois plus rapide que celui qui intervint après la fin du dernier âge glaciaire. Au début de l'ère industrielle, le taux atmosphérique de CO_2 était d'environ 270 ppm (parties par million), soit à peine plus que ce qu'il était à la fin de la dernière glaciation, il y a dix mille ans (260 ppm). Sa valeur critique, au-dessus de laquelle des bouleversements climatiques interviendraient, est de 350 ppm. Or nous en sommes déjà à 385 ppm. Si nous voulions stabiliser le CO_2 atmosphérique à ce niveau actuel, il nous faudrait supprimer les trois quarts de ses émissions. Hélas, cela est tout simplement impossible : cela nécessiterait une modification non pas radicale mais drastique de nos modes de vie.

Les océans ont une grande capacité d'absorption du CO_2 atmosphérique. Ce gaz se dissout dans l'eau, où il est converti en acide carbonique. Ce dernier se dissocie, d'une part, en protons acides et, d'autre part, en anions bicarbonate (pour leur donner leur dénomination courante plutôt que scientifique). J'y reviendrai.

Les eaux des océans détiennent environ 50 fois plus de CO_2 qu'il ne s'en trouve dans l'atmosphère. Les échanges de CO_2 entre l'atmosphère et les océans permettaient, dans les années 1980, de soutirer chaque année de l'atmosphère environ 2 milliards de tonnes du CO_2 issu de l'activité humaine, une quantité qui augmenta d'un quart environ dans les années 1990. Il est intéressant de noter que les eaux polaires froides dissolvent à peu près le double de CO_2 que ne le font les eaux équatoriales chaudes. Sur le long terme, à l'échelle de millénaires, les océans pourront stocker environ 85 % de tout le CO_2 produit par les activités humaines (feux de forêts, centrales thermiques et transports).

Bref, il est heureux que les émissions anthropogènes de CO_2 parviennent en majeure partie dans l'océan, ce qui tend à atténuer leurs méfaits.

Je souhaite partager mon admiration comme mon inquiétude concernant les océans. Mon admiration tout d'abord, pour cette immense réserve d'espèces unicellulaires et pluricellulaires, pour ce jardin zoologique dont Jules Verne nous offrit, dans *Vingt Mille Lieues sous les mers*, des descriptions lyriques et détaillées, de véritables catalogues zoologiques ; mon inquiétude ensuite, quant à la survie de nombre d'espèces, qu'elles vivent dans les eaux de surface ou dans les grands fonds. Comme le déclara Jacques-Yves Cousteau : « Les gens protègent et respectent ce qu'ils aiment, et pour leur faire aimer la mer, il faut les émerveiller autant que les informer. »

Le système (CO_2 + H_2O → acide carbonique → bicarbonate + protons) fait coexister un acide (l'acide carbonique) et ce que l'on appelle sa « base conjuguée » (le bicarbonate). Ce système vaut pour son effet tampon : en vertu d'un principe édicté par Henry Le

Chatelier, lorsqu'un équilibre chimique est perturbé par l'ajout de l'un de ses constituants, il réagit de façon à consommer cet excédent.

C'est ce qui se produit avec l'injection de CO_2 dans les masses d'eaux océaniques – depuis le début du XIXe siècle, l'océan a absorbé la moitié environ des émissions atmosphériques de CO_2. Elle implique une augmentation de l'acide carbonique, ce qui aboutit donc à augmenter la concentration en bicarbonate, d'où l'acidification de l'eau. C'est la réaction inverse qui se produit lorsqu'on utilise ce dernier pour neutraliser un tant soit peu les aigreurs d'estomac – ce fut le cas un bon siècle durant, avant que les pharmacologues ne mettent au point des médicaments inhibiteurs de la pompe à protons dans la paroi stomacale – : le bicarbonate additionne les protons dans l'estomac et produit donc de l'acide carbonique qui (ouf!) se décompose en dégazant du CO_2 que l'on exhale.

L'étendue des dégâts

Le pH des eaux océaniques s'acidifie donc par dissolution d'acide carbonique, y compris celui des couches superficielles. Si l'on examine une courbe de cette évolution – sur une échelle logarithmique, tout comme celle de Richter pour les tremblements de terre – on s'aperçoit que, durant un siècle (de 1850 à 1950), la valeur du pH est restée stable (environ 8,2), pour décroître fortement et atteindre la valeur de 8,1 en 2000 ; une extrapolation permet de prévoir une valeur de 7,8 seulement en 2100.

La conséquence majeure de cette acidification de l'océan est la décalcification à laquelle de nombreuses espèces marines ont à présent à faire face. En effet, l'équilibre chimique entre le CO_2 atmosphérique à l'état gazeux et les ions carbonate dissous dans l'océan dépend de la pression en CO_2, c'est-à-dire de sa teneur atmosphérique. Lorsque cette pression augmente, la concentration des carbonates diminue inexorablement. Or de nombreux organismes ont des coquilles protectrices faites de carbonate de calcium, qui existe sous deux formes : la calcite et l'aragonite.

En ce qui concerne les coquilles de calcite, les coccolithophores en offrent un premier exemple. Il s'agit d'organismes autotrophes (capables de se développer dans un milieu n'ayant que des sources minérales de carbone, comme le CO_2) dont il existe environ 200 espèces répertoriées. Leurs coquilles sont élaborées en quelques jours. Si le CO_2 atmosphérique devait doubler par rapport à sa concentration actuelle, la calcification chuterait dans des proportions différentes selon les espèces de coccolithophores : elle serait de 10 à 20 % pour *Emiliania huxleyi*, mais de 45 % pour *Gephyrocapsa oceanica*. Les foraminifères nous offrent un deuxième exemple. Il s'agit d'organismes hétérotrophes (asservis à des nutriments organiques préexistants), dont il existe une bonne trentaine d'espèces océaniques. Leur coquille de calcite prend des semaines à se construire. Elle se dissout au fur et à mesure de la diminution de la concentration de l'eau en carbonates. Leur calcification diminue de 10 % environ pour un doublement ou un triplement de la teneur atmosphérique en CO_2.

Les ptéropodes possèdent, eux, des coquilles d'aragonite. Ce sont aussi des espèces hétérotrophes, dont les coquilles prennent des mois et même des années à se construire. Il en existe une trentaine d'espèces.

Lorsque le CO_2 atmosphérique et, partant, l'acidité des eaux augmentent, les coquilles des ptéropodes commencent à se dissoudre au bout de 48 h. Or, toute atteinte aux ptéropodes, qui forment la nourriture de base d'organismes allant du zooplancton à la baleine en passant par de nombreux poissons – dont des espèces commercialement importantes comme les saumons dans le Pacifique nord –, déclenchera des réactions en chaîne.

On a pu déterminer quelles étaient les teneurs préindustrielles d'aragonite en 1765 dans les océans de la planète. Elles étaient de 1 sur le pourtour de l'Antarctique, et elles augmentaient en fonction de la latitude pour atteindre la valeur 5 dans l'océan Indien ou dans l'océan Pacifique central. Leur diminution par rapport à ces valeurs est aujourd'hui patente : en 1994 déjà, on est passé à des maxima de 4. Si la tendance actuelle se maintient, dans un demi-siècle, en 2060, les maxima seront de 3, et ils seront de 2,5 en 2099. La chute est d'un facteur 2 en deux siècles, ce qui est colossal – ou, plus exactement, désastreux.

Les coraux offrent un autre exemple d'organismes élaborant leurs carapaces en aragonite. On constate d'ores et déjà leur disparition brutale un peu partout. C'est très grave, puisque les récifs coralliens hébergent de très nombreux poissons – le quart de l'ensemble des espèces existantes : au moins trois millions d'espèces de poissons, au bas mot, vivent dans les colonies coralliennes ou à proximité. Or les coraux sont doublement vulnérables. Ils sont sensibles non seulement à l'augmentation de l'acidité de l'eau, mais aussi à celle de sa température. Il semblerait qu'ils aient déjà atteint leur plafond de tolérance thermique. Avec les amphibiens terrestres (comme les grenouilles), ce sont les groupes d'animaux les plus menacés par le réchauffement climatique.

Comment résorber les émissions de CO_2 ?

Les chimistes ont un rôle considérable à jouer dans notre réponse collective au réchauffement climatique. Lors de la transition qui s'amorce vers une production d'énergie dominée par le nucléaire, se pose le problème du blocage des émissions de CO_2 par les centrales thermiques. Puisque leur fonctionnement s'accompagne nécessairement d'une émission de CO_2, il nous faut impérativement capturer ce gaz avant qu'il ne file dans l'atmosphère. Les dispositifs ne laissant partir dans l'atmosphère que de la vapeur d'eau et retenant le CO_2 portent le nom anglais de *scrubbers*. Que faire de ce gaz carbonique, une fois capturé ? Le liquéfier ? Le stocker dans une matière poreuse ? Le transformer en carbonates ? L'une des solutions envisagées est son enfouissement dans des couches géologiques profondes. Le coût de cette opération est de 30 dollars la tonne de CO_2 enfoui, ce qui est relativement peu coûteux au regard des 100 millions de dollars que coûte une unité de *scrubber*, assurant cette récupération de CO_2. Cela permettrait de mettre à l'abri de 15 à 50 % du CO_2 produit annuellement. Une autre solution est la reforestation, plus écologique sans doute, mais également plus onéreuse : 50 dollars la tonne. À supposer que 10 % des émissions anthropogènes de CO_2 soient réabsorbés grâce aux reforestations, et donc à ce prix, le coût annuel serait d'environ 1 milliard de dollars ; ce qui peut se concevoir si l'on songe aux nombreux milliards de dollars qui se sont évaporés du fait de la seule crise bancaire de 2008-2009.

Une autre méthode relève des chimistes : il s'agirait d'utiliser le procédé Solvay, qui permet de récupérer le CO_2 sous forme de carbonate de sodium, un grand produit industriel utilisé en particulier dans la fabrication du verre. Le procédé Solvay est en usage, partout de par le monde, depuis un siècle et demi, c'est dire que nous en avons une maîtrise consommée. Techniquement, c'est donc tout à fait faisable, mais cela signifie un investissement de départ considérable et donc, pour l'instant, non envisageable.

Il existe néanmoins une unité pilote en Allemagne, asservie à une centrale thermique produisant 1 000 MW, qui récupère une infime fraction du CO_2 dans les gaz de combustion – cela fait néanmoins 300 kg/h, soit 2 500 t/an. S'il était converti en carbonate de sodium, la production serait de l'ordre de 4 500 t/an. Or construire une unité Solvay coûterait environ 50 millions de dollars pour une production annuelle de carbonate de sodium se chiffrant en dizaines ou centaines de kilotonnes. Trouver une solution acceptable n'est pas totalement inenvisageable, il suffirait de mettre au point des mini-fabriques Solvay avec un prix de revient de 150 dollars la tonne de carbonate de sodium (son prix en 2010). Le chiffre d'affaires annuel serait alors d'environ 700 000 dollars. L'objectif à se donner serait un investissement de 20 millions de dollars par unité, les pouvoirs publics réglant la moitié de cette facture. La solution est peut-être à trouver dans la construction d'unités plus petites.

Faudrait-il que l'humanité tout entière se convertisse au bouddhisme pour que nous nous mettions à réellement respecter la biodiversité ? Les religions monothéistes encourageraient-elles notre anthropocentrisme, si destructeur des autres espèces avec lesquelles nous nous partageons la planète ? Pourtant, nous pourrions vivre en bonne intelligence avec elles, au sens fort, originel de ce mot, celui de la compréhension intime de la multitude des interrelations agissant au sein de tout écosystème.

Mais l'homme se définit *a contrario* comme un « animal dénaturé », suivant la belle expression de Vercors dans ses derniers livres. Comme l'exprima avec force Stephen Jay Gould, « nous qui nous délectons de la diversité de la nature et nous instruisons auprès de chaque animal, avons tendance à considérer l'*Homo sapiens* comme la plus grande catastrophe depuis l'extinction du Crétacé ».

Hydrates de méthane

Le méthane CH_4, composant majoritaire du gaz naturel, peut se faire piéger dans des cages de molécules d'eau, de glace si l'on préfère – elles aussi totalement naturelles. On les nomme « hydrates de méthane ».

Où se trouvent-elles ? Sous l'océan, dans les sédiments accumulés et superposés. Dans l'océan, si la température est suffisamment basse, c'est-à-dire dans l'Arctique et l'Antarctique. Et dans les profondeurs du Pacifique, de façon majoritaire.

La quantité globale, planétaire, d'hydrates de méthane est énorme. On l'estime à 1 800 Pg de carbone : un pétagramme (Pg) vaut 10^{15} g ou 10^{12} kg, ou encore un milliard de tonnes.

Que faudrait-il pour libérer une fraction non négligeable de ce réservoir de méthane, qui dès lors viendrait, en tant que gaz à effet de serre, participer au réchauffement global, et dès lors l'exalter et l'accélérer ? Il existe un précédent : au mieux, il fera réfléchir ; au pire, il inquiétera.

Un tel dégel massif des hydrates de méthane océaniques explique la gravité de l'extinction permienne, qui vit disparaître 95 % des espèces marines et 70 % des espèces continentales, il y a 250 millions d'années.

Sans doute aucun, le réchauffement global en cours va libérer une certaine quantité de ce méthane emprisonné sous forme d'hydrates. Mais combien ? Si ce réchauffement est de 3 °C, une augmentation vraisemblable, le scénario le plus optimiste escompte la libération d'environ 35 Pg de carbone ; le plus pessimiste 940 Pg de carbone, ce qui serait catastrophique.

Indications bibliographiques

Sources

ARRHENIUS S., « On the importance of carbonic acid in the air upon the temperature of the ground », *Philosophical Magazine and Journal of Science*, vol. 41, n° 251, 1896, p. 237-276.

PRENTICE I. C. *et al.*, « The carbon cycle and atmospheric carbon dioxide », *in* HOUGHTON J. T. *et al.*, *Climate Change 2001 : The Scientific Basis : Contribution of Working Group I to the Third Assessment Report of the Intergovernmental Panel on Climate Change*, Cambridge University Press, 2001, p. 183-237.

WARREN M. S. *et al.*, « Rapid responses of British butterflies to opposing forces of climate and habitat change », *Nature*, vol. 414, 2001, p. 65-69.

PARMESAN C. et YOHE G., « A globally coherent fingerprint of climate change impacts across natural systems », *Nature*, vol. 421, 2003, p. 37-42.

MORONEY J. V. et YNALVEZ R. A., « Proposed carbon dioxide concentrating mechanism in *Chlamydomonas reinhardtii* », *Eukaryotic Cell*, vol. 6, n° 8, 2007, p. 1251-1259.

DESSUS B., LAPONCHE B. et LE TREUT H., « Réchauffement climatique : importance du méthane », *La Recherche*, n° 417, 2008.

FABRY V. J., « Marine calcifiers in a high-CO_2 ocean », *Science*, vol. 320, 2008, p. 1020-1022.

DONEY S. C. *et al.*, « Ocean acidification : the other CO_2 problem », *Annual Reviews of Marine Science*, vol. 1, 2009, p. 169-192.

FABRY V. J. *et al.*, « Ocean acidification at high latitudes : the bellwether », *Oceanography*, vol. 22, 2009, p. 160-171.

FABRY V. J. et BALCH W. M., « Direct measurements of calcification rates in planktonic organisms », *in* RIEBESELL U. *et al.* (éd.), *Guide for Best Practices for Ocean Acidification Research and Data Reporting*, Luxembourg, Office for Official Publications of the European Communities, 2010.

ARCHER D., BROVKIN V., BUFFETT B., « Ocean methane hydrates as a slow tipping point in the global carbon cycle », *PNAS*, 106(49), 2009, p. 20596-20601.

Réflexions & Débats

KERGOMARD C., « L'Arctique face au changement climatique », *Annales de géographie*, n° 653, 2007, p. 3-22.

JOUANY J.-P. et THIVEND P., « La production de méthane d'origine digestive chez les ruminants et son impact sur le réchauffement climatique », *Management & Avenir*, n° 20, 2008, p. 259-274.

CELESTIN-URBAIN J., « Conséquences économiques à long terme du changement climatique », *Économie & prévision*, n° 185, 2008, p. 149-156.

CERUTTI F., « Le réchauffement de la planète et les générations futures », *Pouvoirs*, n° 127, 2008, p. 107-122.

GRIMAUD A. et ROUGE L., « Séquestration du carbone et politique climatique optimale », *Économie & prévision*, n° 190-191, 2009, p. 53-69.

AJALA I., « Le changement climatique, le protocole de Kyoto et les relations transatlantiques », *Politique étrangère*, 2009, p. 103-116.

CAMUFFO D., « Le niveau de la mer à Venise d'après l'œuvre picturale de Véronèse, Canaletto et Bellotto », *Revue d'histoire moderne et contemporaine*, n° 57-3, 2010, p. 92-110.

KANDEL R., *Le Réchauffement climatique*, Paris, PUF, coll. « Que sais-je ? », 2010.

ÉTIENNE J.-L., « Sauver la banquise, c'est sauver notre équilibre climatique », *Revue internationale et stratégique*, n° 78, 2010, p. 9-17.

Chapitre 16

Le pétrole et notre quotidien

« Scier la branche sur laquelle on est assis », tel est le thème de ce chapitre. Il s'ouvre sur l'amorce d'une description de notre vie quotidienne. Qu'il s'agisse d'un pays riche ou d'un pays pauvre, la constatation est identique : la grande majorité des objets que nous utilisons vient de la pétrochimie.

Les pays pauvres nous renvoient une image à peine déformée de nos pays riches, tant il est vrai que la misère est d'une triste et désespérante uniformité. Le quart-monde de nos villes, avec ses équipements sommaires – sac de couchage, fourre-tout, Caddie… –, ne déparerait pas dans le tiers-monde. Ce quart-monde participe au demeurant de notre société de consommation. Même s'il est tenu en marge, il n'en est que davantage désireux d'en recevoir quelques miettes, avec lesquelles il tente de vivre.

Dans les pays du tiers-monde, le ravitaillement en eau constitue un souci primordial pour les villageois. Les femmes vont la chercher, parfois loin, et la rapportent dans des bidons, souvent des récipients en plastique. Elles lavent le linge et les enfants dans de grandes cuvettes, fréquemment en plastique aussi. En Asie du Sud-Est, dans un pays comme le Cambodge ou le Laos (j'emprunte au récit d'une personne visitant fréquemment ces contrées pour son activité professionnelle), « tout est emballé dans des sacs en plastique, tout ! Pire : on utilise de petits sachets transparents très résistants comme contenants pour des boissons ou de la nourriture. Pour la nourriture ou les sauces, le sac est fermé hermétiquement par un élastique. Pour les boissons, on remplit le sac de glace pilée (s'il y en a), on verse dessus le coca (ou autre : café, etc.) et on ferme l'ouverture seulement aux trois quarts avec un élastique : il suffit de faire une boucle en passant une extrémité dans l'autre, on tire, ça se resserre, dans la boucle qui ressort on passe le doigt pour transporter le sac, l'accrocher à une poignée de voiture, un clou, etc. Dans l'ouverture du sac (le quart non fermé) on plante une paille. Pourquoi ? Parce que les bouteilles de verre sont consignées, les marchands les gardent ! Et on ne distribue pas encore de gobelets de plastique ou de polystyrène. Le résultat : les bords des routes et des voies de chemins de fer sont complètement souillés par les sacs plastique, les champs en sont couverts, ils remplacent les feuilles des arbres et signalent les barbelés en voletant joliment au vent, comme de petits drapeaux. Et ils détruisent probablement l'estomac des ruminants les moins clairvoyants. »

Équipements sportifs et vêtements

De quoi sont faits les équipements sportifs ? Les voiles sont en kevlar, qui est un aramide, c'est-à-dire un polyamide comme le nylon, mais comportant des noyaux aromatiques lui conférant une extrême résistance mécanique. Les cordes d'alpinisme sont en polyester ou en polyamide (nylon). Depuis belle lurette, les cordes des raquettes de tennis ne sont plus faites de boyaux, mais de fibres synthétiques, nylon ou polyester. Les planches de surf sont en polyuréthane ou en polystyrène, et revêtues de fibre de verre ou de résines polyester ou époxy. Les snowboards sont fabriqués avec des matériaux similaires.

Notre habillement ? Les fibres traditionnelles, la laine, le coton, le lin ou le chanvre, ont été très largement supplantées par des fibres synthétiques, de la famille des polyamides (nylon) ou de celle des polyesters (acryliques). La civilisation des loisirs, et particulièrement le monde sportif, a imprimé sa marque dans le domaine de la mode : on se chausse avec des tennis ou des baskets, on revêt un survêtement, le sac à dos a remplacé le cartable ou le porte-documents des écoliers et des étudiants, les marcheurs utilisent des bâtons de ski… « A imprimé sa marque » : oui, mais laquelle ? Au cinéma ou à la télévision, les marques s'affichent sur les vêtements. Tout comme les équipements sportifs, les vêtements usent très largement des produits de la pétrochimie que fournit la chimie des polymères. Des vêtements chauds sont fait en polaire, c'est-à-dire en polypropylène. Certains maillots de bain sont à 100 % en nylon ou en polyester, tout comme certains shorts, qui s'agrémentent en outre, pour les hommes, d'une braguette en néoprène.

Il suffit de faire ses courses dans un supermarché pour constater que l'empire de la pétrochimie inclut aussi, d'une manière ou d'une autre, une grande majorité des produits de consommation courante, ne serait-ce que par leurs emballages. C'est le cas par exemple avec les produits de rasage et les dentifrices, les boissons, les produits pharmaceutiques, la droguerie, les accessoires automobiles – à commencer par les pneus ou les huiles pour moteur... Bref, dans notre quotidien, les produits issus de la pétrochimie se taillent la part du lion.

Laçage

J'illustrerai l'emprise des matériaux issus de la pétrochimie par un exemple révélateur pour moi de ce mélange de modernité et de tradition dans lequel nous vivons : c'est celui des lacets des chaussures de marche. Dans son humilité, je trouve cet exemple amusant. Ces lacets ont toujours la même fonction : serrer les chaussures de manière à bien maintenir le pied. Au temps de nos grands-parents, celui des grands empires coloniaux ou de l'Amérique de la ségrégation, ces lacets étaient en coton. Aujourd'hui, ils sont en nylon. D'une structuration assez complexe, ils sont tout aussi élaborés dans leur fabrication que les cordes des grimpeurs, elles aussi en nylon. Cela leur confère une grande robustesse, mais qui va de pair avec un assez gros défaut : la surface extérieure du lacet est un peu trop lisse, ou elle le devient rapidement, aussi la boucle que l'on fait lorsqu'on lace ses chaussures a-t-elle tendance à se défaire plus rapidement qu'autrefois. Peut-on prédire que les chaussures de marche se boucleront un jour comme les chaussures de ski, avec des fermetures réglables à crocs ?

Une fin proche

Parmi les pays producteurs de pétrole, l'OPEC (Organization of the Petroleum Exporting Countries) se distingue en se comportant en cartel chargé de sauvegarder les prix : chaque année, environ 38 milliards de barils de brut sont extraits de la croûte terrestre, qui rapportent environ 30 milliards de dollars à leurs producteurs. Les réserves identifiées avoisinent les 1 000 milliards de barils, soit trois décennies seulement au régime de consommation actuel, et sans inclure dans le calcul les accroissements démographique et économique ; ni, en sens inverse, la prospection et la découverte de nouveaux gisements.

Si je devais édicter un principe général gouvernant la moralité collective en matière de consommation du pétrole et de respect des générations qui, on peut encore l'espérer, nous succéderont, ce serait de faire en sorte que notre rythme d'utilisation de chacun des combustibles fossiles (pétrole, charbon, tourbe, schistes bitumineux, uranium…) soit tel que l'on dispose de réserves identifiées pour une durée de *un millénaire* – un chiffre à la fois aisé à mémoriser et symbolique.

Des cigales, je vous dis

Quelle est la part de la pétrochimie dans la consommation du pétrole ? Les auteurs citent fréquemment le chiffre de 10 %, en l'assortissant du commentaire suivant : ce pourcentage modeste sert à produire 80 % des biens de consommation, dont la facture carbonée est négligeable, du moins dans l'immédiat. Les 90 % restants de la production pétrolière passeraient donc en fumée, ou plus précisément en gaz carbonique contribuant au réchauffement climatique.

Mais ces chiffres sont faux et la réalité est plus consternante encore. La production totale de brut, à l'heure actuelle, est de 9,6 milliards de tonnes et la capacité globale de la pétrochimie est de 125 millions de tonnes, soit 1,3 % seulement du total de la production. Même si l'on rapporte ce chiffre non pas à celui du brut produit, mais à celui du net après raffinage, qui sert de matière première à la pétrochimie, cette dernière n'absorbe que 2,6 % du pétrole total produit. Et nous brûlons allègrement les 97,4 % restants, avec presque aucun souci du lendemain.

Des irresponsables

Les matières premières sont notre patrimoine commun. Cela est d'une telle évidence ! L'appropriation de ces matières premières par telle ou telle maison régnante, tel ou tel pays est une aberration. Cela résulte aussi de l'histoire, c'est une donnée intangible depuis ce XIXe siècle qui vit l'apogée des nationalismes et, par conséquent, des colonialismes.

Les héritiers dilapident. Est-ce là une loi de la nature humaine ? Dilapider du patrimoine, quel qu'il soit, c'est faire preuve d'irresponsabilité. C'est insulter l'avenir. Brûler des produits pétroliers, cela équivaut moralement à la destruction de tout type de patrimoine, cela pourrait se comparer à la destruction de vestiges archéologiques. Comment réagirions-nous si l'on détruisait le Louvre ou les châteaux de la Loire ?

Qu'est-ce que gaspiller ?

Nous n'avons sans doute pas hérité la notion de gaspillage des chasseurs de rennes du Néolithique. Il paraît plus vraisemblable qu'elle provienne d'une culture agraire plutôt que pastorale. L'étymologie va dans ce sens. « Gaspiller » dérive de l'un des mots gaulois dont la langue française hérita. *Waspa* était un déchet, un sous-produit de l'activité agricole. *Kaspa*, qui en est proche, désignait également les déchets dans l'ensemble du Midi, de l'Italie du Nord, de la péninsule Ibérique, de la Sicile et de la Corse. « Gaspiller » nous vient probablement d'un croisement entre le mot provençal *gaspilha*, qui signifie « grapiller », et un terme dialectal de l'ouest de la France, *gaspailler*, qui signifie « répandre la paille d'une céréale ».

En anglais, le mot *waste*, qui est à la fois un verbe signifiant « gaspiller » et un substantif signifiant « déchet », vient du latin *vastus*, dont le français fit à la fois l'adjectif « vaste » et le verbe « dévaster ». À en croire Alfred Ernout et Alfred Meillet, *waste* et « vaste » proviennent de deux mots latins très anciens, qui s'écrivent tous deux *vastus*, mais dont la voyelle « a » est brève chez l'un et longue chez l'autre, et qui signifient « immensité » pour l'un, « vide, inoccupé, déserté » pour l'autre. Les deux *vastus* auraient fusionné pour donner *guaster* à l'ancien français, dont l'anglais fit *waste* et le français moderne « gâter ».

En des temps anciens tels que le Moyen Âge, où la société connaissait une tripartition entre guerriers, prêtres et paysans, gaspiller était la prérogative de l'aristocratie. La classe supérieure, celle des riches et des puissants, s'autorisait ce luxe, tandis que les pauvres en étaient privés. La mémoire collective a retenu l'outrage imposé par les nobles lorsque, à la poursuite de la proie qu'ils chassaient, ils chevauchaient au travers de champs de céréales qu'ils dévastaient sans scrupule.

À certaines occasions, rituelles, le menu peuple se permettait néanmoins de gaspiller. C'est le sens que je donne aux poignées de riz que l'on jette sur les nouveaux mariés, une manière d'attirer l'abondance en étant prodigue. Depuis que la société française s'américanise, c'est-à-dire depuis le début du XXe siècle, la classe moyenne a découvert les joies du gaspillage, que les petits bourgeois du XIXe siècle tenaient encore en sainte horreur.

C'est ainsi que je m'explique le fait que, aujourd'hui, brûler le pétrole plutôt que le conserver à l'abri dans le sous-sol ne choque apparemment pas grand monde. Dans *Le Roi Lear* de Shakespeare, lorsque le personnage de Gloucester perd la vue, il accède paradoxalement à une vision claire des choses et des personnes. Il déclare alors : « *So distribution should undo excess, And each man have enough.* » (« Aussi la répartition devrait-elle détruire l'excès, afin que chacun en ait en suffisance », dans ma traduction.) Gaspiller suppose un aveuglement, tandis qu'être rationnel exige une répartition équitable : telle est la leçon.

Un coût croissant

Comme on le sait, on mesure la consommation et la production de pétrole en barils de brut. Après raffinage, le brut est réduit de moitié environ pour fournir le net. C'est donc un non-sens économique de ne pas implanter les raffineries près des lieux d'extraction. Le baril de brut a pour volume standard 42 gallons US (cela nous rappelle que la découverte du pétrole se fit aux États-Unis), et un gallon US équivaut à 3,7854 l. Autrement dit, un baril de brut pèse environ 140 kg.

Au printemps 2010, le prix du baril de brut était d'environ 85 dollars – le prix du pétrole est exprimé dans cette monnaie, ce qui explique que le taux du dollar vis-à-vis d'autres monnaies (euro, franc suisse, yuan, yen japonais…) fluctue en sens inverse du prix du pétrole.

En dollars constants, le prix du pétrole, certes variable, se maintient approximativement, en moyenne, au même niveau. Exprimé en dollars 2007, le coût du baril était de 10 en 1970. Le premier choc pétrolier, en 1973, provoqua sa hausse à 52 en 1974. Mais il dégringola ensuite pour atteindre 28 en 1985 et même 18 en 1998, avant de grimper sans doute durablement à partir de 2003 – cette hausse étant due, entre autres, à la montée en puissance de l'Inde, de la Chine, du Brésil et de la Russie –, pour atteindre 68 dollars en 2007 et environ 80 dollars aujourd'hui, après être monté à plus de 100.

À titre de comparaison, durant la même période 1970-2007, aux États-Unis, le prix moyen d'une automobile neuve, toujours en dollars constants, était presque exactement de 19 000 dollars en 1970, de 20 000 en 1980, de 24 500 en 1988 ; puis il est resté stable aux environs de 24 000 plusieurs années durant et s'est accru lentement jusqu'en 1999 où il atteignit 25 365 avant de redescendre jusqu'à 23 382 en 2007. Durant ces presque quatre décennies, ce bien manufacturé type a donc subi des variations de 10 à 20 % seulement.

En France, toutes proportions gardées (le territoire n'ayant pas l'immensité américaine), les données sont similaires. Depuis quelques décennies, elles montrent une saturation, qu'il s'agisse des ventes de voitures neuves, de la consommation de carburant pour les transports routiers dans leur ensemble ou de la circulation automobile totale : cette dernière, que l'on exprime en milliards de véhicules-km, et qui était de 320 en 1980, a considérablement augmenté pour atteindre 526 en 2000 et, depuis, rester à peu près au même niveau : 555 en 2005 et 2006.

D'autres secteurs furent bien davantage affectés, directement ou indirectement, par les fluctuations du coût du baril de brut. La nourriture en fournit un bon exemple. Partie du niveau de référence 39 en 1970, le premier choc pétrolier la fit monter jusqu'à 140-150 dans les années 1990, et elle connut ensuite une lente ascension jusqu'à atteindre 203 en 2007. On peut imputer ce phénomène aux augmentations des coûts des transports et des engrais.

Hygiène publique

Mais voyons ce qu'il en a été pour un secteur sans rapport apparent avec le baril de brut, celui de la santé. Aux États-Unis, les dépenses de santé augmentèrent bien davantage encore durant la même période : partant de l'indice 34 en 1970, elles ont doublé dès 1980, triplé en 1985, ont atteint l'indice 163 en 1990 et ont poursuivi leur ascension pour parvenir à 351 en 2007, soit une multiplication par un facteur 10, en dollars constants, j'y insiste.

Comme toute statistique et, plus généralement, comme tout fait « objectif », cette présentation de l'inflation pour diverses denrées de consommation est soit rassurante, soit alarmiste. En l'occurrence, la première version, lénifiante, se base sur une augmentation approximativement linéaire, plutôt qu'exponentielle, du coût des dépenses de santé par personne depuis 1990, atteignant 7 000 dollars en 2007. Et cette augmentation, toujours plus ou moins linéaire, est plus préoccupante encore si l'on exprime les dépenses de santé en pourcentage du PIB : elles sont passées de 6 % en 1963 à 18 % aujourd'hui : durant cette période, les augmentations des revenus des salariés américains ont été entièrement absorbées par celles des coûts de santé.

Certes, il y a corrélation avec l'augmentation du prix du baril de brut, mais sans que le rapport de causalité soit évident. L'une des raisons avancées par les grandes firmes pharmaceutiques et reprise par les médias et le gouvernement américain est que les consommateurs américains paieraient le prix fort, qui correspond au prix de revient réel des médicaments, alors que, dans d'autres pays, les gouvernements imposeraient des prix de vente trop bas.

Aux États-Unis, l'augmentation des dépenses de santé est imputée par certains au vieillissement de la population. Mais ce phénomène est plus marqué encore dans d'autres pays, où ce poste est égal à la moitié seulement de ce qu'il est aux États-Unis. D'autres facteurs propres à ce pays sont à prendre en compte : les dommages et intérêts astronomiques alloués par des jurys à des patients mal soignés (*malpractice suits*) ; les compagnies d'assurances privées qui tirent profit de ce secteur ; les médecins choisissant d'être spécialistes plutôt que généralistes ; le gaspillage, par exemple lorsque des antibiotiques sont prescrits à tout propos.

Néanmoins, comme on le sait, les dépenses de santé ne cessent d'augmenter en France depuis 1960. En euros constants, l'augmentation fut quasiment linéaire. En quarante ans, le prix de la santé a été multiplié par un peu moins de 10. La part de la santé dans le PIB a plus que doublé : elle est passée de 3,5 % à 8,9 % du PIB en quarante-deux ans.

Le prix du baril de brut affecte la dette publique des États-Unis, qui pèse lourdement sur le fonctionnement de tous les services publics, qu'il s'agisse de la Sécurité sociale américaine (qui, de longue date, est une réalité même si elle ne touche pas l'ensemble des ménages) ou de la recherche scientifique. Cela provient dans une mesure non négligeable de l'approvisionnement en énergie, une énergie dont une bonne part est ensuite gaspillée – en particulier par les transports en voiture individuelle, voire en 4×4. Les dépenses de santé pourraient être jugulées par un retour à la croissance. Mais, depuis que la production pétrolière mondiale a atteint un maximum en juillet 2008, la loi de l'offre et de la demande a fait augmenter inexorablement le coût du baril. Elle compromet donc les chances d'un rétablissement économique durable, aux États-Unis comme ailleurs.

Retour en arrière ?

Lorsqu'il est question de changement, qu'il provienne de découvertes scientifiques, de nouvelles technologies, de nouveaux moyens de communication, de la culture ou des mœurs humaines, on nous rebat les oreilles à propos de son accélération. Je demande à vérifier ladite accélération, sur pièces, à l'examen de données objectives.

En revanche, il est une réalité forte et incontestable : l'irréversibilité des changements. Elle englobe presque tous les domaines, peut-être du fait de la prégnance du second principe de la thermodynamique, selon lequel tout système fermé connaît un accroissement inéluctable de son entropie. Me paraissent ainsi irréversibles l'accroissement de la population de la planète, au moins durant les deux prochaines décennies, les changements dans l'alimentation, la santé ou les techniques... N'en déplaise aux émules de Jean-Jacques Rousseau, nous n'en reviendrons pas à l'homme de nature, que la vie en société rendit méchant, ni aux lampes à huile, ni à la marine à voile.

Homo gregarius

L'épuisement du pétrole, à plus ou moins long terme, sera celui d'une ressource abondante mais non illimitée ; et, en tout état de cause, non renouvelable. Il a de multiples précédents, que nous serions bien avisés de scruter attentivement.

Le charbon est un autre combustible fossile. Observons l'incapacité de rebondir dans laquelle se trouve la Wallonie depuis que ses charbonnages ont fermé (elle en usa pour sa sidérurgie). Elle semble condamnée au déclin. La Lorraine offre un autre exemple de région européenne aujourd'hui en proie au marasme et au chômage, après avoir connu la prospérité apportée par son minerai de fer.

Parmi d'autres ressources naturelles connaissant l'épuisement, nous avons également déjà cité la récente déforestation en Haïti, plus proche de nous dans le temps ; ou, dans un registre voisin, la destruction des sols due à la surproduction agricole dans l'Oklahoma durant les années 1930 ; et, sur l'ensemble des océans de la planète, la diminution impressionnante des populations de divers poissons, du fait de leur pêche industrielle incontrôlée.

En 2005, l'Américain Jared Diamond publia un livre sur le déclin et la disparition de divers groupes humains, intitulé, dans sa traduction française, *Effondrement : comment les sociétés décident de leur disparition ou de leur survie.* Il recensa huit facteurs ayant contribué à leur perte, séparément ou conjointement : la déforestation et, plus généralement, la dévastation d'un habitat ; l'affaiblissement ou la disparition d'un sol ; des difficultés d'approvisionnement en eau potable ; une chasse excessive ; une pêche excessive ; l'introduction d'espèces causant la disparition d'autres espèces natives ; la surpopulation ; un plus grand impact de chacun sur l'environnement. Il n'y a guère à ajouter à ce catalogue, très complet. La disparition annoncée du pétrole, que nous brûlons inconsidérément, n'est qu'une conséquence de l'accroissement de la population de la planète, ainsi que du dernier facteur de Diamond, l'impact grandissant de chacun sur l'environnement.

Sont-ce là des comportements de têtes pensantes ? *Homo sapiens* ou *Homo gregarius* ?

Indications bibliographiques

Sources

Rabkin Y. M., « La chimie et le pétrole : les débuts d'une liaison », *Revue d'histoire des sciences*, vol. 30, n° 4, 1977, p. 303-336.

Schneiderman L. J., Jecker N. S. et Jonsen A. R., « Medical futility : response to critiques », *Annals of Internal Medicine*, vol. 125, 1996, p. 669-674.

Ernout A. et Meillet A., *Dictionnaire étymologique de la langue latine*, Paris, Klincksieck, 2001.

Pierce J. et Jameton A., « Sustainable health care and emerging ethical responsibilities », *Canadian Medical Association Journal*, vol. 164, n° 3, 2001, p. 365-369.

Wilson E. O., *The Future of Life*, New York, Alfred A. Knopf, 2002.

Meadows D., Randers J. et Meadows D., *The Limits to Growth : the 30-Year Update*, White River Junction, Vt, Chelsea Green Publishing Company, 2004.

Pierce J. et Jameton A., *The Ethics of Environmentally Responsible Health Care*, Oxford University Press, 2004.

Kunstler J. H., *The Long Emergency : Surviving the Converging Catastrophes of the Twenty-First Century*, New York, Atlantic Monthly Press, 2005.

Diamond J., *Effondrement : comment les sociétés décident de leur disparition ou de leur survie*, Paris, Gallimard, 2006 (et coll. « Folio Essais », 2009), traduit de *Collapse : How Societies Choose to Fail or Succeed*, New York, Viking, 2005.

Dormont B., *Les Dépenses de santé : une augmentation salutaire ?*, Paris, Éditions Rue d'Ulm, collection du CEPREMAP, 2009.

Wu M. *et al.*, *Consumptive Water Use in the Production of Ethanol and Petroleum Gasoline*, Argonne National Laboratory, GREET Publications, 2009.

Pierce J. et Randels G., *Contemporary Bioethics : A Reader with Cases*, Oxford University Press, 2009.

Réflexions & Débats

Madelin H., « Temps nouveaux », *Études*, n° 395, 2001, p. 581-586.

MOREAU DEFARGES P., « Le pétrole ? », *Études*, n° 405, 2006, p. 453-463.

« À plusieurs voix autour d'Yves Cochet, *Pétrole Apocalypse* », *Mouvements*, n° 45-46, 2006, p. 222-229.

BROWNE J., « L'avenir de l'énergie », *Politique étrangère*, n° 4, 2006, p. 969-982.

BRÉCHET T. et VAN BRUSSELEN P., « Le pic pétrolier : un regard d'économiste », *Reflets et perspectives de la vie économique, XLVI*, 2007, p. 63-81.

LERICHE F. et ZULIANI J.-M., « L'industrie aéronautique toulousaine et la déplétion pétrolière : quelles perspectives ? », *Géographie, économie, société*, vol. 9, n° 1, 2007, p. 19-38.

BOURG D. et PAPAUX A., « Écologie, 1980-2010 : de l'exception française à la normalisation », *Le Débat*, n° 160, 2010, p. 94-114.

LEIGH D. et OLTERS J.-P., « Épuisement des ressources naturelles, formation d'habitudes et viabilité budgétaire : enseignements de l'expérience gabonaise », *Revue d'économie politique*, vol. 120, n° 3, 2010, p. 487-508.

RENOUARD C., « Le Nigeria et la malédiction des ressources », *Études*, vol. 413, n° 10, 2010, p. 307-318.

Chapitre 17

Comprendre ce que l'on fait

Que l'on se rassure, ce chapitre ne reprend pas un lieu commun. Il se veut, au contraire, élucidation d'un paradoxe. Lequel ? Si un large segment de la corporation des chimistes, à laquelle j'appartiens, souscrit du bout des lèvres à l'impératif de rechercher les causes des phénomènes et en particulier d'établir scrupuleusement celles des résultats observés, il préfère néanmoins s'adonner à la pratique empirique d'une progression par essais et erreurs. Or l'exigence de rationalité n'est-elle pas universelle ? Ne gouverne-t-elle pas les chimistes dans leur ensemble, qu'ils soient chercheurs ou enseignants ? D'où vient l'attrait de cette recherche effectuée à l'aveuglette ? Permet-elle d'obtenir davantage de résultats qu'un travail guidé par une analyse théorique ? Ou, hypothèse que j'ose à peine avancer, permettrait-elle de masquer une paresse intellectuelle ?

J'examinerai ici ces questions. Je rappellerai d'abord ce qu'est une science « édisonienne », avant de m'intéresser au double visage de la chimie, à la fois science et industrie. Pourrait-on affirmer que sa face « science » serait sous l'empire exclusif du rationnel, tandis que son côté « industrie » serait la proie de l'empirisme ? La réalité serait-elle (un peu ou beaucoup) plus nuancée ?

Recherche édisonienne

Thomas Edison exerça dès 1874 dans son propre laboratoire à Menlo Park, dans le New Jersey. Il s'agissait en fait d'une petite usine. Le génial inventeur s'y entoura de nombreux collaborateurs, soixante environ, des ingénieurs et des techniciens affectés à l'un des multiples projets qu'Edison avait conçus – jusqu'à quarante simultanément.

Vers 1880, après qu'Edison eut breveté l'ampoule électrique, se posa le problème de disposer d'un filament incandescent suffisamment durable. Edison et son entourage firent l'essai de très nombreux matériaux – du fil de coton à la fibre de noix de coco ou au bambou carbonisé (six mille substances végétales !) – afin d'obtenir un filament de graphite convenable. L'expression « recherche édisonienne » entra dans le lexique à la suite de cette quête tous azimuts du matériau le mieux apte à servir de filament – journaux et magazines lui donnèrent une large publicité : Edison avait un prestige mondial énorme.

Il s'agissait là d'une recherche technologique plutôt que scientifique. Certes, le point de départ d'Edison était scientifique, et de bonne logique : faire le vide dans l'ampoule et donc priver d'oxygène le filament rendu incandescent par le passage de l'électricité, ce qui empêcherait celui-ci de brûler. L'ampoule à filament de carbone se révéla viable, avec une longévité de quelques dizaines d'heures. En 1906, un autre inventeur, William David Coolidge, proposa un filament de tungstène, ce qui s'avéra une bien meilleure solution.

L'exemple d'Edison me servira à définir ce qu'est un ingénieur. Son métier consiste à élaborer un objet technique avec une probabilité de succès maximale, et donc avec une probabilité d'échec minimale. L'ingénieur se donne des buts atteignables. Sa démarche peut s'organiser et se planifier, elle est du domaine de la prévision et de l'exécution. En théorie de l'information, cela équivaut à dire de sa tâche qu'elle est d'entropie faible.

Pour revenir à la « recherche édisonienne », elle caractérise l'empirisme et le pragmatisme industriels. Le cheminement par essais et erreurs y est fréquent. Il se gère parfois par un plan d'expériences, c'est-à-dire par une variation planifiée des paramètres dont on pense qu'ils régissent le phénomène étudié, celui dont on souhaite se rendre maître.

Une extension récente à la chimie

J'ai fait état de ce mode édisonien de recherche, car la chimie n'y est pas étrangère – que ce soit en tant que science ou dans ses applications industrielles. J'en veux pour exemple ce que l'on appelle « chimie combinatoire ». Cette expression – étrange car redondante, toute chimie étant, par essence, combinatoire – désigne une méthode par laquelle produire un très grand nombre de nouvelles molécules de façon automatisée ; chacune des dizaines, voire des centaines, de milliers de molécules distinctes ainsi synthétisées l'est en très petite quantité, mais en quantité suffisante pour qu'elle puisse être soumise à une batterie de tests d'activité biologique. Les chimiothèques ainsi réalisées contribuent à la déplorable prolifération de nouvelles molécules. Tout aussi lamentable est l'obscurantisme présidant à cette ligne de conduite, dont les réalisations utiles sont peu nombreuses. Peut-on tabler ainsi sur le seul hasard pour trouver quelque chose d'intéressant ?

Le hasard et la nécessité

Il est bien vrai que la plupart des découvertes sont fortuites. Mais faire confiance au seul hasard n'est pas une inférence logique et n'est pas payant. Comme l'écrivit justement Louis Pasteur, « dans les champs de l'observation, le hasard ne favorise que les esprits préparés ».

Pourtant, encore récemment, des membres de la grande tribu des chimistes ont récusé une approche scientifique du phénomène étudié, pour prôner plutôt une sorte d'intuition artistique. Je parle ici des spécialistes de la catalyse, un domaine qui se situe à la charnière entre la science fondamentale et ses applications industrielles. Hormis quelques exceptions notables – je pense, entre autres, à Gabor Somorjai –, ce champ d'investigation reste dans l'ombre que lui impose un empirisme délibéré. Loin d'être rationnels, ses praticiens exercent dans une dimension assez proche de la magie, qui fait d'eux les descendants directs des alchimistes.

On pense aussi au mot cruel d'Ernest Rutherford : « La physique est la seule vraie science. Les autres relèvent seulement de la collection de timbres. » La boutade rejoint le dénigrement de la chimie, fréquent dans la bouche des physiciens, qui la taxent de n'être qu'une cuisine. Ils veulent dire par là qu'un protocole aboutissant à la production d'un composé chimique à la suite d'une succession d'opérations ressemble fort à une recette de cuisine. Les quantités de réactifs à mettre en œuvre, la séquence des opérations, les gestes mêmes à exécuter pour réaliser une préparation avec succès relèvent d'un savoir-faire artisanal qui ressemble effectivement aux tours de main d'un cuisinier. Mais, si cette accusation a une part de vrai, cela ne l'empêche pas d'être simpliste et grandement erronée dans la mesure où, depuis un bon demi-siècle, la chimie a beaucoup progressé dans la compréhension des transformations, dont le mécanisme intime est fréquemment élucidé avec la connaissance détaillée des étapes élémentaires appelées à se succéder.

Ce dénigrement du travail des chimistes n'est pas uniquement le fait des non-chimistes : il existe aussi en interne, tout particulièrement dans les rapports de lecture des publications ou des projets soumis pour l'obtention de contrats de recherche. Les accusations standard sont que l'auteur fait de la pêche à tout va, qu'il ressemble à un gamin en train de jouer dans son bac à sable, qu'il fait tourner la manivelle ou encore qu'il collectionne les timbres (ce dernier reproche fait écho à la boutade de Rutherford que je viens de citer).

Que signifient les deux premiers reproches ? Celui de se comporter comme un pêcheur (à la ligne ou, plutôt, au chalut) équivaut à l'accusation de ne pas avoir de ligne directrice, de récolter des résultats au petit-bonheur la chance au lieu de s'être donné un programme et de le suivre. Celui du bac à sable reproche au chercheur de se divertir plutôt que de travailler sérieusement. Tous deux relèvent du même esprit petit-bourgeois allergique à toute indépendance et liberté d'esprit.

Ces deux accusations mettent le doigt sur une caractéristique vitale de la recherche scientifique : oui, un chercheur ne sait pas où il va ; oui, il est essentiel qu'il trouve un plaisir d'enfant à explorer le monde naturel ; oui, un bon chercheur s'écarte non seulement des sentiers battus, mais aussi de son propre projet ; il sait que les résultats ont davantage de chances de provenir de branches secondaires que du tronc principal. C'est en tout cas ce que m'apprit ma propre expérience.

Si les deux premiers reproches se rapportent à des qualités plutôt qu'à des défauts, les deux autres me semblent plus graves. Se borner à collectionner des résultats épars, sans que leur obtention ait été guidée par une quelconque ligne directrice, c'est se borner à caricaturer la recherche ; et c'est souvent imputable à l'esprit fonctionnaire dont, hélas, bien des chercheurs font preuve. « Faire tourner la manivelle » signifie qu'au lieu de poursuivre une exploration déterminée, le scientifique se contente de reproduire du déjà connu, avec de légères variantes ; bref, il se livre à un travail édisonien, plutôt qu'à une recherche imaginative et créative.

Suivre une idée

Une idée, même courte, même rudimentaire et simpliste, vaut mieux que l'absence d'idées. Cette ligne de conduite me fut précieuse. Je donnerai comme exemple ceux des travaux de mon laboratoire, où nous nous sommes servis d'argiles modifiées par adjonction de dérivés métalliques, tels que des sels de zinc ou de cuivre, pour catalyser les réactions les plus importantes de la chimie organique.

Le verbe « catalyser » a deux acceptions. Sur le plan opératoire, la catalyse permet une accélération ; la transformation devenant dès lors plus rapide, elle est réalisable à des températures moins élevées. Sur le plan conceptuel, en faisant se rencontrer des atomes des réactants et des atomes du catalyseur, la catalyse abaisse la barrière d'énergie à franchir pour que la transformation se fasse. Notre contribution fut opératoire plus que conceptuelle. Néanmoins, elle exploita une idée toute simple que voici.

Il s'agit d'un théorème que les mathématiciens ont baptisé « théorème de l'ivrogne », que l'on doit à George Polya. Il est relatif à la trajectoire d'une particule se déplaçant avec un mouvement aléatoire. Dans l'espace usuel, à trois dimensions, la probabilité pour que cet objet repasse par la case départ est faible (elle est d'environ 30 %). En revanche, dans un espace à deux dimensions – une surface plane –, la probabilité pour que la trajectoire passe à nouveau par son origine devient égale à 1 : c'est une certitude.

À l'échelle microscopique, les argiles sont faites d'un empilement de plaquettes planes et lisses. Lorsque les réactants les rencontraient dans le mélange réactionnel liquide où les argiles étaient suspendues – qu'on pense à de la vase agitée dans l'eau d'une rivière –, ils venaient s'y fixer. Dès lors, au lieu de naviguer dans le liquide – dans un espace à trois dimensions –, ils étaient astreints à glisser, tels des patineurs, sur la surface bidimensionnelle des plaquettes d'argile – dans un espace à deux dimensions. Cela augmentait considérablement la fréquence avec laquelle les partenaires réactionnels se rencontraient, d'où l'augmentation de la vitesse de la transformation que nous avions le plaisir d'observer. (En termes techniques, à l'adresse des spécialistes, sans du tout affecter la barrière d'énergie, nous tirions parti de l'augmentation du terme pré-exponentiel dans l'équation cinétique.)

Mus par cette idée toute simple, nous avons suivi un chemin considérable. Il s'agissait de recherche exploratoire dont les tenants, hormis celui que je viens d'exposer, étaient obscurs. Les résultats étaient donc imprévisibles.

Une science aux résultats prévisibles n'a guère d'intérêt. Une recherche ciblée est rarement payante. L'analogie s'impose avec le capital-risque. Ce dernier s'investit dans des projets dont la majorité capotent (80 % pour fixer les idées). Mais les 20 % restants sont des réussites, des succès tels que les investisseurs récupèrent plus que leur mise.

J'ai donné plus haut la description du métier d'ingénieur, que je peux ici résumer en disant qu'il planifie la voie vers un but fixé à l'avance. Pour filer la même métaphore, le métier du scientifique consiste à partir à l'aventure, les mains vides et les yeux grands ouverts, sans se donner de destination.

Gérer la recherche ?

Car tel est le paradoxe : la science, activité logique s'il en est, redevable de raisonnements bien conduits, stricts et minutieux, a une vie propre qui échappe à la logique. Elle est rebelle à l'organisation. La créativité n'est pas programmable. Il est difficile, presque impossible de prévoir les applications qui naîtront de telle ou telle recherche. D'où l'aberration d'une recherche ciblée, qui ne fait que gaspiller de précieuses ressources, humaines et matérielles. La grande majorité des applications sont issues d'une recherche fondamentale, les exemples en sont légion. Pour tirer ces applications de la recherche fondamentale, il n'est pas d'accès direct, contrairement à ce que croient, naïvement, les décideurs. Pour utiliser une nouvelle métaphore, disons que les chasseurs d'applications se doivent de tirer dans les coins et à partir de la seule science pure.

Comment donc la chimie articule-t-elle ses deux volets, scientifique et industriel ? Sont-ils complémentaires ou distincts ? en phase ou en opposition ?

La recherche industrielle

Steven Shapin, sociologue de formation, qui enseigne l'histoire des sciences à Harvard, a récemment consacré un livre à ces questions, *The Scientific Life.* Il y fait preuve d'un scepticisme roboratif à l'égard de la prétendue opposition entre science industrielle et science universitaire. Retenons que leur dichotomie n'est pas absolue et qu'il existe des gradations.

En effet, l'industrie chimique a prouvé qu'elle est capable de se doter de laboratoires comparables aux meilleurs laboratoires universitaires et d'y conduire des recherches non seulement appliquées mais aussi fondamentales. J'en veux pour exemples ceux d'Union Carbide à Bruxelles, European Research Associates (ERA), durant la trop courte période 1954-1974 ; et l'Experimental Station de DuPont de Nemours à Wilmington (Delaware), sous la direction de Howard E. Simmons, de 1975 à 1992. Mais cela se produit rarement. En général, ce potentiel de l'industrie chimique reste virtuel et, lorsqu'il se manifeste, c'est de manière ponctuelle.

Un rapprochement s'impose avec l'industrie pétrolière, qui se trouve directement en amont de l'industrie chimique. Les grandes firmes productrices et distributrices de produits pétroliers ne font de la prospection que lorsque les réserves identifiées faiblissent. Leur activité d'exploration se fait donc par à-coups. Il en va de même de la gestion de la recherche dans l'industrie chimique : il suffit de remplacer les réserves de pétrole identifiées par les portefeuilles de brevets.

Il existe une autre raison à ce manque de continuité dans l'effort de la recherche scientifique industrielle, d'ailleurs liée à la raison précédente : c'est le caractère cyclique de l'industrie chimique. Les unités de production de commodités, qui immobilisent d'énormes capitaux, n'en sont pas moins (trop) nombreuses. Lorsque l'économie mondiale est prospère, l'industrie chimique tourne à pleine capacité et fait des bénéfices, mais qui ne s'accroissent que faiblement (croissance à un chiffre). Et, dès qu'intervient la moindre récession, la capacité des usines outrepasse de beaucoup leur production, et les bénéfices s'amoindrissent. Il n'est donc pas possible aux gestionnaires industriels d'investir dans la recherche autant qu'il le faudrait et de façon suivie.

Quant à la chimie universitaire, si elle n'est pas asservie à de telles contraintes, elle ne dispose pas de moyens matériels comparables à ceux des laboratoires industriels.

Car l'industrie est capable de mobiliser d'importants moyens matériels pour résoudre rapidement – en quelques semaines, quelques mois tout au plus – des problèmes convenablement identifiés et bien circonscrits. À l'inverse, les projets de la chimie universitaire sont de plus longue haleine et plus flous.

L'industrie chimique poursuit aussi une recherche qualifiée de « défensive ». Il s'agit alors non pas de découvrir et de mettre au point un nouveau produit ou un nouveau procédé, mais de se prémunir contre le risque de perdre un créneau de production au cas où une firme concurrente s'emparerait de cette part de marché par le biais d'une nouvelle molécule ou d'une innovation de procédé. On étudie alors cette voie rivale, pour s'assurer qu'elle ne portera pas ombrage à celle que l'on exploite déjà.

Cela m'amène à souligner une autre caractéristique de la recherche industrielle en chimie : elle opère en secret – tel un maillot de bain, un brevet est conçu à la fois pour divulguer et pour dissimuler –, ce qui n'est pas le cas de la recherche universitaire, qui publie ses résultats le plus rapidement possible, dans des périodiques spécialisés, en édition papier ou électronique. Le culte du secret d'un côté et celui de la publication de l'autre distinguent ces deux tribus.

Qu'est-ce que la recherche ?

En revanche, recherche universitaire et recherche industrielle partagent la notion de « recherche ciblée », une notion qui, tel un virus, a infecté gestionnaires et décideurs. Issue de la Seconde Guerre mondiale, elle s'est illustrée, entre autres, par le Manhattan Project[16], la production industrielle de pénicilline ou le développement du radar. Or elle est contradictoire dans les termes, car, comme on l'a vu, la recherche

16. « Manhattan Project » est le nom de code qui fut donné au projet qui permit de réaliser la première bombe A en 1945. Les recherches furent menées pendant la Seconde Guerre mondiale conjointement par les États-Unis, le Royaume-Uni, le Canada et des chercheurs européens.

est synonyme d'errance, de quête aventureuse. Tel le troubadour de jadis en quête de sa Dame aimée, le chercheur poursuit l'objet qu'il traque, et ne sera satisfait que lorsqu'il l'aura enfin capturé. Dans sa pérégrination, mû par la curiosité, il use incessamment de son intellect.

Ce parcours bien spécifique m'évoque la figure de Marivaux, l'un de nos plus grands écrivains. N'appartenant à aucune école, esprit indépendant, épris de liberté, il avait résolu de « ressembler fidèlement à soi-même ». La passion de la recherche l'habitait, puisqu'il ambitionnait d'accéder à des vérités inédites. Il fut un moraliste dans la lignée de Montaigne, se défiant de tout esprit de système : « Je suis né de manière que tout me devient une matière de réflexion ; c'est comme une philosophie de tempérament que j'ai reçue, et que le moindre objet met en exercice. »

La science de la chimie et l'industrie chimique se rejoignent parfois dans cette recherche d'imitation que j'ai déjà dénoncée, et qui est tellement répandue chez l'une comme chez l'autre qu'elle occulte parfois la recherche de création. Mais n'est-ce pas aussi le cas dans le domaine de l'art ?

L'analyse chimique comme règle morale

Avant de conclure, je reviens sur cette désertion de l'intelligence que constitue la soi-disant méthode par essais et erreurs que j'ai dénoncée en début de chapitre. Ses zélateurs se défendent en prétendant qu'il n'y a pas moyen pour eux de mieux faire, que les systèmes chimiques seraient bien trop compliqués pour être redevables d'autres outils de pensée que le plus fruste, la boîte noire. Il s'agit, en l'occurrence, de comparer les flux de matière entrant dans un réacteur – les réactants – de ceux qui en sortent – les produits de la transformation.

Il est vrai que, tout comme la biologie, la chimie est une science du complexe. Mais cela ne devrait en rien inhiber l'attitude scientifique, et encore moins l'exclure.

En outre, l'analyse participe de la vocation de tout chimiste, de par sa formation même. Analyser une substance, c'est déterminer si elle est pure ou si elle est mêlée à d'autres substances (dans ce dernier cas, on établit la composition du mélange) ; c'est identifier cette substance à l'aide d'une batterie d'examens spectroscopiques ; c'est aussi faire la cartographie des groupes d'atomes qui la composent. Analyser une réaction chimique, c'est déterminer par le menu la séquence des étapes élémentaires successivement parcourues. Lorsque le mécanisme est ainsi établi, il devient possible de le prédire, et donc d'innover.

Ce faisant, les chimistes ont ouvert la boîte noire et l'ont démontée. Ils en connaissent les rouages et les engrenages. Cette attitude rationnelle, celle-là même qui permit à Lavoisier de lancer la révolution chimique, devrait reléguer aux oubliettes de l'histoire l'obscurantisme de la procédure à l'aveuglette, par essais et erreurs.

Faut-il un exemple de ce que je prône ici ? Y a-t-il phénomène, ou plutôt ensemble de phénomènes, plus complexe que la chimie atmosphérique, qui comprend des dizaines de composants engagés dans des dizaines de milliers de transformations ? Ce système connaît des variations de températures et de pressions qui affectent les vitesses des processus. Il est en outre irradié par le rayonnement solaire dans une large gamme de longueurs d'onde, depuis les ultraviolets, qui provoquent des réactions photochimiques, jusqu'aux infrarouges. Pourtant, Frank Sherwood Rowland et Mario Molina s'y sont attaqués et ont élucidé les processus destructeurs de la couche protectrice d'ozone, dont ils ont montré qu'ils sont imputables aux chlorofluorocarbures. Ce travail d'analyse, qui a mobilisé Rowland des années durant, leur a valu le prix Nobel.

Je conclurai par l'expression « impératif de rationalité », que je tiens pour un axiome et dont je fais une maxime morale. Soumettre à la raison et aux raisonnements non seulement les expériences de laboratoire, mais aussi les transformations qui s'accomplissent dans les réacteurs des usines ou dans l'atmosphère implique de la curiosité, un sentiment de satisfaction chaque fois que l'on découvre les raisons des choses, l'adoption de l'attitude philosophique appelée « réalisme », qui dissocie l'observateur de la chose vue, cette étrange passion de l'enseignant-chercheur qui le pousse à partager et expliquer ce qu'il vient de comprendre. Tout cela suppose un rude labeur quotidien, agi et non subi, durant lequel la tête gouverne le travail des mains.

C'est un bien beau métier que celui de chimiste, croyez-moi.

De nouvelles cibles

L'industrie pharmaceutique trouve des applications inédites à des médicaments existants. Les « recibler », dirons-nous – *repurposing*, en anglais. Longtemps, un tel reciblage se fit au hasard : ainsi de la découverte fortuite des effets érectiles du sildenafil (Viagra), qui était alors testé comme traitement de l'angine de poitrine. Mais à présent des savoirs biomoléculaires, de génomique translationnelle en particulier, se conjuguent avec des ressources informatiques pour identifier des pathologies redevables de médicaments, appliqués déjà à de tout autres cibles.

Une première mais importante motivation est financière : augmenter le retour sur investissement. Comme on sait, toute nouvelle molécule thérapeutique est extrêmement coûteuse en R&D. Autant la rentabiliser au maximum, une fois qu'elle a été approuvée par les organismes de contrôle. De la sorte, les essais cliniques, longs et coûteux, existent, le dossier d'effets secondaires lui aussi, il suffit donc de prouver qu'un médicament existant, traitant la maladie M, est aussi applicable à une autre maladie X. Ce court-circuit produit des économies considérables.

Donnons des exemples. La trétinoïne, un métabolite de la vitamine A, était utilisée contre l'acné. Il sert maintenant aussi de remède à une maladie orpheline, la leucémie promyélocytique aiguë. Le sildénafil, déjà mentionné, traite une autre maladie orpheline, l'hypertension artérielle pulmonaire. La ceftriaxone, un antibiotique de la famille des céphalosporines, peut servir de neuroprotecteur. L'albutérol, traitement de spasmes bronchiques (asthme), sert aussi à prévenir les paralysies résultant d'atteintes de la moelle épinière. L'eflornithine, qui servait jusque-là aux « femmes à barbe » (pilosité faciale surabondante), s'avère un traitement efficace de la maladie du sommeil, ce fléau africain dû au trypanosome. Même la thalidomide, bannie de nos contrées comme anti-nauséeux chez la femme enceinte, car elle cause des malformations congénitales (bébés dits « phocomèles »), est ressuscitée comme médicament pour les lépreux.

Comment découvre-t-on ces nouvelles indications ? En se guidant d'une carte routière, en quelque sorte. Cette carte routière existe. Elle fut mise au point par des chercheurs de l'institut Broad qui rassemble des scientifiques de Harvard et du MIT, spécialistes de biologie moléculaire, de génomique plus particulièrement.

Ils mirent au point la Connectivity Map : elle résulte d'un ensemble de données rassemblées sur des cultures de cellules humaines, soumises à de petites molécules bio-actives (au nombre de 1 309, en 2007). Ces données sont relatives à l'expression des gènes, c'est-à-dire à la production de protéines, telles que des enzymes, encodées par divers gènes.

Ces données, d'un nombre supérieur à 6 000 et en amont de la synthèse protéique, sont des *transcriptomes*. Un transcriptome est l'ensemble des molécules d'ARN, de tous types (mARN, rARN, tARN, etc.), produites par une population cellulaire donnée. Ensuite, sont appliqués à tous ces transcriptomes des outils informatiques qui déterminent statistiquement des ressemblances entre leurs profils ; ce qui permet de les cartographier, un même voisinage rassemblant les profils similaires. C'est là le meilleur outil actuellement disponible pour recibler des médicaments existants.

Il permet, on l'a vu, de traiter des maladies orphelines, délaissées sinon par l'industrie pharmaceutique ; des parasitoses, causées par des protozoaires, telle que la malaria, pour laquelle on est constamment à la recherche de nouvelles molécules actives, tant ce fléau est puissant ; des maladies dégénératives, comme celle d'Alzheimer, à l'encontre de laquelle la médecine est encore désarmée.

Le côté négatif, les lecteurs le pressentent, est qu'il y a là façon, pour l'industrie pharmaceutique, d'augmenter encore ses bénéfices. Mais n'oublions pas que cette industrie, guère philanthrope, appartient à des actionnaires qui veulent obtenir des dividendes.

L'avenir d'un tel reciblage ? Vaste ! D'autant que l'on étend encore la Connectivity Map. Peut-être, surtout, conceptuellement important, car il enterre le dogme « une molécule active, un récepteur » – ou encore « une clé par serrure » – qui fit florès tout au long du XXe siècle.

Indications bibliographiques

Sources

Felix qui potuit rerum cognoscere causas (« Heureux celui qui peut connaître la raison des choses »), vers 490 des *Géorgiques* de VIRGILE.

MARIVAUX, *Le Spectateur français*, 1721-1724.

PASTEUR L., Extrait d'une conférence prononcée le 7 décembre 1854 lors de sa prise de fonctions de professeur et doyen de la nouvelle faculté des sciences de Lille, *in* VALLERY-RADOT R., *La Vie de Pasteur*, Paris, Hachette, 1927, p. 88.

RUTHERFORD E., « Physics is the only real science. The rest are just stamp collecting », propos rapportés *in* BIRKS J. B., *Rutherford at Manchester*, New York, W. A. Benjamin, 1963.

REICH L. S., « Edison, Coolidge, and Langmuir : evolving approaches to american industrial research », *The Journal of Economic History*, vol. 47, n° 2, 1987, p. 341-351.

WIMP J. et ZEILBERGER D., « How likely is Polya's drunkard to stay in *x, y, z?* », *Journal of Statistical Physics*, vol. 57, n° 5-6, 1989, p. 1129-1135.

VINCENTI W. G., « The technical shaping of technology : real-world constraints and technical logic in Edison's electrical lighting system », *Social Studies of Science*, vol. 25, n° 3, 1995, p. 553-574.

HARGADON A. B. et DOUGLAS Y., « When innovations meet institutions : Edison and the design of the electric light », *Administrative Science Quarterly*, vol. 46, n° 3, 2001, p. 476-501.

SHARMA S. et VISHWAMITTAR, « Brownian motion problem : random walk and beyond », *Resonance*, vol. 10, n° 8, 2005, p. 49-66.

CHORIN A. J. et HALD O. H., « Brownian motion », in *Stochastic Tools in Mathematics and Science*, New York, Springer, 2006, p. 47-81.

SHAPIN S., *The Scientific Life : a Moral History of a Late Modern Vocation*, Chicago, University of Chicago Press, 2008.

CHEN X. et KHOSHNEVISAN D., « From charged polymers to random walk in random scenery », *in* ROJO J. (éd.), *Optimality : the third Erich L. Lehmann symposium*, Beachwood, Ohio, Institute of Mathematical Statistics, coll. « Lecture Notes-Monograph Series », vol. 57, 2009, p. 237-251.

SARDANA D., SHANG M., ZHU C., *et al.*, « Drug repositioning for orphan diseases », *Briefings in Bioinformatics*, 12(4), 2011, p. 346-356.

NAIR P., « Drugs repurposing gets a boost as academic researchers join the search for novel uses of existing drugs », *PNAS*, 110(7), 2013, p. 2430-2432.

GIULIANOTTI M. A. *et al.*, « Shifting from the single- to

the multitarget paradigm in drug discovery », *Drug Discov. Today*, 18(0), 2013, p. 495-501.

KATZE M. G. *et al.*, « Drug repurposing : a better approach for infectious disease drug discovery ? », *Current Opinion in Immunology*, 25(5), 2013, p. 588-592.

ANDREWS K. T., FISHER G., SKINNER-ADAMS T. S., « Drug repurposing and human parasitic protozoan diseases », *Int. J. Parasit. Drugs and Drug Resist.*, 4(2), 2014, p. 95-111.

Réflexions & Débats

LATOUR B., « Nouvelles règles de la méthode scientifique », *Projet*, n° 268, 2001, p. 91-100.

FITOUSSI J.-P., « Stratégies de la recherche empirique », *Revue de l'OFCE*, n° 86, 2003, p. 171.

TURNER L. et MAIRESSE J., « Mesure de l'intensité de collaboration dans la recherche scientifique et évaluation du rôle de la distance géographique », *Revue d'économie politique*, vol. 114, 2004, p. 223-243.

ROBERT-DEMONTROND P. et JOYEAU A., « Les paradigmes de l'invention : modes et méthodes de la création poétique et résonances managériales », *Management & Avenir*, n° 7, 2006, p. 91-114.

BENKIMOUN P., « Littérature et industrie pharmaceutique : je t'aime, moi non plus », *Les Tribunes de la santé*, n° 23, 2009, p. 51-56.

DAYER C., « Modes d'existence dans la recherche et recherche de modes d'existence », *Pensée plurielle*, n° 20, 2009, p. 63-78.

LATOUR B., « Universitaires, encore un effort pour être autonomes », *Revue du MAUSS*, n° 33, 2009, p. 279-282.

PESTRE D., « Des sciences et des productions techniques depuis trente ans », *Le Débat,* n° 160, 2010, p. 115-131.

PESTRE D., « Dix thèses sur les sciences, la recherche scientifique et le monde social, 1945-2010 », *Le Mouvement social,* n° 233, 2010, p. 13-29.

Chapitre 18

Le risque chimique

Que n'invente-t-on pas aujourd'hui ? Parmi les trouvailles récentes, il en est une qui me semble exemplaire et intéressante à commenter dans le cadre de ce chapitre. Il s'agit d'une application réalisée à partir de l'argent, un métal lourd et très toxique, qui est donc aussi un très efficace bactéricide sous la forme de nanoparticules utilisées, entre autres, pour le traitement des plaies et des brûlures, comme contraceptif, pour désinfecter l'eau ou pour désinfecter l'air en milieu hospitalier (par vaporisation).

Certains eurent l'idée d'imprégner des tissus avec ces nanoparticules d'argent pour lutter contre l'odeur de transpiration, celle-ci émanant de bactéries logées sous nos aisselles. D'une taille inférieure à 100 nm, ces agrégats, qui comportent de 20 000 à 15 000 atomes d'argent, se sont révélés efficaces : les porteurs de vêtements ainsi imprégnés (des maillots de corps en particulier) bénéficient effectivement d'une désodorisation.

Mais, à en croire Tobias Walser et ses collègues de l'École polytechnique fédérale de Zurich, une bonne part de l'argent disparaît lors du premier lavage (jusqu'à 35 %) et file polluer l'environnement dans les eaux usées. Ne créons-nous pas un danger supplémentaire au nom d'un puritanisme olfactif ?

C'est une excellente illustration du danger que représente non pas la chimie, mais le recours inconsidéré à celle-ci. Dans notre exemple, la notion aberrante prônée par l'hygiène selon laquelle toute odeur corporelle doit être prohibée se révèle grosse de menaces pour la santé et, plus encore, pour la biodiversité et l'équilibre écologique.

Nous examinerons dans ce chapitre d'autres exemples de comportements inconséquents et nous nous demanderons si « risque » rime avec « chimique ».

Le bisphénol A

Parfois, les chimistes sont bel et bien des apprentis sorciers. Dès lors, comment s'étonner du discrédit qui les frappe ? Il est mérité. J'en veux pour exemple la saga du bisphénol A, une histoire lamentable et non encore achevée.

Dans les années 1920, des chimistes fabriquèrent cette molécule, qui est un analogue des hormones stéroïdes œstrogènes, du type donc de l'œstrone. Mais on ne l'utilisa guère, on eut recours à d'autres molécules comme le diéthyl stilbestrol (hélas, car elles se révélèrent extrêmement nocives, ce qui est à la fois une autre histoire et la même).

Vers les années 1960, on commença à utiliser le bisphénol A pour réaliser des ponts entre chaînes de polymères (le terme technique est « réticulation »). L'industrie des polymères misa donc sur cette molécule. À l'heure actuelle, on en produit encore environ 1 million de tonnes chaque année aux États-Unis. Toutes sortes de récipients faits de polycarbonate en contiennent, par exemple des biberons. Or, toujours aux États-Unis, le Center for Disease Control & Prevention d'Atlanta retrouva cette molécule dans 95 % des échantillons d'urine des Américains, certes à de très faibles quantités, de l'ordre du ppb (partie par milliard).

Il semble avéré à présent que l'ingestion par des nourrissons de quantités même faibles de bisphénol A a des effets mimant ceux des œstrogènes, et donc agissant sur le système génital. On aurait pu s'y attendre et ne pas utiliser une molécule de ce type.

Or, toujours aux États-Unis, entre 1975 et 2002, l'incidence du cancer de la prostate a augmenté de 85 %, ce qui est considérable. En France, de tous les cancers, il est celui qui a le plus augmenté durant ces deux dernières décennies (+ 6,3 % entre 1980 et 2005). Est-ce imputable directement au bisphénol A ou s'agit-il d'une coïncidence ? Le constat de cette augmentation est-il en partie dû à l'amélioration des moyens de détection ? Le bisphénol A est incriminé aussi dans deux autres pathologies : l'obésité infantile, qui a quadruplé aux États-Unis durant ces quarante dernières années, et la résistance acquise à l'insuline, cause du diabète de type 2.

Des études sur des animaux de laboratoire ont confirmé le rôle du bisphénol A dans ce type de pathologies, ses effets négatifs ayant été rapportés dans 153 des 167 travaux menés sous l'égide du gouvernement américain.

À petites causes, grands effets ? On ne peut s'empêcher de penser au déclin de l'Empire romain dans lequel, selon certains, les canalisations d'eau potable en plomb auraient joué un rôle non négligeable : le saturnisme qui en découla aurait été la cause de stérilité masculine et d'avortements.

La molécule de bisphénol A s'inscrit donc dans une lignée de malfaisances chimiques et de comportements réprouvables de la part des industries chimique et pharmaceutique, qui se contentèrent de nier les faits et de traîner des pieds au lieu de chercher des substituts au bisphénol A comme agent de réticulation. Selon une attitude qui lui est, hélas, peut-être congénitale – son comportement fut semblable lorsque Rachel Carson dénonça les méfaits du DDT ou lorsque Frank Sherwood Rowland et Mario Molina attirèrent l'attention sur le rôle des chlorofluorocarbures dans la destruction de la couche d'ozone –, l'industrie chimique finança des études « scientifiques » pour démontrer que le bisphénol A était une molécule parfaitement inoffensive – toutes les études qu'elle finança, treize au total, aboutirent à cette conclusion. Quelle mauvaise gestion du problème, par la seule tactique, là où il aurait fallu y mettre de la stratégie !

Le risque chimique extrachimique

Mais l'implication directe de l'industrie chimique dans des problèmes de santé causés par des composés chimiques reste exceptionnelle. Le risque chimique réside bien davantage dans l'utilisation de produits chimiques par d'autres industries, à bonne distance de leur production primaire, souvent au niveau de productions tertiaires, quaternaires, voire au-delà. Et les consommateurs ne se méfient pas des emballages et des contenants des produits qu'ils achètent et consomment.

Or, à la longue, tout emballage et tout contenant diffuse ses composants, même si cela se fait par toutes petites quantités. Selon une règle générale (trop générale sans doute), l'ingestion d'un composé chimique n'est préoccupante qu'au-dessus de 5 mg/j (5 millionièmes de gramme par jour). Or ce seuil est parfois atteint, que ce soit par le biais des produits alimentaires ou des produits pharmaceutiques : des ingrédients utilisés dans l'encre d'impression sur l'emballage ou dans la fabrication du plastique ou du caoutchouc contaminent ces produits. Lorsque ces ingrédients sont allergènes ou cancérigènes, ou lorsqu'ils causent des perturbations endocriniennes, ils sont bien évidemment nocifs.

Il me faut introduire à présent l'adjectif « lixiviable », qui qualifie une matière dont on peut extraire un ou plusieurs constituants à l'aide d'un solvant, qui peut être l'eau (l'adjectif « lessivable » n'a pas tout à fait le même sens).

Ainsi, par exemple, un muesli au chocolat fut vendu en Allemagne, qui contenait de la méthyl-4-benzophénone, lixiviable à partir de l'encre d'imprimerie utilisée sur la face externe de la boîte en carton. L'isopropylthioxanthone, autre composé fréquemment utilisé dans les encres d'imprimerie, est lui aussi lixiviable ; il passe donc dans les aliments et les médicaments, les films de matière plastique comme le polyéthylène et le polypropylène ne lui opposant pas de barrière suffisamment efficace.

Les emballages en caoutchouc utilisés il y a encore quelques années seulement regorgeaient de menaces potentielles. Le noir de carbone a servi à donner de la souplesse au caoutchouc jusque vers 1985, date à laquelle il fut banni d'articles comme les tétines de biberons : il est en effet riche en hydrocarbures aromatiques polycycliques, qui sont parmi les principaux responsables des cancers du fumeur, car présents dans les goudrons résultant de la combustion des cigarettes. D'autres additifs au caoutchouc sont eux aussi lixiviables, comme les N-nitrosoamines, qui sont cancérigènes. À l'heure actuelle, nombre de fabricants d'articles en caoutchouc leur donnent un bain préalable à leur utilisation, tout particulièrement lorsqu'ils sont destinés à servir d'emballages, pour leur ôter d'éventuels composés lixiviables ; ou bien ils les revêtent d'un film protecteur de polytétrafluoroéthylène – davantage connu sous le nom de « téflon » –, qui est chimiquement inerte.

Des vins bon marché sont vendus dans des bouteilles en plastique plutôt qu'en verre, typiquement en PET (polyéthylène téréphtalate, voir le chapitre 2). Pour éviter la contamination du vin par des produits chimiques issus de ce matériau, certains fabricants ajoutent une fine couche d'un verre de silice sur la face interne des bouteilles, qui vient donc s'interposer entre le plastique et la boisson.

Autres risques extrachimiques

Plutôt que d'utiliser l'expression « risques chimiques », je parlerai de retombées de la société de consommation. J'en veux pour exemple les conservateurs utilisés par l'industrie des cosmétiques, principalement pour assurer une bonne longévité à ses flacons, fioles et potiquets sur les rayonnages des supermarchés (voir les chapitres 9 et 11). Or je considère qu'il est stupide, il n'y a pas d'autre terme, d'inclure ces conservateurs, pour deux raisons : d'une part, la peau étant très perméable, des substances non anodines se retrouvent rapidement dans le sang puis vers les différents organes des utilisateurs ; d'autre part, il suffirait de mettre ces préparations cosmétiques au frais pour éviter leur altération, tout comme les denrées alimentaires. Il suffirait donc, pour écarter définitivement de tels risques, que les cosmétiques soient placés dans des armoires réfrigérées, que ce soit chez les détaillants ou chez le consommateur (cela aurait d'ailleurs pu être l'occasion de créer et de vendre de petits réfrigérateurs pour salle de bains).

Ces additifs représentent moins de 1 % de la masse d'une crème de beauté, d'un mascara ou d'un conditionneur d'après-shampooing. C'est aujourd'hui – plus rarement tant ils ont eu mauvaise presse – l'un des parabens (methylparaben, propylparaben ou butylparaben, dérivés de l'acide para-hydroxybenzoïque), et plus souvent du formaldéhyde, mieux connu sans doute sous le nom de formol, dont on sait qu'il conserve même les cadavres, en les préservant de la putréfaction, ou des molécules génératrices de formaldéhyde *in situ*. Or le formaldéhyde est potentiellement cancérigène.

Y a-t-il lieu de s'inquiéter ? Oui, dans la mesure où l'industrie des cosmétiques est riche et puissante, et qu'elle se fait représenter par d'influents groupes de pression ; et non, car la Communauté européenne est très attentive à la défense des consommateurs. En la matière, outre le règlement REACH déjà évoqué au chapitre 7, l'annexe VI à la directive 76/768/CEE dresse la liste des additifs chimiques approuvés pour les produits commerciaux distribués dans les pays de la Communauté européenne.

De leur côté, les producteurs de cosmétiques cherchent à s'affranchir des conservateurs de synthèse et à leur trouver des substances naturelles de substitution, de façon à se mettre au goût du jour et à faire « verdir » leurs formulations.

Métaux lourds à risques

Le public est à présent éduqué : des métaux comme le mercure et le plomb, ainsi que leurs composés, sont d'une grande toxicité. Son éducation exige à présent une étape supplémentaire, dès l'école primaire, je le préconise.

Le premier exemple que je donnerai est celui des téléphones portables. En 2014, il s'en est vendu presque deux milliards. Mais seulement 54 millions, c'est-à-dire 3 %, seront recyclés. Environ 700 millions, remplacés, dormiront dans des tiroirs des années durant.

Et les autres ? On en retrouvera 75 millions dans des décharges. Or, chacun de ces petits bidules, produit par des prouesses techniques, de miniaturisation entre autres, contient 40 éléments chimiques différents.

Lorsque l'on recycle l'un de ces portables, récupère-t-on tous ces éléments, dans leur entièreté ? Ce n'est pas économiquement viable, seuls 27 éléments sur les 40 sont recyclables.

Pour les téléphones tout bonnement jetés et qui finissent dans des décharges, il faut savoir que chacune de ces unités contient une masse non négligeable de métaux lourds, 300 mg d'argent – ce qui est considérable – et 30 mg d'or. À eux seuls, ces deux métaux des seuls portables constituent un gisement d'une valeur – qui explique en partie le coût relativement élevé de ces prodiges d'ingéniosité et d'ingénierie – d'environ deux milliards d'euros.

Mais revenons à la toxicité de ces métaux lourds. Une eau potable contient de 0,2 à 0,3 microgramme d'argent par litre. Tant que cette concentration n'atteint pas 0,1 mg/L, elle n'est pas réputée dangereuse. L'argent métallique n'est pas soluble dans l'eau. En revanche, le nitrate d'argent l'est abondamment, à hauteur de 2 150 g / L. Vous avez d'ores et déjà fait le rapprochement : engrais nitrates + argent, issu de téléphones portables.

Quant à l'or, à l'état métallique, il est très peu toxique. En revanche, des sels comme le chlorure sont toxiques pour le foie et les reins. Il importe donc d'éviter que nos anciens portables voient leur or dissous, rapidement dans de l'acide chlorhydrique, un produit industriel aux myriades d'applications, ou très lentement dans l'océan.

Mon second exemple est celui du cobalt, utilisé dans les puces d'ordinateurs, et voué à être de plus en plus associé au cuivre, voire à le remplacer, une rançon de la miniaturisation. Le cobalt, autre métal lourd, est lui aussi toxique : la dose LD50 est de 20 g, une quantité considérable !

Là encore que deviennent les vieux ordinateurs dont on se débarrasse ? De l'ordre d'un milliard de PC existent de par le monde. Ils sont remplacés en moyenne tous les trois à cinq ans. Recyclés ? À hauteur d'une dizaine de pourcents. Sur un demi-siècle, on peut escompter que nombre de leurs composants se retrouveront dans l'environnement : gare au cobalt, de ce fait. Plus dangereux encore, d'autres métaux lourds, le plomb issu des écrans d'ordinateurs et des postes de télévision, le cadmium, le mercure, le chrome hexavalent…

Agents plastifiants

Les phtalates sont une autre abomination de la société de consommation. On produit chaque année trois mégatonnes de ces agents plastifiants de par le monde. Ces additifs aux matières plastiques (mais aussi aux cosmétiques) les rendent souples, flexibles et plus difficiles à rompre, ils améliorent leur résistance aux chocs et au froid, et les rendent plus faciles à travailler (par exemple en abaissant leur température de transformation). On en trouve dans les articles en PVC et en polyoléfines comme les jouets en vinyle (y compris pour adultes), les imperméables, le vernis à ongle et le rouge à lèvres, dans des produits de toilette comme les déodorants, les shampooings et les après-shampooing, dans les peintures et les vernis, les revêtements pour les planchers et les murs, les isolants pour câbles et fils souples, et dans les emballages alimentaires, déjà évoqués.

Pourquoi s'en défier ? Pour leurs effets sur l'organisme, testés sur des animaux de laboratoire. Les doses nécessaires pour que de tels effets soient observables sont élevées – de 50 à 600 mg par kilogramme de poids et par jour –, ce qui relativise le danger qu'ils représentent. Mais l'omniprésence de ces additifs et, par conséquent, leur accumulation constituent la vraie menace. Ils sont nocifs surtout vis-à-vis de l'appareil reproducteur masculin : atrophie testiculaire, anomalies du développement sexuel, baisse de la fertilité, altérations de la prostate. D'autres effets préoccupants ont été observés sur le foie et les reins.

La réglementation européenne nous protège à l'égard de ces agents, lorsqu'ils interviennent dans des produits *made in Europe*, mais elle est inopérante vis-à-vis des produits chinois, ce qui est loin d'être négligeable à l'heure où la Chine est devenue l'atelier de la planète.

Des évaluations contestables

Comment mesure-t-on le risque chimique ?

Pour l'instant, il se mesure assez mal, mais cela devrait s'améliorer à l'avenir.

La procédure traditionnelle consiste à faire ingérer une substance S à des animaux de laboratoire dont on suit le comportement, la santé générale, les paramètres biologiques pour les diverses fonctions, et dont on scrute les organes en effectuant des autopsies. Supposons que l'on détermine un seuil de toxicité à 80 mg/kg/jour pour un animal donné. Pour extrapoler ce seuil à l'homme – ce qui relève d'une grande incertitude –, on applique un facteur correctif de manière arbitraire. Bien souvent, on divise le seuil trouvé pour l'animal par un facteur 10, cette opération donnant la mesure tant de notre ignorance que de la nécessité, pour les chercheurs concernés, de protéger leurs arrières. Rien d'autre ne justifie le choix de ce facteur, nommé très justement *fudge factor* en anglais (*to fudge* signifiant « esquiver »).

La procédure souffre, de plus, d'être longue (elle prend des mois) et d'être onéreuse (il faut acheter les animaux de laboratoire et payer les salaires des chercheurs et des techniciens). Or il existe plus d'une centaine de milliers de produits chimiques courants qui figurent dans des produits commerciaux et, chaque année, 700 nouveaux composés chimiques viennent grossir la liste.

La solution réside, d'une part, dans une collaboration et un partage d'informations entre les organismes de surveillance, principalement la Communauté européenne (avec son règlement REACH) et l'Environmental Protection Agency au sein du gouvernement fédéral des États-Unis, et, d'autre part, dans de tout nouveaux tests biologiques à haut débit, qui épargnent les animaux de laboratoire, car ils s'effectuent sur des cultures de lignées cellulaires humaines, c'est-à-dire *in vitro* et non plus *in vivo*, et sont complétés par des opérations réalisées *in silico* (sur ordinateurs). On les complète en s'efforçant d'identifier et de dénombrer les voies de toxicité régies par les interactions multiples entre gènes, protéines et molécules testées. Ainsi, pour une même molécule testée, de 10 à 200 voies différentes de toxicité peuvent coexister, qui conduisent à un cancer donné…

Et les médicaments ?

Mais qu'en est-il des médicaments ? Une molécule thérapeutique peut-elle être efficace sans avoir d'effets secondaires ? En toute logique, et d'après nos connaissances tant de la physiologie que de la génétique, la réponse est bien évidemment négative, et cela quelle que soit la foi que l'on peut avoir envers la médecine.

Car nous restons empreints de pensée magique. La pharmacopée moderne – dont deux événements marquent les débuts : la synthèse du Salvarsan, le tout premier traitement de la syphilis, par Paul Ehrlich en 1910 et l'invention des sulfamides par Gerhard Domagk en 1935 – est encore trop récente pour avoir été intégrée à la culture. La digestion de l'innovation est en effet très lente. Elle exige d'avoir perduré durant de nombreuses générations pour nous marquer d'une empreinte durable.

Nous sommes porteurs d'une croyance collective en un *pharmakon* obligatoirement bénéfique, qui ne pourrait nous faire aucun tort – ce qui est pourtant la règle pour toute molécule biologiquement active. En dépit de nombreux épisodes à gros retentissement médiatique, nous ne sommes pas encore habitués au fait que prendre un médicament, c'est prendre un risque.

On peut citer par exemple un médicament antidiabétique récemment retiré du marché en Europe, dont la Food and Drug Administration américaine avait approuvé la commercialisation en 1999 et dont on s'aperçut en 2007 qu'il augmentait les risques de problèmes cardiaques. En France, le médicament Mediator (laboratoires Servier) ciblant les diabétiques en surcharge pondérale fut l'objet d'un scandale durant l'hiver 2010-2011. On lui a imputé plusieurs centaines de morts.

Bien des Américains causent un tort considérable à leurs enfants en leur administrant une amphétamine censée remédier au syndrome du trouble déficitaire de l'attention, inconnu avant 1980 et en partie dû au zapping devant un poste de télévision. Chaque année, 4 à 5 millions d'enfants sont ainsi drogués par leur famille aux États-Unis, avec ce que l'on peut imaginer de problèmes de sevrage par la suite, ce « médicament » étant aussi une drogue induisant une dépendance.

Que faire ?

Tout cela ne laisse pas d'inquiéter. Devrions-nous vivre dans une méfiance généralisée vis-à-vis de l'ensemble des produits commerciaux ? Les agences officielles de défense des consommateurs, nationales et communautaires, nous protègent-elles efficacement ? Pourrons-nous éviter les maladies dégénératives redoutables que sont Alzheimer, Parkinson, sclérose en plaques… en faisant davantage attention à ce que nous avons dans nos assiettes, à ce que nous buvons et à ce que nous appliquons sur notre peau ? Ce sont de bonnes questions.

Je ne prétends pas pouvoir y répondre complètement ni même pouvoir faire preuve de pure logique et de toute la rigueur scientifique nécessaire pour répondre à un tel questionnement. Il est clair que le retour en arrière nous est interdit, ne serait-il que d'une ou deux générations. L'agriculture prétendument biologique, qui tente de retrouver la qualité de l'alimentation que connaissaient les générations précédentes, est trop souvent une imposture. Avec bientôt 7 milliards d'habitants, la planète Terre est peut-être en perdition. En tout état de cause, permettre à tous de se nourrir relève d'une gageure autrement plus forte que lorsque nous étions 1 ou 2 milliards. Il n'empêche, la nostalgie passéiste n'est jamais qu'une rêverie vaine, tant il est vrai qu'« on ne se baigne jamais deux fois dans le même fleuve », comme l'a si joliment formulé Héraclite. Et vouloir se sauver individuellement ou dans un petit groupe échappant aux règles communes est attentatoire à la solidarité et relève d'une myopie gnostique. C'est tous ensemble que nous parviendrons ou non à survivre.

Les bureaucraties de Paris et de Bruxelles nous protègent très efficacement dans l'ensemble. Mais elles restent impuissantes à l'encontre des fraudes délibérées ainsi qu'à l'égard des importations, qu'il est impossible de toutes contrôler.

Nos habitudes alimentaires et, plus généralement, d'hygiène de vie (exercice régulier, prise d'un minimum de médicaments…) jouent également un rôle positif. Si les maladies dégénératives et les cancers de toutes sortes abondent et nous semblent augmenter de manière significative, n'oublions pas que la détection et la prévention en sont responsables pour une bonne part, ainsi que du spectaculaire accroissement de l'espérance de vie.

En dépit du risque chimique – qui nous vient surtout, je le répète, des contraintes que nous inflige la société de consommation –, cette espérance de vie fit un bond ces dernières décennies en Occident, où nous pouvons allègrement dépasser les soixante-dix et les quatre-vingts ans. D'où nous vient cet allongement de la durée de vie ? Des progrès de la médecine et de la pharmacie ; du musèlement des grandes épidémies récurrentes ; et donc, assez indirectement mais tout aussi indubitablement, de la chimie et des chimistes.

Enseigner à lire les étiquettes

Étant chimiste, je suis en mesure d'évaluer les facteurs de risque présentés par les composés chimiques des formulations et autres produits commerciaux, au vu des compositions affichées sur leurs étiquettes. Ainsi, je me méfie systématiquement de tout métal lourd – non seulement le mercure et le plomb, mais aussi l'or, l'argent, le cadmium, le thallium… – ; de tous les composés ayant au moins un cycle benzénique, composés que les chimistes qualifient d'« aromatiques » et que l'on trouve, hélas, non seulement dans les phtalates mais aussi dans le pain trop grillé et sur la viande cuite au barbecue ; des organochlorés ; du sélénium ; et j'en passe, de crainte de devenir fastidieux.

Je souhaite ici montrer qu'un savoir tel que le mien, tel que celui de millions de chimistes, se partage. Les programmes d'école primaire et de lycée devraient inclure, ne serait-ce qu'au titre de l'éducation civique, quelques heures d'apprentissage de lecture d'étiquettes commerciales. On y fournirait des données élémentaires sur les produits chimiques, en mettant l'accent non seulement sur la spectaculaire létalité de certains à des doses infimes – toutes ces substances naturelles redoutables que sont l'aflatoxine, l'amanitine, la botuline, les conotoxines, la pumiliotoxine, la ricine… –, mais aussi sur ceux qui sont très courants, et dont les toxicités sont plus insidieuses car cumulatives.

Par pertes et profits

Peut-on entièrement éliminer le risque chimique ? La réponse ne peut être que négative. Le risque zéro n'existe pas et le principe de précaution joue sur les émotions plus que sur la raison.

Nos mentalités et des habitudes bien ancrées s'opposent à la disparition de tout risque chimique. Pour n'offrir que cet exemple hypothétique, que feriez-vous si tous les flacons de shampooing proposés à l'achat dans une grande surface se trouvaient envahis par des moisissures ou si des germes y proliféraient, fussent-ils anodins ?

Nous avons donc à procéder à un bilan par pertes et profits. Le positif l'emporte-t-il sur le négatif ? Ainsi, par exemple, le bisphénol A est-il un mal nécessaire, tolérable bien que nocif pour une certaine proportion des consommateurs ? Ou faut-il le bannir ?

La question est la même pour un médicament : ses bienfaits outrepassent-ils ses méfaits ? Elle fut posée lors de l'introduction de chacune des vaccinations, à commencer par la toute première. Au moment du débat sur l'opportunité de l'inoculation contre la variole, vers la fin du XVIIIe siècle, deux scientifiques éminents de l'époque calculèrent un risque probable de 2 %, soit 300 000 morts en France. On jugea ce risque acceptable. En conséquence, comme le professeur Maurice Tubiana l'a souligné lors de son audition au Sénat, l'espérance de vie a crû de dix ans entre 1800 et 1815, malgré l'énorme hémorragie causée par les guerres napoléoniennes. Ce bond fut le seul observé entre 1750 et 1850.

J'ai voulu consacrer ce chapitre aux dangers chimiques de la vie quotidienne, aux traquenards dans lesquels nous entraînent les formulations de produits courants et, d'une manière générale, l'appât du lucre. Mes lecteurs sauront le compléter avec les risques bien connus que font courir des produits qui ne relèvent pas forcément de l'industrie chimique : l'alcool, le tabac, le café et les drogues en tous genres.

Les produits de dopage en font-ils partie ? Ils font l'objet du prochain et dernier chapitre.

Indications bibliographiques

Sources

RASMUSSEN N., *On Speed: the Many Lives of Amphetamine*, New York University Press, 2008.

ERICKSON B. E., « Next-generation risk assessment », *Chemical & Engineering News*, 22 juin 2009, p. 20-23.

ERICKSON B. E., « Food safety bill advances », *Chemical & Engineering News*, 6 juillet 2009, p. 20-22.

VOITH M., « Can conundrum », *Chemical & Engineering News*, 20 juillet 2009, p. 28-29.

EVERTS S., « Chemicals leach from packaging », *Chemical & Engineering News*, 31 août 2009, p. 11-15.

BIRRAUX Cl. et ETIENNE J.-C., *Le principe de précaution : bilan de son application quatre ans après sa constitutionnalisation* (*compte rendu de l'audition publique du 1er octobre 2009*), Paris, Office parlementaire d'évaluation des choix scientifiques et technologiques, octobre 2009.

COLLECTIF, « Decision-making under TURA : process overview and reference guide », Toxics Use Reduction Institute, University of Massachusetts Lowell, Methods and Policy Report, n° 28, 2010.

WALSER T., « Prospective life cycle assessment of nanosilver T-shirts », *Prospective Environmental Assessment*, ETH Zürich, 5 mai 2010, 25 p.

ERICKSON B., « FDA panel votes in favor of Avandia », *Chemical & Engineering News*, 26 juillet 2010, p. 32.

HOGUE C., « Dioxin and cancer », *Chemical & Engineering News*, 2 août 2010, p. 33-34.

SUBTIL M.-P., « Mediator : Servier réplique après de longues semaines de silence », *Le Monde*, 11 janvier 2011.

CHUNG I.-H. *et al.*, « Characterization of lead leachability from cathode ray tubes using the toxicity characteristic leaching procedure », *Environ. Sci. Technol.*, 34, 2000, p. 4376-4381.

BACKHAUS T. *et al.*, « Low-level exposure to multiple chemicals : reasons for human health concerns », *Environmental Health Perspectives*, 115, 2007, p. 106-114.

VIDAL O., « Metals for a low-carbon society », *Nature Geoscience*, 6, 2013, p. 894-896.

DREZET E., « Les matériaux impliqués dans les TIC », sur le site du CNRS : http://ecoinfo.cnrs.fr/article323.html, consulté le 25 décembre 2014.

Réflexions & Débats

CABOCHE M., « Les plantes transgéniques », *Études*, n° 395, 2001, p. 41-52.

MURAY P., « Précaution (principe de) », *Le Débat*, n° 115, 2001, p. 181-192.

PERETTI-WATEL P., « Risque et innovation : un point de vue sociologique », *Innovations*, n° 18, 2003, p. 59-72.

GODARD O., « Le principe de précaution comme norme de l'action publique, ou la proportionnalité en question », *Revue économique*, n° 54, 2003, p. 1245-1276.

BOURG D. et WHITESIDE K. H., « Précaution : un principe problématique mais nécessaire », *Le Débat*, n° 129, 2004, p. 153-174.

GOLLETY M. *et al.*, « Vers la gestion anticipée d'un rappel de produit », *Revue française de gestion*, n° 154, 2005, p. 21-37.

JOUNIN N., « La sécurité au travail accaparée par les directions », *Actes de la recherche en sciences sociales*, n° 165, 2006, p. 72-91.

NÉDEY-SAIAG M.-C., BIOULAC S. et BOUVARD M.-P., *Comment aider mon enfant hyperactif ?*, Paris, Odile Jacob, 2007.

DEBUS A. et ARNOULD J., « Retour d'échantillons martiens et principe de précaution », *Études*, n° 410, 2009, p. 329-339.

Chapitre 19

Dopage et chimie

Voici ce que j'écrivais en 1999 dans une de mes chroniques du magazine *La Recherche*:

« Je lis dans un journal les résultats des championnats du monde d'athlétisme à Séville. Je pointe au hasard les éliminatoires du 400 m plat, hommes: 48 concurrents, 46 classés. Les temps couvrent au total, pour 43 d'entre eux, deux secondes d'écart. Les meilleurs frôlent 45 s 10/100e. Leur distribution est biaisée vers les meilleures performances: 1/8e du lot se situe entre 45,13 et 45,26, soit dans les 5 % supérieurs. “L'équivalent scolaire” du tableau d'ensemble que j'ai sous les yeux serait un examen où le tiers des élèves auraient des notes comprises entre 18 et 20 sur 20 ! Une première explication, vraisemblable, est la présélection par les fédérations nationales. Une course tactique est une autre hypothèse. Mais elles n'expliquent pas la coexistence d'athlètes doués et de surdoués. Les premiers sont arrivés, mais le dernier a encore 30 m à couvrir. Faut-il incriminer le dopage ? Et quelle logique nous autoriserait à le condamner ?

[…] Les arguments en faveur du dopage sont, pour ses adeptes, l'équité sportive ; et, pour les organisateurs de spectacles sportifs – qui nous sont destinés, ne l'oublions pas –, le dépassement, la performance, les records. Est-ce à dire que nous élevons, par procuration, les sportifs comme s'ils étaient des poulets en batterie ? »

Ce texte pose plusieurs questions. Répondons rapidement aux plus générales d'entre elles, qui relèvent de problèmes de société plutôt que de la chimie ; la plupart des lecteurs seront facilement d'accord avec les réponses que nous pourrions proposer.

A-t-on le droit de compromettre durablement la santé de personnes qui, en outre, représentent des échantillons physiquement superbes de l'espèce *Homo* (on n'ose dire *sapiens)* pour enrichir les médias et le cortège des parasites vivant des performances d'un athlète – fédérations nationales, entraîneurs, agents, organismes de paris, et gangsters qui en ont souvent le contrôle ? Les médecins qui acceptent de prescrire des molécules actives à ces sportifs ne violent-ils pas allègrement le serment d'Hippocrate ? Les décideurs financiers et politiques encouragent ces pratiques : est-ce bien là de la démocratie ?

Une image s'impose à moi, celle d'une pièce de monnaie avec ses côtés face et pile. Les molécules médicamenteuses font preuve d'une semblable dualité. Avec leur côté face, bienveillant, elles viennent en aide à l'humanité souffrante. Avec leur côté pile, elles permettent à quelques-uns de gagner beaucoup d'argent, fût-ce au détriment de leur santé – ce qui est précisément le cas des sportifs de haut niveau.

N'oublions pas que la compétition sportive et le sport professionnel sont des moyens de promotion sociale. Chez les sportifs américains, par exemple, la proportion des Noirs dans les équipes d'athlétisme, de basket, de football américain est très largement supérieure à ce qu'elle est (10 %) dans la population. Il en va de même en France, dans l'équipe de France de football, comme Georges Frêche l'observa publiquement et de manière provocante dans la région de Montpellier, où il a joué le rôle politique et administratif que l'on sait jusqu'à sa mort récente. Pour des déshérités du monde entier, le sport de compétition, qui est aussi sport de spectacle et sport médiatisé, constitue une issue de secours possible pour sortir de la misère. Pour eux, se droguer pour y parvenir fait partie des règles du jeu.

Mais venons-en aux points relevant davantage de la chimie. Pour ce faire, il me faut passer rapidement en revue les substances dopantes utilisées.

Speed, ecstasy et consorts

Commençons par les amphétamines. La structure de ces molécules de synthèse est voisine de celle de substances naturelles, des bioamines, physiologiques comme l'adrénaline, la noradrénaline ou la dopamine.

Ce sont des stimulants et des excitants. Les sportifs les utilisent parce que ces drogues augmentent non seulement la vigilance, mais aussi l'endurance. Leur mode d'action (je me permets ici d'être technique, très brièvement) est l'inhibition de la recapture de la dopamine par les neurones du système nerveux central. S'y ajoute une libération de la noradrénaline et de la dopamine par action du transporteur vésiculaire VMAT2 présynaptique ; c'est ce mécanisme qui détruirait les neurones.

Outre l'accoutumance et la grande difficulté du sevrage, communes à l'ensemble des drogues, les amphétamines ont un cortège d'effets secondaires désagréables et nocifs : affaiblissement et amaigrissement ;

acné majeure ; insomnies chroniques ; troubles de l'humeur, marqués par l'irritabilité, l'anxiété, voire la dépression ; troubles de la personnalité, avec psychose et paranoïa ; problèmes cardiovasculaires ; affaiblissement du système immunitaire ; fréquente dysfonction érectile ; décalcification.

Stimulants intellectuels

Les sportifs sont loin d'être les seuls à se servir des amphétamines comme auxiliaires dans l'effort. De grands intellectuels y ont eu aussi recours. Je citerai seulement Paul Erdös, qui fut l'un des mathématiciens les plus actifs et les plus agiles du XXe siècle, et Jean-Paul Sartre. L'un et l'autre prétendaient qu'ils n'auraient pu accomplir leurs tâches sans l'aide des amphétamines et la stimulation qu'elles leur apportaient.

Paradoxalement, aux États-Unis, une amphétamine est parfois prescrite aux enfants ou aux adolescents atteints du syndrome d'hyperactivité, qui se manifeste par une incapacité de fixer son attention et de se concentrer (la France est fort heureusement encore épargnée par ce fléau). La molécule active est le phénidate de méthyle. Or, toujours aux États-Unis, on constate un abus quasi épidémique dans l'utilisation de ce médicament : par exemple, dans la classe d'âge allant de cinq à dix-neuf ans, une personne sur trente prend régulièrement cette drogue. C'est sans surprise que l'on a constaté son glissement progressif d'une utilisation thérapeutique, voire préventive, à un usage clandestin chez les adolescents, pour les sensations qu'elle procure. Ils recherchent les mêmes perceptions qu'Erdös et Sartre : une sensation d'acuité, due à une stimulation du cerveau. Les apprentissages s'en trouvent facilités, tout au moins dans le ressenti.

Comme avec toute substance réellement active, l'absorption de cette molécule s'accompagne de multiples effets secondaires, dont une sensation de dessèchement de la bouche, de l'irritabilité, une tachycardie, des vertiges, de la dépression, de l'anorexie et des insomnies, sans parler de la dépendance qu'elle induit.

Antidépresseurs

Comment les amphétamines agissent-elles sur le cerveau ? Elles inhibent une enzyme émise par les neurones, la monoamine oxydase. Or il existe une classe d'antidépresseurs qui a cette même action IMAO (inhibition de la monoamine oxydase). Vous l'avez deviné, ces antidépresseurs servent aussi d'agents dopants, ce qui leur a valu, en France, au cours de la période 1991-1997, une progression des ventes de plus de 40 % – pour comparaison, celle des médicaments psychotropes a été de 7 % durant la même période. Cette consommation, qui était alors deux ou trois fois plus importante que celle de nos voisins européens, a touché diverses classes de la société, avec une utilisation généralisée par les sportifs de haut niveau.

Un médicament aujourd'hui interdit en France (dont le nom chimique est N-(2-adamantil)-N-(para-bromophenyl)-amine), surnommé « le Russe », car il est utilisé par des athlètes et cyclistes des pays de l'Est européen, combinait des effets psychostimulants et masquants à l'égard de la détection du dopage. D'autres molécules ont été interdites en raison d'excès dans leur consommation. Ce fut le cas, en particulier, de l'amineptine. Ces molécules sont loin d'être inoffensives, à en croire l'un des multiples témoignages convergents : « J'ai eu une phase d'hyperexcitation, je me sentais franchement presque comme défoncée aux amphètes, puis ensuite une phase où je me sentais tout le temps crevée. » Les médicaments antidouleur (ou antalgiques) constituent une autre classe d'agents dopants, toujours très utilisés aujourd'hui.

Durant la Seconde Guerre mondiale, l'encadrement militaire des belligérants dopa systématiquement les combattants aux amphétamines. Et, dès les années 1920, les coureurs cyclistes avaient recours au célèbre « pot belge », un mélange de stimulants servant aussi d'euphorisants (amphétamines, caféine, cocaïne) et d'antalgiques (héroïne et morphine). Il s'agit là d'un cocktail de drogues illégales et dures transformant l'athlète du vélo en toxicomane avéré et en délinquant. Étant donné les conditions très rudes auxquelles ils sont soumis durant les courses, les coureurs cyclistes sont une cible privilégiée de ce type de dopage. Ils doivent en effet fournir des efforts surhumains, parfois plusieurs semaines durant, auxquels ils ne peuvent faire face qu'au prix d'une préparation physique ardue et d'un entretien chimique de leur système nerveux les rendant insensibles à la peine et capables d'une invraisemblable endurance.

Mais il ne faudrait pas s'imaginer que les coureurs cyclistes sont les seuls usagers de tels cocktails de drogues dures. Les joueurs professionnels de football américain, pour ne donner que cet autre exemple, consomment régulièrement des agents dopants similaires, dans lesquels antalgiques et anti-inflammatoires ont une large part.

Aux États-Unis, la médecine du sport a identifié un syndrome qu'elle a appelé « syndrome du *quarterback* » (*quarterback* désigne le meneur de jeu dans le football américain). Ce syndrome touche les joueurs qui animent et conduisent leur équipe. Il provient de l'abus d'antalgiques dont la liste, déjà fort longue, ne cesse de s'allonger : cortisone, novocaïne, codéine, morphine, héroïne, hydrocodone, hydromorphone, oxycodone, et j'en passe.

L'hydrocodone, par exemple, est ingérée presque systématiquement par les joueurs de football américain. En 1996, l'un des plus renommés, Brett Favre, alors *quarterback* principal de l'équipe des Green Bay Packers, dut subir une cure de désintoxication durant quarante-cinq jours.

Les stéroïdes anabolisants

Les stéroïdes anabolisants sont des cousins synthétiques de la testostérone, une hormone naturelle bien connue. L'adjectif « anabolisant » signifie que ce produit favorise l'assimilation des protéines de l'alimentation, provoquant ainsi une augmentation de la masse musculaire. Ces mêmes molécules ont aussi un effet androgène : virilisantes, elles exaltent les caractères sexuels secondaires masculins. Les objectifs visés par ceux qui en font usage sont : un corps plus musclé, sexuellement plus attirant ; un accroissement de la puissance musculaire ; une amélioration des performances physiques ; et, même s'ils sont déjà bien lotis de ce point de vue, le renforcement de leurs biceps, quadriceps et autres muscles, rendus bien visibles. Ces désirs ne sont pas uniquement masculins, certaines femmes cherchent également à les satisfaire.

Quels sont les principaux utilisateurs de ces molécules ? On peut citer, entre autres, les haltérophiles, les adeptes de la musculation et du bodybuilding, une fraction significative des adolescents, certains membres de la mouvance gay ainsi qu'une portion non nulle des forces armées et de police.

Hélas, trop souvent, les quantités de stéroïdes ingérés sont supérieures à la limite que la prudence impose. Quelles en sont les conséquences ? Pour les femmes, la virilisation. Pour les hommes, l'atrophie testiculaire, la stérilité, des érections douloureuses, une hypertrophie de la prostate. La prise excessive de ces molécules entraîne aussi fréquemment une hypertension, ainsi qu'un blocage de la croissance osseuse. Les effets sur le psychisme sont tout aussi marqués, avec des accès de colère brutale, une sensation de crise imminente et, comme avec toute drogue, le couple assujettissement/sevrage, extrêmement difficile à vivre tant il est douloureux, déprimant et anxiogène.

Dans la même catégorie, car avec des effets comparables, citons les bêta-2-agonistes, qui servent normalement à traiter l'asthme et que des sportifs utilisent pour leurs effets stimulants et anabolisants. Ils conduisent eux aussi à de l'hypertension artérielle et à des troubles du rythme cardiaque.

La famille de la cortisone

Les glucocorticoïdes sont des hormones de la même famille chimique que les stéroïdes anabolisants. En tant que substances naturelles, ils sont produits dans le cortex (partie externe) des glandes surrénales, d'où leur appellation (la cortisone est la plus connue). La plupart des glucocorticoïdes utilisés comme agents dopants sont des produits de synthèse. En France, 37 d'entre eux (dont leurs précurseurs biosynthétiques et quelques-uns de leurs métabolites) sont considérés comme des agents dopants et sont interdits à ce titre.

Leur rôle physiologique majeur est de servir d'anti-inflammatoires. Ce sont aussi des antalgiques. Ils améliorent l'endurance du sportif, ils stimulent le métabolisme des sucres (qui produit de l'énergie) et ils donnent le sentiment euphorique d'être le meilleur ! Ils agissent contre le stress physique. C'est ainsi qu'agit le cortisol qui, comme la cortisone, est sécrété par le cortex des surrénales. Outre l'insomnie, l'ostéoporose, les troubles stomacaux, l'œdème et le diabète, les glucocorticoïdes ont pour effets secondaires avant tout des problèmes cardiaques – fibrillation et même arrêt cardiaque.

Les corticoïdes sont endémiques dans le cyclisme. Pour ne citer que deux grands champions, en 1979, Jacques Anquetil prenait (entre autres) de la cortisone et, en 1999, Lance Armstrong fut contrôlé positif à la cortisone.

Il est inutile de continuer à brosser un panorama des différentes classes de médicaments, il est trop évident que le dopage emprunte ses molécules à chacune d'entre elles. Rappelons seulement qu'il s'est caractérisé, entre autres, par : le recours aux hormones de croissance chez des adolescents « prometteurs » destinés à tenter de devenir des champions ; l'utilisation, dès les années 1920, de l'adrénaline, avec les multiples bavures qui l'ont accompagnée (tachycardie, troubles du rythme cardiaque et risques d'infarctus) ; les diverses modalités d'hyperoxygénation sanguine, depuis le séjour préalable en altitude jusqu'à la transfusion, en passant par l'administration d'érythropoïétine (EPO), avec leurs conséquences usuelles (augmentation de la viscosité sanguine, risques d'embolie pulmonaire cérébrale, rénale ou hépatique, risques de phlébite des membres inférieurs, risques d'infarctus du myocarde). Pour revenir à l'adrénaline, rappelons que, pendant le Tour de France de 1948, le soigneur de l'équipe de France dopa Louison Bobet à l'adrénaline (à son insu, comme s'il était un cheval de course) pour qu'il soit en tête lors de l'ascension du col du Turini.

Pourquoi se dope-t-on ?

Quelles sont les raisons d'être du dopage ? Les mentalités, l'attirance pour l'exploit, le règne des médias et celui de l'argent.

Commençons donc par les mentalités. En l'occurrence, nous sommes ici confrontés au darwinisme social et au libéralisme sauvage, qui encouragent et mettent au premier plan l'esprit de compétition, reléguant aux oubliettes la solidarité et la fraternité. L'individualisme exacerbé qui sévit de nos jours est également de la partie, aux dépens de valeurs plus traditionnelles, considérées comme ringardes. De manière prévisible, la mondialisation n'a fait qu'encourager et renforcer les nationalismes et les sectarismes, qui s'expriment par le soutien passionnel d'une équipe : « On a gagné ! », « On est les meilleurs ! »...

Cette mentalité, ce chauvinisme démesurément hypertrophié constituent pour les dirigeants une tactique commode et vieille comme le monde pour masquer ou faire oublier les problèmes, voire pour proclamer la supériorité de leur système politique. Souvenons-nous : de l'après-guerre jusqu'à la chute du mur de Berlin en 1989, les athlètes d'Allemagne de l'Est étaient systématiquement dopés. Cela en dit long sur le gouvernement alors au pouvoir et sur son absence de scrupules.

La valorisation de l'exploit explique la banalisation du dopage. La mesure chiffrée de la performance sportive y contribue également, en réduisant cette dernière à un simple chiffre. Le mot anglais *record* signifie d'abord « enregistrement », en l'occurrence celui d'une valeur numérique. L'hyperbole qui caractérise nos médias doublée de la croyance au progrès héritée du XIXe siècle ont transformé le sens du mot « exploit », le réduisant à la notion de sommet atteint et ne demandant qu'à être dépassé. Traditionnellement, le record manifestait la tentative de s'approcher de l'asymptote de la courbe croissante que dessinaient les records précédents. Il est devenu, à présent, une simple marque temporelle, fugace et vite effacée. Pour continuer à utiliser le langage mathématique, le passage à la limite est devenu permanent.

Cette attente d'une perpétuelle amélioration des records vient de ce que nous vivons dans une société du spectacle, dans laquelle le sport n'est plus seulement un ensemble d'activités proposées à chacun pour cultiver son corps, mais plutôt un spectacle récupéré et mis en exergue par les médias, et qui, pour des sportifs professionnels, constitue un ascenseur social les propulsant quelques années durant vers de très hauts revenus et vers l'adulation collective – ce fut par exemple le cas de Zinédine Zidane, pour ne citer que lui.

Lorsque Pierre de Coubertin fit revivre les jeux Olympiques, au début du XXe siècle, son intention était de renouer avec les tournois de la chevalerie – un divertissement d'aristocrates. Peu à peu, tout au long du XXe siècle, l'esprit qui animait les Jeux se dévoya progressivement, jusqu'à l'aberration qu'ils représentent aujourd'hui, où ils se rapprochent davantage des jeux du cirque qui caractérisèrent la décadence de l'Empire romain.

J'ai fait allusion à l'argent. Car le dopage s'appuie sur des intérêts financiers issus tant des recettes publicitaires que des paris (comme pour les courses de chevaux).

Je me dois de généraliser le propos. La lutte contre le dopage est illusoire, le sport n'en a aucunement l'apanage. Si le sport professionnel est la face clandestine du dopage, il a aussi une face licite : nous sommes tous, ou presque tous, dopés à l'alcool, au tabac et/ou à la caféine. Ce n'est pas un hasard si une bonne part des annonceurs publicitaires dans les stades et sur les écrans de télévision sont, outre les fabricants d'habillements sportifs, des fabricants d'alcools et de cigarettes. La loi Évin le prohibe en France, mais de nombreuses chaînes commerciales étrangères n'y sont point assujetties. Et nous avons tendance à nous voiler la face à l'égard des dopages non licites, en nous persuadant qu'il existe des molécules à la fois actives et anodines, ce qui est évidemment faux : toute molécule active a des effets secondaires, parfois redoutables. Le cas de l'aspirine en est un exemple connu. Ce médicament serait aujourd'hui impossible à mettre sur le marché, les autorités de contrôle veillant sur la santé publique s'y opposeraient.

De plus, les éventuelles relations de causalité entre une molécule (avec la disposition particulière des atomes qui la constituent) et les effets de cette dernière sur l'organisme (relations que l'on désigne par l'expression « relations structure-activité ») nous échappent encore dans une large mesure. Il en va de même de l'équation personnelle de chacun vis-à-vis d'un médicament, qui réserve toujours des surprises. En effet, une molécule active n'agit pas sur une seule protéine de l'organisme, mais sur de multiples protéines, produites à partir de différents gènes, et qui varient donc d'une personne à l'autre, en fonction de leurs génomes.

Tous dopés ?

Mais il est d'autres formes de dopage. Faut-il mentionner l'intoxication à la croissance, qui affecte aussi bien des économistes que des politiques, avec les conséquences qu'elle induit, dont le saccage de la planète n'est pas des moindres ? Elle incite les décideurs à nous faire vivre à crédit, au-dessus de nos moyens, que l'on se place au niveau des ménages ou de la nation. N'est-il pas pervers de dynamiser les économies des pays développés par la consommation de produits manufacturés dont une grande part est désormais fabriquée en Chine ? L'impératif « faites de l'argent » est pernicieux, la crise de 2008 en a fait la démonstration. Elle fut déclenchée par l'effondrement de produits financiers dérivés et pourris, censés créer de la valeur à partir de passifs, en véritable insulte au bon sens. L'économie espagnole en offre un autre exemple : elle fut florissante lorsqu'elle put bénéficier d'un boom du bâtiment créé par la rente de situation que représentaient les rives ensoleillées de la péninsule Ibérique, les Anglais investissant massivement dans l'achat d'appartements et de résidences secondaires ; mais lorsque ces derniers furent frappés par la crise, par contrecoup, l'économie espagnole devint exsangue.

Tant que cette mentalité sévira, porteuse d'endettement inconsidéré, de croissance à tout prix, de soif de nantis désireux d'acquérir toujours plus, il ne pourra être question ne serait-ce que d'endiguer le dopage, encore moins de le faire disparaître.

Le dopage au xénon

Ces dernières années, les sportifs russes brillent sur la scène internationale. Aux Jeux olympiques d'hiver de Sochi, en 2014, ils firent une belle récolte de médailles, préparés qu'ils furent par l'inhalation de xénon. Déjà, aux Jeux d'hiver de Turin, en 2006, sur 22 médaillés russes, 15 avaient bénéficié d'une telle préparation.

Qu'est-ce que le xénon ? En quoi améliore-t-il les performances athlétiques ? Comment a-t-on découvert ses effets ?

Le xénon est un élément qui, dans la classification périodique de Mendeleïev, se trouve dans la colonne des gaz rares, celle qui s'ouvre avec l'hélium. Depuis les années 1950, les anesthésistes, qui, au sein de la profession médicale et par exigence du risque minimum, ont acquis une admirable expertise scientifique, usent de xénon dans les mélanges gazeux administrés lors d'une intervention chirurgicale. Ils se sont donc rendus familiers des effets physiologiques du xénon sur divers organes.

On constate ainsi des effets bénéfiques en chirurgie cardiaque, avec en plus une meilleure neuroprotection cérébrale lors de l'intervention. De même, lorsque l'on opère les carotides, le recours au xénon comme adjuvant augmente la saturation cérébrale en oxygène, d'où une meilleure protection du cerveau lors de l'opération.

La grande percée intervint en 2009, il y a donc seulement cinq ans. Elle fut le fait d'un groupe plurinational, réunissant des chercheurs de l'Imperial College à Londres, d'University College, aussi à Londres, et d'un grand hôpital de Shanghaï. Cette équipe, conduite par Daqing Ma, donna l'explication du rôle positif du xénon en chirurgie rénale, et plus généralement en néphrologie.

Les reins sont les organes producteurs d'érythropoïétine (EPO). Cette hormone, une glycoprotéine, est utilisée d'assez longue date (Lance Armstrong, entre autres) comme agent dopant. Elle augmente l'oxygénation du sang, de façon significative. La raison en est une production accrue d'érythrocytes (globules rouges), en réponse à la présence d'EPO dans le sang.

Le signal la déclenchant, activant le gène de l'EPO, lui vient d'un groupe de protéines, connu sous le sigle HIF (*Hypoxia-Inducible transcription Factors*), dont la principale est dénotée HIF 1. L'équipe de Ma démontra que le xénon améliorait substantiellement la traduction de HIF 1, et qu'elle augmentait par conséquent la production d'EPO et, partant, celle de globules rouges.

D'où le protocole de préparation des sportifs russes : inhalation d'un mélange gazeux riche en xénon, deux ou trois fois par semaine. Les effets positifs (oxygénation accrue des muscles) ne se font point attendre (5 mn) et ils sont durables (jusqu'à 80 h).

Ainsi, quelques années auront suffi pour que la médecine sportive s'empare d'observations faites à l'origine en anasthésiologie. Dit autrement, le passage de la médecine expérimentale aux sports de spectacle – à peu près tous désormais, hormis peut-être les fléchettes et la pétanque – fut *quasi* instantané.

Dans une perspective un peu plus longue, de décennies plutôt que d'années, combien la disparition de l'amateurisme fut rapide ! Les sportifs étaient encore tous des amateurs, il y a moins d'un siècle, aux Jeux olympiques de Paris en 1924, ceux représentés dans le beau film *Chariots of Fire*. À présent que le professionnalisme est la règle, universellement acceptée, aux Jeux olympiques et pour tous les sports télévisés, le dopage des sportifs est, lui aussi, devenu la norme.

Nous allons vers des clones surdopés. Gladiateurs et jeux du cirque, nous en sommes toujours là. Pierre de Coubertin peut se retourner dans sa tombe, peu importe au monde médiatique empochant les bénéfices.

Dopage et chimie

Mais que diable vient faire un chapitre sur le dopage dans un livre consacré à la chimie ? Ne s'agit-il pas d'un phénomène de société, débordant de beaucoup le cadre de la chimie ?

J'ai choisi de répondre différemment à cette question. En effet, il est communément admis qu'il existe des relations entre le dopage et la chimie. Et je trouve que cette opinion vaut d'être considérée et analysée.

Qu'elle soit scientifique ou industrielle, la chimie est, à juste titre, considérée comme la science de l'artificiel. Or le dopage est caractéristique de l'artifice, puisqu'il vient contrôler et dominer la nature en s'y substituant. Intuitivement, nous ressentons que le dopage est aux ressources corporelles ce que les fibres synthétiques sont aux fibres naturelles. Il participe de la chimiosphère, qui constitue une part croissante de notre environnement depuis la naissance de l'industrie des colorants de synthèse au milieu du XIXe siècle, et dont l'emprise ne fait que s'amplifier et se densifier depuis.

Sans doute trouvera-t-on mon propos moralisateur, et il l'est, assurément. Mais s'élever contre ce tapage fait autour des prouesses des champions, ce ramdam mondialement télévisé, dont les exploits ne s'expliquent que par l'usage de drogues diverses, en un spectacle digne des jeux du cirque, mise à mort exclue (sauf de façon symbolique), est du devoir du commentateur.

La responsabilité du secteur paramédical

L'athlète, le sportif de haut niveau, en est un des bénéficiaires ; mais il en est également, et assurément, la victime, car il lui faudra bien vivre avec les effets secondaires du dopage, à échéances plus ou moins lointaines. Mais qui porte la responsabilité de cette situation ? Répondre « la société tout entière » est trop vague. L'entourage sportif du dopé me semble à incriminer en premier lieu : son agent, son ou ses entraîneurs, les masseurs et soignants, et les médecins marrons qui se sont fait une spécialité du dopage et de ses retombées lucratives. Je crois au rôle primordial du secteur paramédical, le secteur médical *stricto sensu*, médecine du sport comprise, me semblant se détourner avec horreur du dopage dans sa très large majorité. Les médecins sont bien trop conscients des effets délétères de ce dernier sur l'organisme, à court, moyen ou long terme, pour s'y prêter.

Voyons ce qui se passe du côté des masseurs. Par définition, ils délivrent leurs soins à des personnes en souffrance. La fragilité qu'induit la douleur et, plus encore, le profond soulagement qui suit sa disparition créent facilement une relation de dépendance à l'égard du kinésithérapeute. Or, contrairement au médecin, ce dernier n'est pas lié par le serment d'Hippocrate. D'autre part, l'ordre des masseurs-kinésithérapeutes, et donc l'instance disciplinaire qu'il représente, n'existe en France que depuis 2006. Ce qui pourrait laisser supposer que, jusqu'à cette date, une part des produits dopants a pu passer par eux.

Et les chimistes marrons ?

Voyons maintenant ce qu'il en est du rôle non plus de la chimie, mais des chimistes dans le dopage. Y contribuent-ils, et dans quelle mesure ? La réponse est certes affirmative. Il existe des chimistes marrons qui, dans des laboratoires clandestins, synthétisent des molécules actives, et cela que ce soit à destination du dopage ou de la drogue. Il s'agit pour eux de mettre au point des substances absentes jusque-là de la réglementation, ce qui oblige les autorités de contrôle à les tolérer, puisqu'elles ne sont pas formellement interdites. Ces molécules, proches parentes de celles qu'elles copient, ne sont pas bien difficiles à élaborer. Et le jeu du chat et de la souris peut se poursuivre indéfiniment, tant il est aisé pour un chimiste de concevoir et de réaliser de telles variantes, les unes après les autres. Mais si je suis certain que des chimistes participent ainsi au dopage, par esprit de lucre, je suis tout aussi certain qu'ils sont très peu nombreux.

La synthèse est la spécialité des chimistes formés pour travailler dans les laboratoires de l'industrie pharmaceutique. Obtenir, surtout en petite quantité, une molécule jusque-là inexistante et donc licite (« tout ce qui n'est pas formellement interdit est permis ») est l'affaire de quelques jours seulement, le temps de se renseigner sur la série dont la molécule-cible fait partie, de localiser un bon précurseur, d'adapter un mode opératoire existant et d'effectuer trois ou quatre transformations successives : le tour est joué, une nouvelle variante a été élaborée.

Je suis néanmoins persuadé que de tels manquements à l'éthique sont rarissimes. Il y a une bonne raison à cela : d'instinct, les chimistes répugnent à ingérer ou à inhaler la moindre molécule étrangère. Tout y contribue dans leur formation et dans leur manière de travailler : sous hotte aspirante bien ventilée ; par injection dans une rampe sous vide ; sur de toutes petites quantités ; port de la blouse, de lunettes et de gants de protection… Ce tabou est, me semble-t-il, un excellent garde-fou à l'encontre de cette sortie de route que serait la synthèse délibérée, à but lucratif, de produits dopants. C'est le fait seulement de chimistes travaillant au sein de gangs. Dans un passé pas très lointain, la morphine-base servant à la préparation de l'héroïne était transformée dans des laboratoires clandestins de la région marseillaise. Ces drogues dures sont autrement rémunératrices que les diverses substances dopantes pour les sportifs.

Comment se fait la détection du dopage ?

La quasi-totalité (99,9 %…) des chimistes actifs dans le secteur des drogues dures le sont au titre de la lutte anti-dopage. Avec une formation d'analystes, ils expertisent les prélèvements d'urine et de sang des sportifs. Ils disposent d'une riche instrumentation, exceptionnellement sensible et précise : des chromatographes en phase liquide ou gazeuse couplés avec des spectromètres de masse, ainsi que des outils omniprésents dans les laboratoires d'analyse médicale, du type AutoAnalyser, inventé en 1955 par Leonard Skeggs. Ces outils détectent de façon sûre et certaine d'infimes traces de substances dopantes.

La chromatographie est une technique dans laquelle les différentes molécules présentes dans un échantillon sont entraînées par un fluide, gaz ou liquide, le long d'un circuit parsemé d'obstacles, au cours d'un véritable marathon moléculaire. En fin de course, elles sont séparées suffisamment pour pouvoir être aisément distinguées les unes des autres. L'identification repose sur la spectrométrie de masse : un bombardement par des électrons casse les molécules ; les fragments qui en sont issus sont aisés à reconnaître, il ne reste plus qu'à réassembler les pièces du puzzle – un ordinateur s'en charge – pour déterminer la physionomie des molécules, même celles qui pourraient ne pas encore être connues.

Deux exemples suffiront. Un spécimen de deux microlitres d'urine, soit deux millièmes de milligramme seulement, suffit pour détecter des traces d'un agent sympathicomimétique, la 2-diméthylamino-1-phénylpropan-1-one : utilisée pour la médication du rhume, elle est détournée vers le dopage pour son effet stimulant et sa rapide disparition, car elle est métabolisée rapidement. On en détecte aisément des traces : 5 µg/ml, soit 5 microgrammes par millilitre de sang ou d'urine (un microgramme étant égal à un dixième de milligramme). Des spécimens d'urine et de sang d'une centaine de microgrammes suffisent amplement à réaliser un dosage aux amphétamines, et la limite inférieure de détection est inférieure à un microgramme par litre. En vingt-quatre heures, on peut tester une centaine d'échantillons, soit un peloton de coureurs cyclistes, ou une escouade de golfeurs, ou les deux équipes d'un match de football, remplaçants compris, ou encore l'ensemble des participants à un tournoi de tennis.

Que ces résultats soient remis en question sous le prétexte que le prélèvement a été bâclé, que les prises ont été mal conservées ou en se réclamant de diverses arguties juridiques par lesquelles des fédérations sportives tentent de sauvegarder, en fin de compte, leurs revenus financiers est proprement scandaleux.

Une constatation s'impose au terme de ce chapitre : le dopage est un révélateur de la hiérarchie actuelle des technosciences. La chimie fut à leur tête durant la plus grande partie du XXe siècle, car elle est à la fois science et industrie. Mais elle n'occupe plus cette position : depuis les années 1990 environ, c'est la biologie qui a pris la place ; et c'est elle qui, désormais, détermine et gouverne le dopage dans son ensemble.

Il faudra une génération environ pour que le changement de mentalité correspondant se fasse et que l'on s'aperçoive que le dopage est sous la coupe de la biologie et de ses applications médicales au sens large.

Indications bibliographiques

Sources

Sur le sujet des cyclistes et des produits dopants, voir le site : http://www.irbms.com/dopage-cyclisme.htm

DURANT R. H. *et al.*, « Use of multiple drugs among adolescents who use anabolic steroids », *The New England Journal of Medicine*, vol. 328, n° 13, 1993, p. 922-926.

DURANT R. H. *et al.*, « Stability of the relationships between anabolic steroid use and multiple substance use among adolescents », *Journal of Adolescent Health*, vol. 15, n° 2, 1994, p. 111-116.

MIDDLEMAN A. B. *et al.*, « High-risk behaviors among high school students in Massachusetts who use anabolic steroids », *Pediatrics*, vol. 96, 2 Pt 1, 1995, p. 268-272.

SMITH T. W., « Favre says he abused painkillers and will enter treatment center », *New York Times*, 15 mai 1996.

HARDY K. J., MCNEIL J. J. et CAPES A. G., « Drug doping in senior Australian rules football : a survey for frequency », *British Journal of Sports Medicine*, vol. 31, n° 2, 1997, p. 126-128.

GOULLÉ J.-P. et LACROIX C., « Les antidépresseurs de la performance », *Annales de toxicologie analytique*, vol. 12, n° 1, 2000, p. 30-35.

BINSINGER C. et FRISER A., « Du dopage en particulier aux conduites dopantes en général : le point sur les connaissances », *Psychotropes*, vol. 8, n° 3-4, 2002, p. 9-22.

LE NOÉ O. et TRABAL P., « Sport et produits dopants : prise, emprise, déprise », *Drogues, santé et société*, vol. 7, n° 1, 2008, p. 191-236.

BRISSONNEAU C., AUBEL O. et OHL F., *L'Épreuve du dopage: sociologie du cyclisme professionnel*, Paris, PUF, coll. « Le lien social », 2008.

KANAYAMA G. *et al.*, « Anabolic-androgenic steroid dependence: an emerging disorder », *Addiction*, vol. 104, n° 12, 2009, p. 1966-1978.

HORN S., GREGORY P. et GUSKIEWICZ K. M., « Self-reported anabolic-androgenic steroids use and musculoskeletal injuries: findings from the center for the study of retired athletes health survey of retired NFL players », *American Journal of Physical Medicine & Rehabilitation*, vol. 88, n° 3, 2009, p. 192-200.

KÖHLER T., *Zwei Seiten der Medaille*, Berlin, Neues Leben Verlag, 2010.

JELKMANN W., « Molecular biology of erythropoïetin », *Internal Medicine*, 43(8), 2004, p. 649-659.

BENIZRI E., GINOUVÈS A., BERRA E., « The magic of the hypoxia-signaling cascade », *Cell. Mol. Life Sci.*, 65 (7-8), 2008, p. 1133-1149.

BELOEIL H. *et al.*, « Cerebral oxygen saturation is improved by xenon anaesthesia during carotid clamping », *HSR proceedings in intensive care & cardiovascular anesthesia*, 5(2), 2013, p. 110-118.

Réflexions & Débats

ESCRIVA J.-P., « Sport intensif et dopages entre normes et déviances », *Sociétés contemporaines*, n° 44, 2001, p. 129-147.

TRABAL P., « La perception du dopage: une approche pragmatique », *Psychotropes*, vol. 8, n° 3, 2002, p. 89-99.

BOURG J.-F., « Le sportif et le marché: le cas du dopage », *Revue internationale de psychosociologie*, vol. IX, 2003, p. 73-90.

BETTE K.-H. *et al.*, « L'individualisation du problème du dopage : déficits structuraux dans les discours du dopage », *Staps*, n° 70, 2005, p. 75-87.

SPITZER G. *et al.*, « Approche historique du dopage en République démocratique allemande : description et analyse d'un système de contraintes étatiques », *Staps*, n° 70, 2005, p. 49-58.

SALLÉ L. *et al.*, « Le Tour de France 1998 et la régulation du dopage sportif : reconfiguration des rapports de force », *Staps*, n° 73, 2006, p. 9-23.

DÉROCHE S. et BILARD J., « Le dopage ou le sport sans corps », *Champ psychosomatique*, n° 51, 2008, p. 147-163.

EBER N., « Le dilemme du sportif », *Revue d'économie politique*, vol. 118, 2008, p. 207-227.

LENTILLON-KAESTNER V. et BRISSONNEAU C., « Appropriation progressive de la culture du dopage dans le cyclisme », *Déviance et Société*, vol. 33, 2009, p. 519-541.

Conclusion

Je remercie mes lecteurs de m'avoir suivi tout au long de ce parcours, qui nous a permis de savourer un peu de la chimie d'aujourd'hui. Deux conclusions s'imposent, me semble-t-il.

La première est le renouvellement permanent de la science chimique, toujours suivie, plus ou moins rapidement, par la chimie industrielle. Quelques facteurs fondamentaux auront une incidence sur l'évolution prochaine de cette dernière : le dirigisme de la Commission européenne, qui souhaite éliminer ou grandement réduire les nuisances chimiques ; la montée en puissance de la pétrochimie sur les lieux de production pétrolière, à commencer par le golfe Persique ; et peut-être surtout le basculement géographique de l'industrie chimique qui, de traditionnellement européenne et nord-américaine, se fait progressivement et de plus en plus rapidement asiatique.

Du côté de la science chimique, l'innovation est impressionnante. J'ai intitulé *La Chimie nouvelle*[17] un précédent livre paru en 1995, il y a donc quinze ans au moment où j'écris ces lignes. Si l'on me proposait

---

17. Pierre Laszlo, *La Chimie nouvelle*, Paris, Flammarion, coll. « Dominos », 1995.

aujourd'hui de le rééditer, il me faudrait en fait le réécrire quasi complètement.

La seconde conclusion, tout aussi forte et incontournable, est que les multiples et indéniables toxicités chimiques ne sont qu'un épiphénomène. Les grandes causes de nos souffrances chimiques ont pour noms alcoolisme, tabagisme, drogues, automobile et, surtout, société de consommation ; des maux à mettre derrière nous si nous voulons avoir un avenir en tant qu'espèce.

Glossaire

Acide : caractéristique d'une molécule apte à libérer des protons H^+.

Acrylique : terme désignant généralement un polymère de l'acide acrylique $H_2C = CH\text{-}COOH$ ou de ses dérivés.

Alcool : molécule de formule générale ROH, où R est un radical hydrocarboné. Les alcools les plus simples sont le méthanol CH_3OH et l'éthanol C_2H_5OH.

Amine : molécule comportant un atome d'azote, porteur de un, deux ou trois radicaux hydrocarbonés. Les amines sont des bases.

Base : accepteur de protons H^+.

Catalyseur : substance intervenant, en petite quantité, dans une transformation chimique pour l'accélérer. On pourrait comparer un catalyseur à un nanorobot. Il est régénéré après chaque cycle catalytique. On peut donc le récupérer intact une fois la transformation terminée.

Classification périodique : organisation des éléments chimiques (on en connaît environ 120) en grandes familles. Dmitri Mendeleïev en est le génial auteur.

Concentration : quantité d'un composé chimique présente dans un volume donné de solvant.

Condensation : addition de molécules pour former des édifices plus gros.

Dimère : oligomère le plus simple, à deux composantes identiques.

Émulsion : dispersion d'une composante dans une autre, par exemple une huile dans de l'eau.

Ester : combinaison d'un acide organique et d'un alcool.

Éthanol : autre nom de l'alcool ordinaire, à deux atomes de carbone, de formule C_2H_5OH.

Hydrocarbure : composé de carbone et d'hydrogène uniquement.

Hydrolyse : clivage d'une molécule sous l'action de l'eau.

Isomères : substances différentes possédant une même composition chimique mais des arrangements d'atomes différents, d'où des propriétés elles aussi différentes. Exemple : HCN et HNC sont des isomères.

Lactone : ester cyclique.

Liaison : ce qui réunit les atomes, généralement par paires, dans les molécules.

Macromolécule : polymère de masse moléculaire élevée.

Molécule : édifice composé de plusieurs atomes, le nombre de ces derniers étant très variable (il peut aller de deux à des millions).

Monomère : module unitaire d'un polymère.

Oligomère : macromolécule formée d'un petit nombre de monomères (que l'on appelle aussi « sous-unités »).

Oxydation : soustraction d'électrons à un atome.

Polymère : enchaînement régulier de molécules identiques ou analogues et réunies par des liaisons fortes.

Réaction : synonyme de « transformation chimique ».

Réduction : addition d'électrons à un atome.

Séquence : suite des sous-unités constitutives d'un polymère linéaire. Dans le domaine de la biochimie, on parle aussi de « séquence » pour désigner la suite des nucléotides dans un acide nucléique (ADN ou ARN) ou la suite des acides aminés dans un polypeptide ou une protéine.

Solvant : liquide apte à contenir d'autres composés chimiques, le mélange ainsi formé constituant un milieu homogène.

Spectromètre de masse : dispositif utilisé pour identifier des molécules. Dans un premier temps, il casse les molécules avant de peser les fragments ainsi obtenus.

Remerciements

Je suis redevable à Sophie Bancquart de l'incitation à écrire ce livre, dont l'arrière-plan est l'enseignement de mon cours *The Wonderful World of Chemistry* à l'université Cornell en 2001 et 2002, après ma prise de retraite des deux institutions européennes où j'exerçais jusque-là : l'École polytechnique de Paris et l'université de Liège. Que mes collègues du département de chimie de Cornell trouvent ici l'expression de ma gratitude. La transition de la vie universitaire vers l'existence solitaire d'un écrivain de science m'en fut grandement facilitée. Avoir à présenter un panorama d'ensemble de la chimie à des étudiants exigeants m'obligea à prendre du recul vis-à-vis de ma discipline.

J'ai une autre dette encore vis-à-vis des universitaires américains. Je ne saurais mieux faire, pour l'exprimer, qu'emprunter au remarquable ouvrage d'Éric Hazan, *L'Invention de Paris* (Paris, Le Seuil, 2002). D'une admirable érudition, il est armé d'une force de conviction qui lui donne tout son souffle. L'auteur y note que l'histoire de l'art français aux XIXe et XXe siècles est désormais l'apanage de professeurs américains. Le propos est généralisable à d'autres domaines. Je peux certifier que, pour ce qui est de ma compétence, il en va de même pour l'histoire de la chimie en France durant la même période.

Les lecteurs ne s'étonneront donc pas de la fréquence de mes références à des données américaines : elle témoigne de mon admiration pour un système d'enseignement universitaire qui, encore aujourd'hui, reste le meilleur au monde ; elle s'explique aussi par la qualité et la facilité d'accès aux statistiques pertinentes – et non par le fait que je vive aux États-Unis une partie de l'année.

Au chapitre de la documentation, justement, j'exprime ma reconnaissance à Alexandre Moatti pour m'avoir considérablement facilité l'accès aux périodiques originaux.

Je remercie les personnes, trop nombreuses pour que je les cite toutes, qui m'ont gratifié de leurs commentaires et critiques à la lecture des différents chapitres, à diverses phases de leur élaboration.

Mon épouse, Valérie, enfin, sait tout ce que je lui dois pour sa patience et son attentive bienveillance envers un exemplaire d'une espèce menacée, peut-être en voie de disparition : l'intellectuel.

Table des matières

IMPRIM'VERT®

Imprimé en France par la Nouvelle Imprimerie LABALLERY à Clamecy
N° d'imprimeur : 501208 - Dépôt légal : février 2015
N° d'édition : 74650882-01